国家哲学社会科学基金项目：城市空间伦理问题研究（项目编号：13BZX087）

诗意栖居

城市空间伦理研究

Poetic dwelling:
Putting Theory into Practice

高春花　著

人民出版社

序　一

城市是文明的核心载体、现代生活的核心场域。对什么是好的城市、如何营建好的城市，人们从地理学、社会学、政治学、经济学等角度进行了揭示，形成了诸多有价值的分门别类、专业化的城市理论。问题的关键在于，历史与现实中，城市从来没有以分门别类的方式运行，也从未存在只具有政治、商业、宗教、文化等单一属性、单一功能的所谓专业化城市。城市从来都是一个具有复合性、综合性的鲜活整体、复杂生命体，用任何一个或几个视角都无法真正地呈现城市属性。城市具有强烈的非分析性、反分析性。当我们对城市进行专业化、学科化的分析时，在把握城市某一属性的同时，也可能会远离了真实的城市。城市研究尤其需要一种更具整合性、综合性的视角。如果我们不能用一种更为整体、综合的眼光看待城市，那么，所谓的城市发展、城市实践，将具有深刻的试错性。从单一化的专业视角把握城市、推进城市，是导致城市问题频仍的一个重要原因。

2000年以来，我们和高春花教授等学界同仁开始尝试推动城市哲学研究，希望以哲学的方式推进城市研究的整体化、综合化、非学科化，对什么是好的城市、如何营建好的城市进行哲学思考，提供哲学方案。但这又面临一个问题，哲学也已经深刻地专业化、学科化了，如果停留在已有的哲学传统、哲学知识中，虽然也会为城市研究带来些许新意，但其结果可能只是借道城市这个对象重新讲述了既有的所谓专业的哲学概念、哲学知识,而无法实现实质性的城市研究创新。克服这个难题的关键不仅需要了解、尊重、反思不同学科已有的城市研究成果,更在于真切关注、真实切入城市生活、城市问题,对城市性本身进行透视、沉思,以逐渐形成可以直面城市问题的新概念、新理论。

高春花教授的《诗意栖居:城市空间伦理研究》,正是一部兼具理论性与现实性,对城市与哲学、城市性与哲学性的关系进行具有鲜明创新性探索的著作。其对空间与城市的关系、空间与伦理的关系,城市空间的正义性、共享性、实践性,中国城市空间的伦理问题与伦理走向等进行了深入思考。

反思 20 年来的城市哲学研究,中国学者主要做了三项工作,由此构成了中国城市哲学的三个阶段或者说三种范式:西方城市知识梳理、中国城市问题透视、中国城市话语探索。

由于现代城市化浪潮首先兴起于西方,西方也率先遭遇了现代城市问题。西方的城市哲学、城市伦理、空间伦理等研究发育较早,产生了以列斐伏尔、哈维、苏贾等为代表的颇具哲学特质的城市研究者。阅读、关注、反思这些作家的文本,并由此拓展到人文地理学、世界城市史、城市社会学、城市政治学、城市经济学等文献,对于中国城市与空间研究无疑具有重要他山之石、思想资源的意义。反思西方文献,是中国城市哲学研究在起步时曾经走过的一个阶段,或者说曾经做过的一项工作。

随着研究的深入及中国城市化进程的快速推进,我们这些城市哲学研究者日益发现,按照既有的西方城市知识、城市哲学似乎无法透视复杂的中国城市问题。这可能也是中国当代哲学社会科学研究普遍遭遇的困惑。走出这种困惑的一个重要的路径是回归本土、回归现实,关注中国城市问题、反思中国城市发展史。只有从中国城市史、中国城市问题出发,才可能生成有中国解释力的城市理论、中国城市哲学。从更多关注世界城市知识到更为关注中国城市历史、城市问题,是中国城市哲学的第二阶段,也是中国学者仍在努力推进的一项工作。

中国城市化进程的成就、复杂性前所未有、世所罕见，这客观上为城市概念、城市理论、城市哲学的本土创新提供了土壤、需要与可能。一方面，城市性在一定程度上具有全球共性，中国城市化是世界城市化进程的一部分，借鉴西方城市理论对于理解中国城市问题具有重要意义；另一方面，中国城市化进程的基础、路径、背景、策略等又具有鲜明的中国特质，这些特质是西方城市理论没有真正涉及的。立足中国问题创生本土城市理论，是时代与历史的必然。近年来，中国学者开始生成、运用具有中国特点的城市研究概念，并很有希望产生具有本土特质的比较完整的城市理论。这是中国城市哲学研究者正在艰辛推进的第三阶段，是真正代表中国城市哲学未来的工作。

《诗意栖居:城市空间伦理研究》这部凝聚了高春花教授多年努力与心血的著作，既有同西方城市哲学的对话，也有对中国城市问题的反思，更有对营建中国本土城市哲学的探索。高春花教授以自身特有的学术细腻与学术大气，通过城市空间的伦理之维，给我们呈现了一个如何将知识对话、问题反思、理论创新三者有机结合的独特价值的难得范本。

世界及中国城市化仍处于过程之中，世界及中国的城市哲学研究也处于过程之中。近年来，中国的城市哲学研究日益具有自身特点，并表现出某些后来者居上的态势。其原因，既在于中国的城市化实践为中国城市研究者提供了西方学者难以身处其中、感同身受的样本，也在于中国城市哲学研究者比较好地处理了开放借鉴与本土创新的关系。中国的城市化进程以及整个发展进程都处于关键期，妄自菲薄与夜郎自大都会伤害这种进程。只要我们以更为开放的心胸继续借鉴、反思西方理论，同时以更为扎实的态度切入、反省中国问题，中国的城市哲学完全有可能产生具有世界影响、世界价值的重要成果。

今天，城市哲学、空间哲学、空间伦理、城市伦理等概念大家听起来似乎稀松平常，几成常识。但反思中国城市哲学的 20 年历程，时间不长却充满甘苦与艰辛。我和高春花教授都是中国城市哲学生成、转换的重要亲历者，我们一起举办过多次会议,进行过诸多的学术交流与合作。衷心祝愿高春花教授不断获得更多更好的成果,也衷心祝愿中国的城市哲学研究不断取得新突破。

上海财经大学　陈忠

2022 年 9 月于上海

序　二

北京建筑大学马克思主义学院高春花教授在城市哲学研究方面颇有建树，在城市伦理学与空间政治等方面成果尤为丰硕，新著《诗意栖居：城市空间伦理研究》出版，徵序于余，理不当应命，义不敢遽辞，乃将阅读心得陈述如次，聊表钦仰。

作为一名城市规划工作者，我对城市空间的哲学思考，源于城市地理学教学需要。改革开放以来，中国经历了大规模快速城镇化进程。如何因应当代发展，对轰轰烈烈的中国城镇化实践进行理论层面的总结和概括，乃至形成中国的都市马克思主义，这是一个值得重视的大问题。由于中国城镇化与西方资本主义发达国家相比起步较晚，因此西方新马克思主义研究可以为我们认识中国城镇化提供理论的借鉴。2014 年拙著《空间共享：新马克思主义与中国城镇化》就是借鉴新马克思主义进行的理论探索与总结。从此，作为一名马克思主义哲学的外行，我认识了高春花教授等行家里手，在后来的城市空间研究交流与研讨中受益匪浅。

3 月初，收到高春花教授洋洋数十万字的《诗意栖居：城市空间伦理研究》，探索城市哲学与知识体系，反思空间伦理与实践精神，令人叹为观止。两月来，不时翻看琢磨，于城市空间伦理问题亦有所体会，认识也日渐清晰起来。

党的十九大报告庄严宣告,中国特色社会主义进入新时代,我国社会主要矛盾已经转化为人民日益增长的美好生活需要和不平衡不充分的发展之间的矛盾。如何化解社会主要矛盾?空间与人民的生活生产有密切的联系,空间是一个理论的也是一个实践的出路。《诗意栖居:城市空间伦理研究》开宗明义,"寻求城市美好生活"。"城市生活",更确切地说"美好生活",是该书聚焦的核心,反映了我国社会发展的时代变化,切合我国社会发展的重要现实。进而,作者从三个方面展开城市空间伦理问题的论述。

一是城市空间的特质。"秩序"或者说"有序",是人类对城市空间的永恒追求。在相当程度上,城市规划建设工作就是"乱中求序"。人类对城市秩序的要求多种多样,概括说来,无外乎同质性要求与异质性要求。对城市空间的同质性要求是"空间正义",如平等进入空间的权利、趋于公平的空间享用、济弱扶贫的空间分配等;对城市空间的异质性要求是"空间活力",表现为城市空间对主体实践活动的适应能力、自我更新能力,以及城市主体自主性、积极性的创造和发挥程度等。

二是城市空间作为产品。将空间作为一种生产实践,认为生产实践从根本上决定社会发展,空间是生产的产物(即"空间生产"),这是从根本上坚持马克思主义基本原理。理想的城市空间生产既要合规律性又要合价值性,要明确空间生产的需求导向,将空间生产的根本目的由资本积累转向满足社会空间使用需求;或者说,空间生产要从获取空间的交换价值,转变为服务于使用,体现空间的使用价值。住房是城市中与人的关系最密切的空间。上述要求体现在住房上,就是要求回归住房的居住属性,坚持"房子是用来住的,不是用来炒的"的定位,实现"住有所居"的社会目的。面对新时代中国社会的主要矛盾,需要用新发展理念尤其是共享的视角来分析空间问题、解决空间问题。对于城市空间研究,如果说西方学者多从空间正义角度探讨空间的生产问题,中国学者不仅要关注空间正义角度的空间生产问题,更要关注空间共享角度的空间占有、使用、消费问题。

三是空间中的城市。区域、城乡乃至全球，是城市空间所在的更为广义的空间。社会主要矛盾中的"不平衡不充分的发展"，在城乡和区域发展上表现比较多。城乡和区域的空间不协调对美好城市生活影响非常大。"区域平衡"与"城乡融合"是规划建设的重要手段与目标。极而言之，构建人类命运共同体，对于日益"星球城市化"的人类社会治理具有重要的思想与实践价值，这一方面回应了中国自古以来"天下大同"的理想，另一方面也昭示了世界历史进步的方向。

总体看来，上述有关城市空间伦理的三个方面围绕一个核心，每个方面又一分为三，因此可以归纳为十个"关键词"，即美好生活，空间秩序、空间正义、空间活力，空间生产、住有所居、空间共享，区域平衡、城乡融合、天下大同。对于每个关键词，作者都分章论述，不仅为研究城市空间所涵摄的伦理问题构建了理论框架，同时也为认识和解决城市空间伦理问题提供了进路。

值得指出的是，城市是一个复杂巨系统，包括空间伦理在内的城市空间问题。无论城市空间的秩序、正义和活力，还是城市空间的生产、宜居和共享，抑或区域平衡、城乡融合和天下大同，都需要多学科的交叉研究。科学求真，人文求善，艺术求美，城市空间的规划建设管理是一项关乎科学、人文和艺术的综合工作。高春花教授研究城市空间伦理问题，但不限于空间伦理问题，而是针对日渐凸显的城市总体性问题，在哲学意义上进行总体性反思和思想重构，呈现出难得的学科交叉与综合的努力和特征，这对于像我这样为数众多的马克思主义哲学外行来说，大有裨益。

匆缀数语，爰以为序。

清华大学　武廷海

2022 年 10 月

目　　录

引言:寻求城市美好生活

古希腊哲学家亚里士多德说:“人们来到城市是为了生活,人们居住在城市是为了生活得更好。”美好城市,自非天成。千百年来,人类在追求美好生活的征途上,创造了恢宏的城市文明。随着城市化进程的加快,世界历史日益走向都市社会,人们对美好生活的向往亦将在城市社会中找到理想的实现方式。黑格尔在《哲学史讲演录》中说过,思想史都将经历两次,一次是自在的历史,另一次则是对自在历史的自觉反思。如果说中国城市发展是一种“自在的历史”,那么对城市空间等问题的自觉反思,就形成了空间哲学与作为实践精神的空间伦理学。近年来,中国的城市化日益呈现出复杂性特征,也日益遭际前所未有的城市问题。要解决这些问题,需要以马克思主义为根本遵循,以西方城市批判理论为思想借鉴,对中国城镇化这一“自在历史”进行自觉反思,为实现美好生活建构一系列知识体系和实践精神。

一、城市的哲学探索与知识体系

城市哲学是对城市现象及其发展规律的哲学反思和综合认识。作为当代中国知识生产中的一个部门哲学,城市哲学的产生和发展与中国快速城镇化进程相同步,与人们理解认识城市及其问题的客观需求相关联。

(一) 经典马克思主义的社会性城市观

马克思主义具有强大的真理性、人民性、实践性、开放性,它运用辩证唯物主义和历史唯物主义的世界观和方法论,深刻揭示人类社会发展规律,准确把握历史运动的本质和时代发展的方向,为我们认识和改造包括城市在内的现实世界提供了强大思想武器。哲学作为一种反思活动,是对认识的“再认识”、对思想的“再思想”。在我国日益进入城市社会,需要建构城市哲学体系以回应城市发展问题时,我们应该首先开启马克思主义的寻根之旅:重读马克思主义以城市为思想布景的政治经济学批判理论,重温马克思恩格斯关于城市的历史叙事。打开马克思主义的思想宝库,人们发现,在《英国工人阶级状况》《德意志意识形态》《共产党宣言》《政治经济学批判大纲》《反杜林论》《论住宅问题》等光辉著作中,具有大量关于城市及城市问题的深刻论述。可以说,城市现象与问题,是马克思创立唯物史观的社会底板。具体表现为:马克思关于科学社会主义的理论与实践,主要是在研究、指导城市工人阶级斗争中完成的;马克思创立的政治经济学理论,与对资本主义的城市社会批判相生相伴;马克思对市民社会的历史研究、恩格斯对英国工业城市发展状况的调查研究,充满了浓厚的城市问题意识。作为马克思主义思想体系的缔造者,马克思和恩格斯曾长期在柏林、巴黎等大城市居住和活动,亲历了资本主义工业化和城市化发展的历程,见证了资本主义城市发展的成就和问题,剖析了资本主义城市发展的资本逻辑,在对资本主义城市的考察与批判中深刻阐发了社会城市观。

1. 深刻总结了城市文明发展的内在规律

首先,城市社会是人类文明发展的较高阶段,城市发展与资本主义相互促进。一方面,资本主义推动了城市的发展。在资本主义生产方式下,城市空间日益扩大,农村人口大量涌入,城市基础设施和市政管理得到很大发展,城市的经济地位迅速提高,城市成为世界中心,从而也是整个文明的中心。正如马克思恩格斯所指出的那样:“资产阶级使农村屈服于城市的统治。它创立了巨大的城市,使城市人口比农村人口大大增加起来,因而使很大一部分居民脱离了农村生活的愚昧状态。正像它使农村从属于城市一样,它使未开化和半开化的国家从属于文明的国家,使农民的民族从属于资产阶级的民族,使东方从属于西方。”①另一方面,城市的进步推动了资本主义的发展。城市的要素集聚与活力释放,瓦解了原有社会的封建纽带,改变了旧有的社会关系,正如马克思恩格斯所指出的那样:“生产的不断变革,一切社会状况不停的动荡,永远的不安定和变动,这就是资产阶级时代不同于过去一切时代的地方。一切固定的僵化的关系以及与之相适应的素被尊崇的观念和见解都被消除了,一切新形成的关系等不到固定下来就陈旧了。一切等级的和固定的东西都烟消云散了,一切神圣的东西都被亵渎了。”②就这样,城市发展成为资本主义生产方式成熟的基本成果和独特标志。

其次,在资本主义城市中,文明与野蛮相伴。任何文明都是在战胜野蛮的过程中向前迈进的。资本主义城市并未摆脱资本剥削的魔咒,它在推动工业化、城市化、全球化的同时,也日益表现出其野蛮性,在“建设性破坏”城市的外部构造的同时,还造成了城市内部的异化社会关系。正如马克思恩格斯所揭露的那样:“所有这些人愈是聚集在一个小小的空间里,每一个人在追逐私人利益时的这种可怕的冷淡、这种不近人情的孤僻就愈是使人难堪……每一个人的这种孤僻、这种目光短浅的利己主义是我们现代社会的基本的和普通的原则”③。在对城市住宅贫困、人性异化等城市问题进行社会批判的同时,马克思恩格斯提出了科学的设想:未来的“城市世界”必将是一个可以通过社会革命来实现人类解放的乌托邦。

再次,未来世界的城乡关系必将由分异走向融合。城市是生产力发展和

---

① 《马克思恩格斯选集》第1卷,人民出版社1995年版,第276—277页。

② 《马克思恩格斯选集》第1卷,人民出版社1995年版,第275页。

③ 《马克思恩格斯全集》第2卷,人民出版社1957年版,第304页。

社会大分工的产物。恩格斯科学分析了城乡关系由同一到分异再到融合的路径,认为城乡融合是城乡关系发展的理想状态。在人类社会初期,由于生产力低下,社会分工极不发达,农业与畜牧业、手工业直接结合在一起,整个社会呈现为混沌性、同质性的空间聚合体,既没有城市,也无所谓乡村。马克思恩格斯指出,随着生产力的发展,"一个民族内部的分工,首先引起工商业劳动同农业劳动的分离,从而也引起城乡的分离和城乡利益的对立"。亚当·斯密在《国富论》中讨论"临海城市"时就深刻揭示了城市和乡村的隔离状况。城乡对立最初表现为乡村对城市的统治,住在乡村庄园和城堡、作为乡村社会代表的大小封建领主是城市的主宰,他们征收税赋、摊派劳役,行使城市行政管理权与司法审判权。随着工业文明的崛起,城市生产方式取得了相对于乡村生产方式的比较优势,乡村被纳入城市生产体系。这种以城市为主导的城乡对立是生产力发展的必然产物,具有一定的历史合理性。然而,城乡对立也带来了诸如乡村的残破和城市的畸形等空间极化问题,并逐渐成为生产力发展乃至恩格斯所称的"一切进一步发展的障碍",新的生产力将打破旧的城乡对立而形成新的生产关系,城乡关系必将由对立走向融合。作为一种集价值理性与工具理性于一体的空间状态,城乡融合的规定性在于,它以城乡之间内在的、必然的联系克服由城乡高度同质、城乡分异所导致的外部性联系;劳动分工超越城乡之别,异化劳动被消除,人们不再为生存需要被迫从事不喜欢的工作;生产力高度发展,人们不再"有任何对个人生活资料的忧虑"。作为对未来理想社会的理论建构,马克思恩格斯以资本主义社会的"前世今生"为时空视域,科学分析了城乡关系由同一到分异再到融合的路径,体现了城乡关系的否定之否定规律。①

2. 深刻阐明了科学与人本相统一的方法论

德国哲学家莱辛说过,探求真理的能力比真理本身更重要。城市研究的

---

① 高春花:《城乡融合发展的哲学追问》,《光明日报》(理论版)2018年10月22日。

方法论体系对于城市哲学建构具有牵引作用。一段时期以来,西方思想家对历史唯物主义方法产生了误读,特别是20世纪以来,在西方发达资本主义国家出现重大社会问题,苏联、东欧等社会主义国家发生重大社会变革之后,西方世界一批激进知识分子提出马克思主义"危机论""过时论",试图"重建"马克思主义的历史唯物主义。为回应对历史唯物主义的质疑,为建立解决中国城市问题、建构城市哲学的思想方法,近年来,中国学界提出重新理解和阐释马克思的城市研究方法论问题。研究的结论是,马克思并未像西方激进知识分子批评的那样片面强调经济决定论,而是坚持运用科学逻辑和人本逻辑相统一的方法。在阐述历史唯物主义方法时,马克思说:"在考察这些变革时,必须时刻把下面两者区别开来:一种是生产的经济条件方面所发生的物质的、可以用自然科学的精确性指明的变革,一种是人们借以意识到这个冲突并力求把它克服的那些法律的、政治的、宗教的、艺术的或哲学的,简言之,意识形态的形式。"①由此可见,一方面,马克思强调运用经济条件的变化,而不是运用意识形态形式方面的变化去解释社会历史;另一方面,马克思也清晰地表明,经济条件和意识形态形式有着重大差别,前者可以用自然科学的精确性来描述,后者则不能。马克思所提出的,在进行社会研究时,必须时刻把"生产的经济条件方面所发生的物质的、可以用自然科学的精确性指明的变革"与"人们借以意识到这个冲突并力求把它克服的……意识形态的形式"区别开来的方法论主张,可以被理解为一种双重视角的方法论原则,包括可用自然科学的精确语言描述的经济生活领域的研究和"人们借以意识到这个冲突并力求把它克服的……意识形态的形式"的研究。前者是一种基于科学逻辑的"事后"或"旁观者"的视角,后者是一种基于人本逻辑的"事先"或"行动者"的视角。虽然马克思论述的是一般的社会研究方法,但由于方法本身所固有的贯通性和穿透力,这一方法同样适用于城市研究。② 马克思的科学逻辑和

---

① 《马克思恩格斯选集》第2卷,人民出版社1995年版,第33页。

② 王南湜:《城市社会研究方法论问题探讨》,《社会科学》2017年第8期。

人本逻辑互补互融的双重视角,深刻回应了西方马克思主义者的质疑,为我们建构一个科学的城市研究的方法论体系,提供了根本遵循和科学指南。

(二)当代中国马克思主义的总体性城市观

海德格尔曾经说过:"伟大的思想家都思考着相同的东西"。这个"相同的东西"就是在不同的时代背景下,思想家以相同、相近的概念所进行的思想重构。实现这种思想重构,除依赖一定的思想理论前提之外,还依赖城市发展实践的现实场域。经典马克思主义聚焦现代社会生产方式的内在逻辑所阐述的社会城市观,为建构当代中国的城市哲学体系提供了遵循和借鉴。然而,当哲学建构需要直面当代中国日益复杂的城市社会时,当时代发展需要有效地回应当代中国的城市发展问题时,我们没有任何理由止步于对一般历史规律的重复,相反,必须以马克思主义为指导,借助所有能够获得的思想资料,进行哲学意义上的城市思想重构。也就是说,城市的总体性要素其来有自,城市的总体性问题日渐凸显,城市的总体性反思迫在眉睫。近年来,学界遵循马克思主义城市理论中的整体性向度,超越单一的视域、维度、学科藩篱,推动形成一种更具总体性的城市自觉,建构起了一种更具整体性的城市哲学。

1. 总体性知识论

马克思曾经说过,实现"善良的前进愿望"需要大量实际知识作准备,否则只能是一些带着"微弱空想哲学色彩"的社会主义回声。当代中国城市哲学的建构从来都不能离开人类文明的知识体系。相反,它必须时刻注意汲取一切人类文明的有益养分,夯实自己的知识之基;必须时刻与自然科学、社会科学等知识领域保持积极对话,打磨自己的思想之锋。在当今的知识经济时代,知识作为关键性资源,在一定程度上改变了社会的结构,创造了惊人的经济奇迹和强劲的社会动力。随着现代信息技术革命的加快,城市化已经进入经济、科技、文化等众多知识要素融合发展的新阶段,而且知识要素日益成为城市社会生产力的主导要素。城市哲学作为都市社会时代的回声,必须依据城市发展的样貌与趋势建构自己的知识论大厦。城市社会是区别于乡村社会的一种新的社会形态、社会发展阶段或社会建构方式。城市发展不仅是人口、资源、技术、产业等文明要素的空间化聚集,更是发展方式、生产方式、生活方式、交往方式、文明传承方式的整体性转换。从共时态看,城市是政治、经济、文化、社会、生态等多样文明要素的异质性聚集;从历时态看,城市是多样文明要素的自发或自觉的聚集过程。在共时态与历时态的统一中,城市既是文明要素的一种整体性展现,也是文明程度的一种过程性生成。城市在生成上是自发性与自为性、调适性与建构性的统一;在面向上是私人性与公共性的统一;在特性上是理想性与现实性、全球性与地方性、文化性与生态性、技术性与人文性的统一。① 中国城市哲学勇于承担起探究规律、回应问题、预见未来的任务,自觉地与地理学、社会学、建筑学、规划学、艺术学、人类学等人文社会科学学科,以及城市历史学、城市地理学、城市经济学、城市社会学等城市学分支学科,形成知识联盟。中国城市哲学借鉴西方马克思主义者关于城市与空间生产、城市与资本关系、城市与生态文明、城市文化、城市意义、城市意象、城市形态等反思成果,经过哲学上的扬弃过程,实现城市哲学知识体系的确认。

2. 总体性方法论

方法论是决定实践论的理性工具。没有自觉的方法论创新,就没有城市哲学的真正建构,更遑论城市哲学的使命担当。面对总体性城市社会,马克思科学逻辑和人本逻辑互补互融的双重视角,也即总体性方法,依然是我们应该遵循的“理论工具箱”。用这一工具凿通当代中国城市发展实践,形成如下总体性方法论图谱:其一,马克思主义的辩证思维方法。即把城市的要素、现象、问题等置于辩证唯物主义视域之中,采用历时与共时、一般与个别、整体和局部、宽度和深度相统一的方法,得出对城市的规律性认识。其二,以人为本的研究框架。即把以人为本这一历史唯物主义的基本原则贯穿于多学科城市研

① 陈忠:《城市启蒙与城市辩证法:再论城市哲学的建构》,《河北学刊》2012 年第 3 期。

究之中,围绕城市规划与建设、城市经济与产业布局、城市精神与文化生活、城市管理与治理等问题,建构城市发展与人的存在、城市建设与美好生活的交互关系,深刻回应城市发展"为了谁""依靠谁""如何共享发展成果"等一系列问题,体现城市研究的人文价值取向。其三,专业逻辑的技术支持。随着现代网络、移动通信和数据技术的快速发展,人的活动轨迹、城市演变过程可以得到实时记录,城市的海量信息可以实现数据化存储,枯燥的数据可以显现出规律和意义。城市研究应该及时融入技术革新浪潮,通过"互联网+",突破认知局限,丰富自身智慧,超越理性逻辑。①

3. 总体性实践论

"哲学家们只是用不同的方式解释世界,而问题在于改变世界。"②马克思主义绝不是无根性封闭的自我仿真,其哲学旨趣是面向实践的,总是要在现实的土壤上开出新的花朵。当代中国学界以"出场论"来诠释"改变世界"这一马克思主义的根本宗旨,用"改变世界"的当代实践解说马克思主义的基本出场方式。③ 众所周知,处理好中国城镇化实践中的重大关系,是将当代中国马克思主义诉诸实践的重要内容,也是总体性实践论的理论担当。其一,城人关系论。"城,所以盛民也。"城市是人的创造物,是人类文明的空间化聚集,是人的本质的全面对象化实现。人类之所以选择城市这种空间存在形式,是因为城市聚集了异质的人群、多样的分工、合理的秩序,从而为发展人的多样潜能、营建美好生活奠定了历史前提和实践基础。改革开放以来,我国经历了世界历史上规模最大、速度最快的城镇化进程,城市发展波澜壮阔,取得了举世瞩目的成就。但是也应看到,我国城镇化出现过"物本主义"倾向,一度形成以国内生产总值论成败的政绩观念,造成"千城一面"的城市形态,导致"人城分离"的生活形态。走什么样的城镇化道路,不仅直接关系到城镇化质量水

---

① 蒋宏:《城市研究的多学科方法论》,《中国名城》2016 年第 2 期。

② 《马克思恩格斯文集》第 1 卷,人民出版社 2009 年版,第 506 页。

③ 任平:《论马克思主义出场学研究的当代使命》,《江海学刊》2014 年第 2 期。

平和可持续发展,更关系到城镇化的出发点和落脚点,关系到如何在新常态下推动中国经济全面转型升级。新时代,要走出一条中国特色城镇化发展之路,就必须建立人和城市的本质性关联,协调生产逻辑和生活逻辑,坚持以人民为中心,让人民共享城市发展成果。其二,城乡关系论。城乡融合发展是马克思主义所揭示的城乡社会的理想状态。在经历了长期的"无差别的同一"和分离对立之后,我国城乡关系的未来趋势和现实要求是城乡融合发展。改革开放以来,中国开启了对城乡关系认识的新阶段。党的十六大报告首次提出"统筹城乡经济社会发展",更加强调政府资源的统筹分配;党的十七届三中全会提出"把加快形成城乡经济社会发展一体化新格局作为根本要求",更加强调以城带乡、以工促农;党的十九大报告要求"建立健全城乡融合发展体制机制和政策体系",更加强调城乡之间的融合渗透、功能耦合、良性循环、同步发展关系。从"统筹城乡发展"到"城乡发展一体化",再到"城乡融合发展",反映了我们对城乡关系发展规律认识的不断深化。新时代,应该充分把握我国城乡发展实际,加快推进城乡融合发展体制机制和政策体系建设,聚焦新时代城乡发展不平衡、农村发展不充分问题,倡导城乡协调发展、农村优先发展,推动城市和乡村共建美好社会、共享发展成果。① 其三,城城关系论。城市是一个网络系统,城市群是现代城市发展的高级形态。正如人的本质只有在社会关系中才得以表征一样,城市的本质只有在城市系统中才能被更好地把握。因此,世界许多国家以城市资源的公平分配、城市功能的有机互补、利益格局的互利共享为原则,秉持共享城市发展成果的导向,以城市群为基础单元推动城镇化发展。近年来,我国提出把城市群作为推进城镇化的主要形态,这是对城市发展规律不断深化形成的城市发展策略。今后一段时期内,应进一步明确城市群建设的价值取向、发展路径,推动形成"目标同向、措施一体、作用互补、利益相连"的城市群发展新格局,以城市群的发展带动实现整体城市系统的高质量发展。

---

① 高春花:《城乡融合发展的哲学追问》,《光明日报》(理论版)2018年10月22日。

二、空间的伦理反思与实践精神

"四方上下曰宇,往古来今曰宙。"时间和空间是事物存在的基本方式,也是认识世界的重要视角。比如,从空间视角认识北京,人们一般会从景山万春亭背面地上镶嵌着的圆形标志——"北京中轴线"说起。作为明清北京城空间设计的灵魂,这条中轴线,从钟鼓楼向南,直到永定门,老北京城以此为轴在东西铺展开来。宫城位于城市中央,太和殿里的皇帝宝座,立于紫禁城中央,独尊于中轴线上。这一严谨、精致的对称设计,表明了明清北京城的空间秩序,反映了根深蒂固的政治文化。从时间视角认识北京,我们发现都城的中轴线并非始自先秦,这套沿中轴线展开的城市空间话语,与历史的进程同频共振,深深烙上了时代更迭的印记。直到今天,北京城北部的鸟巢和水立方之间,有一条用特殊大石板铺出的中央线,记录了当代北京的发展样貌,拉长了明清北京城中轴线,宣示了今天的北京与明清北京城的时空关联。

(一)"空间转向"的伦理意义

他山之石,可以攻玉。建构当代中国的空间伦理体系,必须有效借鉴世界城市文明研究成果。为了获取西方城市研究的知识论、方法论等理论素材和思想镜鉴,哲学社会科学界、建筑学、规划学及地理学界在译介阐释上付出了巨大努力,翻译介绍了西方马克思主义、后现代主义、都市马克思主义的系列文献和著作。标志性成果有:中国社会科学出版社的"知识分子图书馆"、商务印书馆的"现代性研究译丛"、社会科学文献出版社的"城市研究·经典译丛"、中国建筑工业出版社的"建筑学丛书""国外建设理论译丛"、上海人民出版社的"都市文化研究译丛"、南京大学出版社的"学术棱镜译丛"、华中科技大学出版社以及东南大学出版社的"建筑理论""建筑现象学研究丛书",以及江苏教育出版社的"城市研究精品译丛"等。与译介工作相伴随的是学术界对主要学派、思潮、观点的多视角解读和多维度阐释,为当代中国空间伦理学搬来“他山之石”。

视域是一种观察世界的方式,也指按照一定向度而打开的叙事空间。作为一种拥有核心概念和价值取向的方法论途径,视域是构成一定理论体系的知识前提。马克思在《资本论》中强调的“大写的逻辑”或者作为辩证法的“研究方法”和“叙事方法”,从“感性的具体”到“理性的抽象”再到“理性的具体”的方法路径,就可视为马克思社会理论的视域。在一定意义上说,没有这些“大写的逻辑”,就不可能有《资本论》的宏大理论体系。[①] 这就是说,研究视域对于理论体系的形成具有关键性作用。

长期以来,人们习惯于用时间和历史视角研究城市,在一定程度上导致城市面貌晦暗不彰,城市问题层出不穷。20 世纪 60 年代之后,一些西方学者日益关注地理和空间,以城市研究的空间视域为以往过度偏向时间和历史的研究倾向“纠偏”。他们强调,“问题在哪里发生”对于理解问题“为何发生”和“怎样发生”极为重要,空间维度理应成为认识城市现象及问题的重要锁钥。列斐伏尔可谓是第一个运用空间研究视角的哲学家。20 世纪 50 年代,他开始思考法国农村社会衰败问题。20 世纪 60 年代,他参与了法国政府城市规划设计实践,与法国建筑学界、城市规划学界进行广泛深入交流,试图在城市实践的观照下,挖掘和发展马克思关于现代社会理论的方法论意义及其价值,开启对空间化社会批判哲学的建构。[②] 列斐伏尔继承了马克思的辩证法精神,提出“三元空间辩证法”,开辟了城市社会研究的空间问题视域。“三元空间辩证法”,即空间实践、空间表象和表征性空间。[③] 空间实践是一个与空间使用相关的功能性概念,主要体现为日常生活之维的城市消费景观,通常用于描绘被统治阶层的城市生活状态;空间表象是概念化了的规划空间,一般指由

---

① 任平:《论马克思主义出场学研究的当代使命》,《江海学刊》2014 年第 2 期。

② 刘怀玉等:《从政治经济学批判哲学方法到当代空间化社会批判哲学——以列斐伏尔、阿尔都塞、哈维与吉登斯为主线》,《学术交流》2019 年第 3 期。

③ Henri Lefebvre, *The Production of Space*, Oxford: Blackwell, 1991, p.33.

智力设计、技术系统主导的空间,旨在实现商品化空间的效益最大化;表征性空间是符号化的空间或无限想象的空间,体现为一定社会的凝聚力及记忆力,如纪念性空间,以及文学化、艺术化、心理学化的空间解放诉求。沿着列斐伏尔开启的先河,阿尔都塞、哈维、吉登斯、苏贾等人从不同角度丰富完善了这一方法论,从而使空间视域成为当代西方独树一帜的"全景视域"。

思想是时代的声音。由时间向空间的转变,是当代人类实践的一个鲜明特点。从近代开始到20世纪上半叶,人类活动更多地受制于时间的一元性,人类更加注重站在未来之维来改造传统和现实世界。20世纪下半叶以来,人们日益发现,在认识和改造世界时,人们首先面对、适应、接受的"第一现实"是复杂多样的空间问题。空间视域就是基于这种"第一现实"而打开的。① 它对空间实践、空间表象、表征性空间进行的辩证差异性建构,借鉴了马克思政治经济学批判的方法论,映射了资本主义城市社会的空间不平等、空间非正义状况,开辟了一条从抽象到具体的城市空间批判之路,它"并不简单意味着空间成为哲学研究的流行论题,其真正的意义在于改变传统社会历史认知的方法论"②。

(二)空间城市观的多维透视

空间城市观是20世纪后半叶以来西方城市理论家在解释城市现象、反思城市难题的过程中逐渐形成的,是以空间之维探索、总结城市本质及其规律的一种观念形态,是空间视域作用于城市研究的逻辑必然。中国学者在阅读西方马克思主义、后现代主义、都市马克思主义的过程中,以现代阐释学的"视域融合"为原则,总结归纳了空间城市观的建构路径及呈现方式。

其一,意象维度的城市观。美国城市规划学家凯文·林奇指出,城市是居民的"心理地图",由路径、边沿、区域、节点、地标五种要素构成。城市包罗万

① 高春花:《列斐伏尔城市空间理论的哲学建构及其意义》,《理论视野》2011年第8期。
② 胡大平:《"空间转向"与社会理论的激进化》,《学习与探索》2012年第5期。

象,但并非不可捉摸,其背后存在着某种特定的"秩序"。凯文·林奇运用城市意象理论解读城市秩序,认为城市形态的各种标志是供人们识别城市的符号,人们首先通过观察这些符号形成感觉,进而形成对城市本质的认识。[①] 其二,政治维度的城市观。比如,亨利·列斐伏尔在《空间与政治》中,提出城市化过程究其实质是一种空间生产的过程,这种过程以一种新的、陌生的方式将全球和地方、城市和乡村、中心和边缘连接起来。他运用新马克思主义观点对空间生产进行了批判,认为城市社会充满了空间化的政治对抗,主要表现为城市设计与投资者异常活跃,而居民或住户则一片沉默。整体社会空间的总体性生产过程被肢解,城市被赋予了交换价值。爱德华·苏贾在《后大都市》《寻求空间正义》中,以"正义""非正义"为关键词,对城市的本质进行系统反思。其三,文化维度的城市观。比如刘易斯·芒福德的《城市发展史》,认为城市化应该是以人的发展、培育为目的的文化创造过程;乔尔·科特金的《全球城市史》,通过比较不同时期与地区的城市化,认为城市在本质上是以人的认同为基础的安全、意义与活力的有机统一体。其四,经济维度的城市观。阿瑟·奥沙利文的《城市经济学》,在探索城市经济、城市发展的同时,蕴含着对城市本质的系统揭示。[②] 不同的研究向度指向了共同的理论命题:城市乃人的社会性、交往性的具体空间化呈现。与此相应的空间城市观,其所实现的理论使命是:揭示了空间的混杂性、联系性、多孔性、真实性和脆弱性等特性,激活了空间正义、空间权利、空间活力等空间话语,提出了一套直面城市问题的元哲学方案。

凸显城市观念的空间之维,既符合知识发展的逻辑,又符合生活的逻辑。从哲学上看,空间既具有自在性,又具有自为性。也就是说,空间既是一种客观实在,又是一种主观感受;既是一种被动在场,又是一种主动创造;既是一种

---

① [美]凯文·林奇:《城市的印象》,项秉仁译,中国建筑工业出版社 1990 年版,第 41—44 页。

② 陈忠:《关于城市化的哲学沉思——论城市哲学的建构》,《城市问题》2011 年第 2 期。

物理存在,又是一种社会存在。从知识谱系上看,许多具体学科,如建筑学、规划学、几何学、经济学、社会学、生态学等,都被视为关涉空间的学科。从生活上看,空间是人们日常生活的一个事实,是理解日常生活的基本语境和重要通道。日常生活中的休闲、娱乐、交通、公共设施等,无不与空间相联系。[①] 它帮助我们理解如下问题:为什么许多人没有“进入城市的权利”?当代青年何以把青春梦想系于“一套住房”?怎样的建筑才能够让人“诗意栖居”?为何城市道路越修越宽而道路上的行人越来越没有安全感?如何追寻城市正义?对诸如此类问题的回答,构成了人们理解城市空间的实践基础。

曾几何时,人类观察和认识世界的视线发生了某种偏移,即过分强调时间和历史,忽略空间和地理,世界面貌晦暗不彰,全球问题层出不穷。20 世纪 60 年代,肇始于西方的“范式转换”即“空间范式”力图改变这种状况。它强调,空间维度是理解事物发生、发展的重要尺度,这为城市研究提供了富有方法论意义的洞见。依此研究范式观察城镇化建设,不难发现其中的悖论:一方面,城市空间通过安放人的身体和精神,日益满足了人们的美好生活需要;另一方面,城市空间也因为资本和权力的任性,凸显着正义缺位问题。因此,在日新月异的中国城镇化进程中,以辩证唯物主义和历史唯物主义为方法论依据,以西方的“空间范式”为具体方法借鉴,分析城市空间的突出问题、解决路径、未来走向,是建构伦理空间、追求美好生活的重要着力点。

(三)本著的研究观点

黑格尔说:“熟知非真知”。熟知容易使人止步于眼前事物的轮廓,导致感受器官的钝化、抑制、凝固与封闭,进而阻挡生命对外界信息的接收和反应。在日常生活层面上,空间是指房屋、街道、广场等以物化形态表现出来的活动场所;在建筑学视域内,空间是指由结构、功能等组成的建造物。从不同学科

---

① Henri Lefebvre, *The Production of Space*, Oxford: Blackwell, 1991, p.430.

看空间,确有“横看成岭侧成峰,远近高低各不同”之效。为追求空间的“真知”,本著在观览具体学科的基础上,着重从哲学伦理学视角解读空间,揭示空间的“真面目”。在这里,空间既是人类活动的产物,也是人的特定存在方式,空间的拓展,既表征着人的主观能动性发挥程度,也预示着人类社会关系的发展阶段。在这里,那些把高昂房价归因于开发商诡计的生活日常,其实反映的是城市空间密度、城市宜人指数。城市是人类文明发展到一定阶段的空间类型。城市空间是经济要素、政治要素和文化要素的空间集聚。作为个人生存状况和社会正义状况的一种哲学阐释,城市空间是自然属性与社会属性、物质属性和精神属性的辩证统一。

人类对秩序的追求亘古未变。城市一经产生,便由自发到自觉,以空间正义与空间活力为重要内容,通过保有和维持空间秩序而展现自身。作为空间伦理的重要范畴,正义与活力在不同的文化传统中有着殊异的价值排序。美国学者罗尔斯主张正义是社会制度的第一美德,因而也是美好城市的第一美德;中国学者李泽厚则强调“和谐高于正义”。无论是西方语境中的“正义”,还是中国语境中的“和谐”,都内蕴着对秩序的偏好与追求。可以说,空间正义与空间活力是空间秩序的“合题”。前者是空间秩序的同质性要求,如平等进入空间的权利、趋于公平的空间享有、救济弱者的空间分配等;后者是空间秩序的异质性要求,表现为城市空间对主体实践活动的适应能力、自我更新能力,以及城市主体自主性、积极性和创造性发挥的程度。由正义和活力氤氲而成的空间秩序,促进空间要素良性运动,释放要素竞争的耦合力,进而推动城市空间结构、功能的合乎伦理的发展。

空间只有被生产出来,才能被人们享有。在由生产、分配、交换、消费等环节构成的人类经济活动中,生产活动是起始点和根本点。在经济发展史上,“短缺经济”占据了历史的大半个时空,在此状态下,有效供给不足必然会影响消费水平和质量。为此,无论是马克思的政治经济学,还是亚当·斯密和约翰·穆勒的西方经济学,在深入研究社会经济运动的一般规律基础上,皆把生产活动置于经济运行的首要位置。这是空间生产的经济学考量。空间生产还具有伦理意义。毋庸置疑,无论人们的家庭生活、职业生活还是公共生活,都需要充足多样的空间供给和保障作为基础,这是实现美好生活的题中之义。理想的城市空间生产过程,既有合规律性要求,也有合价值性要求,是真理与价值的统一。然而,空间生产实践时常背离这种统一。比如,任性权力和贪婪资本不怀好意的"合谋",就时常破坏空间生产的良性循环,在生产空间的同时,也"生产"了空间不正义。因此,规约权力与资本的关系,化解其对立冲突,控制其经营结盟,需要充分调动公共理性,依靠公共权力引导资本运营过程,推动实现资本力量与公共权力之间的清晰划界和良性互动。

城市是空间有机体,更是生活有机体。住房作为人类栖居的空间载体,是实现美好生活的重要保障,科学把握住房的哲学意义,标志着人类文明生活史的重大跃迁。人和万物一样,既是时间之子,也是空间之子。在空间视域内,人通过拥有空间性显示自身存在,形成自我意识和世界认识。由此,住房通过表征人的存在状态而彰显居住属性。西方哲学拥有场所传统,如海德格尔用"场所精神"诠释住宅概念和居住行为,用"天、地、人、神"统摄住宅,强调只有在"天、地、人、神"的统一中,人才可以实现"诗意栖居";古代中国将"弥异所"作为人类社会生活的基本建筑单元,通过"占有还是寄居"的讨论,将包括住房在内的所有外物归为"身外之物",拒斥在法理意义上界定"我的"可能性,以及这种企图所包含的专断话语。文化具有殊途同归的特点。无论是西方的"场所精神",还是中国的"弥异所"观念,均可以发现住房所包含的"寄居"意义。这为理解住房的居住属性奠定了某种形而上学基础。不仅如此,经济学关于使用价值优于交换价值的论断,城市社会学关于生产逻辑向生活逻辑转换的判断,都从不同侧面解读了住房居住属性的现实合理性,都为理解"房住不炒"提供了具体的学科理论支撑。当然,实现住有所居这一美好生活理想,还需要具体政策的配套,比如拓宽空间生产市场的制度路径,完善对弱势群体的政策保障,如此等等,不一而足。

人不仅有家庭生活,还有公共生活。以街道、广场等实体空间和以网络为载体的赛博空间共同构成了城市公共空间。公共生活对人的自我完善、城市社会发展至关重要。马克思的生活经历,就从一个侧面说明了公共空间的重要性。在大英博物馆的图书馆里,马克思完成了包括《资本论》在内的研究任务,虽然其个人生活遭际充满贫穷和坎坷,但有公共空间作为科学研究场所,对马克思来说是一种莫大的安慰,也正是在这一公共空间里,他发现了资本家剥削工人的秘密,找到了通向人类解放事业的锁钥。列斐伏尔提出"幸福意识形态"概念,论证了公共空间与人生幸福的密切关系,指出城市公共空间是塑造幸福社会、实现幸福生活的积极领域。汉娜·阿伦特对人的公共言行进行"剧场式"阐释,以古希腊公民参与政治活动的广场为意象,揭示了公共空间对于培育公民意识、培养交往能力、滋养道德宽容的重要意义。由于中西方文化传统、发展路径、制度模式不同,相较而言,西方的公共空间发展相对成熟,而中国长期以来受农业社会和封建社会的浸润,城镇化起步较晚,导致公共空间相对匮乏,公共领域发育相对迟缓,公共文明状况相对落后。因此,需要通过强化制度伦理建设和公共伦理培育,在满足人民物质性公共空间需要的同时,培育公共意识,养成文明习惯,释放公共空间活力,提高城市文明水平。

在城市内部,空间的连接构成城市;在城市之间,城市与城市的连接构成区域。区域作为一类城市空间,其发展成效受世界认知图式和发展价值取向的制约。长期以来,肇始于西方社会的"二元论"宰制着城市建设,城市系统被分为"中心—边缘"结构,中心地区相对于边缘地区,永远具有优先性。物本发展与人本发展、"快"发展与"好"发展的博弈冲突,也一直是城市区域发展价值取向上的主线。吊诡的是,前者常常跑赢后者,城市主体由此承受区域发展不平衡带来的生态环境恶化、贫富分化加剧等伦理后果。西方国家较早开启了城镇化进程,也较早反思区域发展出现的问题,提出用"紧凑城市"理论、城市群理论解决城市区域发展失衡问题。当今中国,快速城镇化进程使传统的城市空间结构发生剧烈重组。日趋复杂化的城市内部、城市与城市之间的不平衡发展,在微观层面引发了社会正义缺失现象。矫正这种缺失,需要遵循城市发展规律,立足中国国情,借鉴吸收西方“紧凑城市”理论的合理内核,以解决城市内部不平衡问题;科学借鉴城市群理论的合理内核,总结运用城市群建设的有益经验,以应对城市与城市之间发展不平衡问题。这些理论和对策既是解决问题的技术良方,也蕴含着重要的伦理关怀,呈现工具理性与价值理性相统一的内在规定性。

空间具有想象的特性。作为一种社会动物,个人常常以相互联系的方式获得某种统一性,人类命运共同体作为这种统一性的空间化表达,可以说是一个由人类想象出来的空间。马克思以“类”概念为思想元素,论证了共同体这一人类社会高级组织形式的光明前景;德国社会学家滕尼斯通过比较国家、社会和共同体的异同,提出共同体可以有效避免“国族火并”,人类通过结成各种共同体以实现个体安全。然而,无论是作为一种理论模型还是作为一种实践行动,共同体内部及其周遭都布满了“二律背反”陷阱,比如世界体系的开启与闭合、全球化与逆全球化等。为共同应对全球问题,中国提出构建人类命运共同体构想,倡导调动人类的“类思维”,重新理解人与人、国家与国家、共同体与共同体之间的关系。它以“人类”为主体视域,以谋求解决当代全球性问题为目标任务,既体现了马克思世界历史理论的逻辑必然性,又以利益共享、责任共担、价值共识为框架,展示了丰富的伦理意涵;它旨在凝聚各方力量,共同面对和携手解决全球正义缺失问题,从经济、安全、文化等方面推动建立公平合理世界秩序,具有“合目的性”的价值向度;它遵循共商共建共享原则,推动凝聚各方共识、形成一致行动,具有鲜明的行动论特质。在世界处于百年未有之大变局的伟大时代,人类命运共同体构想从理论逻辑、价值向度、实践准则等方面,深刻揭示了共同体内部各成员之间休戚相关的历史命运,全面提供了践行人类命运共同体的中国经验,科学昭示了世界历史发展的前进方向。

第一章　空间界说

人们对空间概念的理解古老而常新、复杂又多变。在日常经验层面，空间指的是“豪宅”或“蜗居”，是泊车位或站前广场，具有较强的功能性。在社会意识层面，空间并非凝固的容器和绝对的框架，而是社会生产实践的结果，体现了个体生存和社会正义状况。概言之，空间既是自然的造化，更是社会的产物，是自然属性与社会属性、物质属性和精神属性的辩证统一。

第一节　空间的意义

空间是介入和互动的产物，它形成于人的生存需要，其一经形成，就通过人的参与来完成自己的意义生成。作为一种空间的存在物，人与空间相互生成，构成双向建构关系。在这里，空间彰显其本体论意义，人亦日益呈现其丰富性。伴随着人的进步，空间展开自己具有独特形态的历史，而人在创造空间史的过程中，也日益成为具有高度空间感知和空间想象的人。

一、空间与人类活动

在西方，“空间”一词源自拉丁文“Spatium”，指物质存在的广延性，与“时间”一起构成物质存在的基本形式，由长度、宽度、高度表现出来。在物理学家牛顿看来,空间分为绝对空间和相对空间。前者是日常经验的空间,有东西、南北、上下三个维度,具有均质性、恒定性、不可压缩性等特点;后者是对绝对空间的量度,人们通过物体与物体的相对位置感知其存在,人是空间感知的主体,空间是人感知的客体。

作为一个多坐标、多类型、多功能的复合系统,空间具有内在的生活逻辑,它是人类过往生活的足迹。无论何种空间,都与人类的生存活动密切相关。我国古代文献曾记载有巢居的传说。如《韩非子·五蠹》曰:"上古之世,人民少而禽兽众,人民不胜禽兽虫蛇。有圣人作,构木为巢,以避群害。"如《孟子·滕文公》言:"下者为巢,上者为营窟。"

空间一经形成,迫切需要和人进行物理的或社会的联结,从而实现意义生成。比如,房屋通过与人建立联系展现其"诗意栖居"之义,广场通过市民活动而成为公共空间。马丁·海德格尔在分析人与空间的这种联系时说:"并不是有人,此外还有空间;因为,当我说'一个人'并且以这个词来思考那个以人的方式存在,也即栖居的东西时,我们已经用'人'这个名称命名了那种逗留,那种在寓于物的四元整体之中的逗留。"①海德格尔是说,当论及"人"时,表明此人已经居住在特定空间中,而说到"居住"时,意在表明那是有人的生存印记的空间。因此,当代流行的思想模式视空间为重要的思维框架,"从物理学到美学,从神话巫术到普通的日常生活,空间连同时间一起,把一个基本的构序系统嵌入人类思想的方方面面"②。这是人类在思维方式上的革命性变革。

甚而,空间还是诞生人类文明的温暖子宫。法国史学家布罗代尔于1959年撰写的百科全书条目中,就是以空间来定义文明的。他认为,文明首先是个

---

① [德]马丁·海德格尔:《演讲与论文集》,孙周兴译,生活·读书·新知三联书店2005年版,第165页。

② [美]罗伯特·戴维·萨克:《社会思想中的空间观:一种地理学的视角》,黄春芳译,北京师范大学出版社2010年版,第4—5页。

空间概念，一个“文化领地”……一个地域。有了这块地域……你必须想象出种类极其繁多的“产品”和文化特征，从住房形式、建筑材料、屋顶材料，到诸如制造羽毛箭支的技能，方言或一组方言，烹调品味，特定的科技，信仰体系，示爱方式，甚至罗盘、纸张和印刷机。当这个领地形成某种特质，比如该地域的文化特征已经遍布整个地域，并且它的文化特征在可预见的未来将一直延续下去的时候，我们就可以把它称为文明。①

二、空间与身体存在

哪里有空间，哪里就有存在。人在创造空间的同时，也在进行主体性建构，空间由此具有本体论意义。爱德华·苏贾通过建构元理论话语，界定了“空间是人类生活的第一原则”，认为人类通过创造“一种差距”“一种距离”“一种空间”，实现对世界的客观化，形成人类的主体意识。

（一）人的空间知觉

知觉心理学认为，人的主体性缘于身体与空间的相互作用。身体对空间的知觉，一方面让个体获得空间感，并通过自身的对象化空间存在来把握“我”与空间的关系；另一方面个体也在这种关系中获得对自身的认识，借此，空间就在被感知的意义上真正形成。梅洛—庞蒂说：“我的身体在我看来不但不只是空间的一部分，而且如果我没有身体的话，在我看来也就没有空间。”②

所谓空间知觉，就是个体对物体的形状、大小、距离、方位等空间特性的知觉。一般而言，个体对自身与周围事物相对位置的认识，需要一个由众多因素参与其中的过程，主要涉及空间定向知觉，以及个体对事物的深度、形状、大小、运动、颜色及其相互关系的知觉，它凭借视觉、听觉、动觉、平衡觉、嗅觉和

---

① ［英］尼尔·弗格森：《文明》，曾贤明、唐颖华译，中信出版社 2012 年版，英文版前言。

② ［法］莫里斯·梅洛—庞蒂：《知觉现象学》，姜志辉译，商务印书馆 2001 年版，第 140 页。

味觉的协同活动,并辅之以过往经验得以完成。[①] 皮亚杰认为,知觉是借助作为认识主体的人头脑中所具有的某种先天"结构"来完成的。他称这种"结构"为"图式",即在人脑中具有的某种相对的"恒常性"。[②] 他以儿童成长为例,揭示了空间在人的主体性建构中所发挥的作用。皮亚杰指出,最初,婴儿的世界完全以自己的身体和动作为中心,他(她)既不能意识到自己,也不能意识到客体。对于成年人来说,一个客体可能发生空间位移或者形变,甚至发生化学变化,但不可能无故地消失。婴儿的世界则不然。在这里,客体是由骤然发生和变动不居的东西所组成,如果客体在眼前,它就"存在",如果不在眼前,它就"不存在",当客体再出现时,是以改变的、类似的形式再现。

儿童在由出生到18个月的成长过程中,有一个脱离自我中心的阶段,他(她)能够认识到世界乃是由永久的客体组成,并把自己当作世界中的一个客体来看待。客体的守恒依赖于客体的空间定位,这时,"儿童既知道客体消失时并非不存在,同时也知道客体往何处去。这事实表明永久客体的图式的形成是同实际世界的整个空间—时间组织和因果性组织密切联系着的"[③]。按照皮亚杰的分析,在儿童的初始世界里,并不存在由物体和事件构成的单纯的空间感,以及时间上的次序感,而是存在着多种以儿童身体为中心的杂糅的空间,如口部、触觉、视觉、听觉和体态的空间,也存在着某些关于时间的印象,比如等候妈妈归来等。伴随儿童的成长过程,这些不同的杂糅的空间感慢慢走向协调,直至形成永久客体的"图式"之后,儿童才能从根本上区别物体形态的改变与位置的改变之不同。

(二) 空间图式与身体图式

心理学研究表明,在特定的成长阶段,婴儿通过身体的位移而逐渐形成实

---

① 《简明不列颠百科全书》,中国大百科全书出版社1985年版,第808页。

② [瑞士]让·皮亚杰:《发生认识论》,范祖珠译,商务印书馆1990年版,第4—5页。

③ [瑞士]让·皮亚杰、英海尔德:《儿童心理学》,吴福元译,商务印书馆1980年版,第13页。

际空间的基本结构。接近一周岁的婴儿,在眼前的客体消失时,他(她)会寻找这一客体。这一寻找的动作在空间中形成了各种位移。这些位移相互交错,可能会沿着某个方向运动,也可能采取迂回曲折的路径,但最终达到同一个目标。

婴幼儿的空间知觉经历了从局部到整体、从单一到多方面协调的发展过程。起初出现的是儿童以自己身体为中心的空间片段,后来才逐渐形成完整的"空间图式",即一种可以把身体的位移、客体的运动、实践、因果等各种因素协调起来的空间。在某种意义上说,这种"空间图式"就是人的"身体图式"。梅洛—庞蒂认为,没有身体就没有空间,真正有意义的空间是身体引导、活动、意识的空间。他说:"体验揭示了在身体最终所处的客观空间里的一种原始空间性,而客观空间只不过是原始空间性的外壳,原始空间性融合于身体的存在本身。成为身体,就是维系于某个世界……身体首先不在空间里:它属于空间。"①这就是说,"身体图式"就是一种表示我的身体在世界上存在的方式。在这里,身体不仅自身活动自如,而且能够对周围环境给出恰当反映,这种反映超越了身体和以身体为边界的空间范畴,而是界定人在空间中的一种存在方式。概而言之,空间感是人在成长时期通过身体复杂的知觉活动逐步形成的,人的主体性就其起源或者结构而言都具有空间性。

三、空间与社会存在

人的空间感知能力深受空间形态与品质的影响。一般而言,一些重要而显著的空间感受来自于共同的生理结构、认知能力和相同的实践经验,以及那些习惯使用某种空间的同类人群的共同文化气质。然而,感受者独特的文化、性情、心理状况、经验以及目的,可以导致不同的人在同一个空间中有区别于

① [法]莫里斯·梅洛—庞蒂:《知觉现象学》,姜志辉译,商务印书馆2001年版,第196页。

他人的空间感受。由此,空间在与人相互沟通的过程中拥有了社会性,这种意义上的空间亦称为社会空间。

(一) 人与空间的相互作用

人与空间的相互作用创造了人类的社会生活环境。一般意义上,空间具有不可改变、不可压缩的特性。但是,人类对空间又具有主观能动性,他(她)不是机械被动之所在,其主动介入使得“纯粹客观”的空间里出现了高度复杂的社会空间。人可以选择以什么构成其环境,选择对什么作出反应并为了自身的目的而利用它,这些选择活动在一定意义上构成了人的生命过程。从有机体对环境的反应而言,环境已经“存在于有机体的动作中”。如果说动物用其感受性即“朝向物体的运动”来反映建构环境,那么,人类用以反映建构环境的则是双手。换言之,是人类的“双手”创造了“我们的”环境。一般情况下,生物有机体的生存环境总是事先给定的,反过来决定人类的生存条件。比如,在生命出现之前,地球已经存在,当不同的有机体消失而其他有机体出现时,地球依然如故。在地质记录中,有机体的出现是一个带有偶然性的“副产品”。在地球史的许多关键时期,有机体似乎完全受环境所支配。所以,不是用有机体说明环境,而是用环境说明有机体。

美国人类学家玛格丽特·米德给出了更能鼓舞人类的解释:环境并非总是预先僵硬地给定,有机体的环境,是有机体在某种意义上决定的环境。如果在有机体的发展中其感受性越来越多样,有机体对环境的反应也将增加,即有机体将有一个与此相应的更大环境。米德说:“人类社会大规模的发展已导致对其环境的非常全面的控制。人类在它希望的地方建立起家;建立起城市;把水从极遥远的地方引来;决定在周围种植哪些植物;决定哪些动物可以生存;投入了现今仍在继续的同昆虫生命的斗争,决定哪些昆虫将继续存活;并试图决定哪些微生物将在它的环境中继续存在。它依靠其衣着和住所决定其周围应有的温度;它借助旅行方法调节它的环境范围。人类在地球表面所作的全部斗争就这样决定了存在于它周围的生活，就这样控制了决定和影响它自己生活的物体。”①米德在生物—社会层面上所揭示的有机体与环境的关系，帮助我们对空间的社会性作出积极的感受和恰当的理解。尽管米德的“环境”并不完全等同于“空间”概念，但环境总是以空间为基础，米德的理论完全适用于解释人对空间环境的营造动机，以及由此带来的空间的社会性特征。就这样，“主体性与空间连接在一起，而且不断与空间的特定历史定义重新绞合在一起。在这个意义上，空间和主体性都不是自由漂浮的，它们相互依赖，复杂地结构成统一体”②。

（二）空间是社会关系的聚集

空间是如何被社会关系所定义的呢？列斐伏尔通过分析 20 世纪人文地理学发展状况，发现“自然空间”已经无可挽回地消逝了，虽然它仍是社会过程的起源（所有的社会空间都有源自这个自然基础的一段历史），但现在已经被降贬为社会生产在其上操弄的物质③，必须改变这种看待空间的眼光，采取社会关系的观察视角。因为，“空间看起来好似均质的，看起来其纯粹的形式好似完全客观的，然而一旦我们探知它，它其实是一个社会产物”④。当然，西方思想家在解读社会空间时各有侧重。列斐伏尔将其视为符号统治的抽象空间，福柯将其视为实在和观念的混合物；布迪厄认为它是不同社会位置之间的客观关系网络；吉登斯则认为社会空间是包括情景在内的物理维度及其“结构”，是互动体系与社会关系的聚合所；西美尔侧重研究空间在人们心理上的意义，认为“任何的界限都是一种心灵的事件”，“界限不是一种具有种种社会

---

① ［美］乔治·H.米德：《心灵、自我与社会》，赵月瑟译，上海译文出版社 1992 年版，第 216—221 页。

② ［英］凯·安德森等主编：《文化地理学手册》，李蕾蕾、张景秋译，商务印书馆 2009 年版，第 439 页。

③ 包亚明主编：《现代性与空间的生产》，上海教育出版社 2003 年版，第 48 页。

④ 包亚明主编：《现代性与空间的生产》，上海教育出版社 2003 年版，第 62 页。

学作用的空间的事实,而是一种形成空间形式的社会学的事实"①。

概而言之,空间是基于物理存在的社会性构成,无论这一构成被如何解读,它都不外乎是一种观念性建构,并具有关系特征。城市史学家刘易斯·芒福德用"对话"来表达这种特征,认为城市空间就是一个专门用来进行交易的谈话场所,对话是城市生活的最高表现形式,是城市生活最充分的体现,是长长的青藤上的一朵鲜花。他指出,城市发展的关键在于社交圈子的扩大,最理想的状态是所有人都能参与对话,而城市衰败的最明显标志,城市中缺乏社会人格存在的最明显标志,就在于缺少对话。② 在这里,由于人的介入,自然空间转变为社会空间。

第二节　动力、分类与机理

城市是人类文明发展到一定阶段的空间类型,城市空间作为城市与空间的结合体,表现了城市的结构、形态、格局,诉说着城市的生活故事。在此意义上说,任何城市研究,都可以诉诸于城市空间的研究。从形成看,城市是经济、政治、文化等要素在一定空间内聚集的产物;由结构说,城市由大大小小、形态各异、内容复杂的空间组成。在城市中,社会与空间的绝妙关系比之于农村体现得更为明显。因此,分析城市的空间形成和空间结构,对于深刻认识城市社会乃至整个现代社会具有基础性意义。

一、动力机制

城市是历史发展的产物,随着时代的变化而变化。作为人们追求美好生

---

① [德]盖奥尔格·西美尔:《社会学:关于社会化形式的研究》,林荣远译,华夏出版社2002年版,第466页。

② [美]路易斯·芒福德:《城市发展史——起源、演变和前景》,宋俊岭、倪文彦译,中国建筑工业出版社2005年版,第123—124页。

活的结果,城市既是人类居住的地方,也是积聚宗教、文化、艺术与技术的场所。作为人类文明史的一个界碑,城市既是人类走出野蛮时代的标志,也是人类区别于其他动物的标志。从时间看,城市肇始于新石器时期晚期与铜石并用的时代;从空间看,最早的城市出现在幼发拉底河和底格里斯河两河流域。透视城市的产生过程,不难发现,城市产生于交易与聚集的活动之中。

(一) 人类早期城市

英国城市学家约翰·伦尼·肖特讲述了一个城市诞生的故事:在旧石器时代和中石器时代,人类以游团的形式聚居,靠打猎和采集野果为生。在西亚,西起约旦河谷和安那托利亚,东至扎格罗斯山地之间有一个新月形地带,其边缘是每年平均降雨量 300 毫米的雨水线。在这雨水线限界之内,生长着以各种小麦和大麦为主的野生谷物。大约从公元前 9000—前 8000 年,在雨水线限界之内居住的人们,逐渐由狩猎采集生活过渡到畜牧农耕生活。到公元前 5000 年,大批在雨水线内已初步掌握人工灌溉技术的居民,纷纷向美索不达米亚冲积平原转移。他们在冲积平原上发明种植谷物,创造灌溉系统,发展灌溉农业,建立移民地农村公社,出现剩余产品。这些都为西亚城市文明的产生奠定了丰厚的物质基础。在距今 5000—6000 年的美索不达米亚平原上,城市得以诞生,并逐渐成长起来。①

人类早期城市除了两河流域外,还在以下地方出现了城市。一是印度河流域的城市。在信德地区的摩亨卓达罗和旁遮普邦的哈拉帕发现的古城遗址,被称为哈拉帕文明。该文明大约存在于公元前 2500—前 1500 年。哈拉帕时期的居民主要从事农业,手工业和商业也较为发达。在公元前 2000 年前后,两座城市进入繁荣期,人口达 2 万左右,是当时世界上最大的城市之一。二是中国的早期城市。距今 7000—8000 年的新石器时代,在黄河流域和长江

① [英]约翰·伦尼·肖特:《城市秩序:城市、文化与权力导论》,郑娟、梁捷译,上海人民出版社 2011 年版,第 16 页。

流域出现了相对发达的农业经济,在黄河中下游地区,发现了距今约3600年的宫殿遗址,一般认为是我国迄今发现的最早的城市遗址。公元前2500—前2000年,出现城市的雏形,公元前2000—前1600年间出现城市,并逐渐由黄河中下游地区向南至汉水、淮河流域,向北扩展至太原、北京附近。自此以后,我国城市的分布就以这一地区为中心,逐渐向四周发展。三是古希腊罗马文明的早期城市。公元前8—前6世纪,希腊各地社会生产力极大发展,随着与地中海地区的贸易往来,商业也大大发展起来,城邦国家连续出现,雅典和斯巴达两个城邦相继发展为城市。当希腊文明逐渐衰落时,亚平宁半岛上的罗马开始强大,它不断进行军事征服,建立公路系统,在欧洲内陆建立各种市场、行政中心和军事基地,欧洲一些著名城市如伦敦、巴黎、科隆、维也纳均兴盛于这一时期。公元前5世纪,罗马的城市文明与罗马帝国一起消亡。四是美洲和非洲出现的早期城市。公元前300年,在危地马拉热带丛林中,一座玛雅人城市埃尔麦雷多曾经达到过鼎盛;在非洲,特别是津巴布韦、尼日利亚、苏丹等地都发现了城市遗址,其中一些城市至少在公元1世纪就存在过。

"城"为行政地域概念,即人口聚集的地方;"市"为商业概念,即商品交换的场所。城市自产生开始,便成为人们竞相"打量"的对象。作为一个复杂的系统,城市可以从分类的角度来定义:其一,从地理和行政角度定义城市,认为城市是人口密集的行政区,是在相对较小的面积里居住了大量人口的地理区域。"之所以把人口密度作为基础,其原因就在于,不同经济活动的频繁接触是城市经济的本质特征,而这只有在大量厂商和家庭集中于相对较小的区域内才能发生"。[①] 其二,从市场和经济类型角度定义城市,认为城市是市场经济的产物,而不是计划经济的产物;是工业文明发展的结果,而不是农业文明发展的结果。其三,从政治的角度定义城市,认为城市并非在于其处所或围墙

① [美]阿瑟·奥沙利文:《城市经济学》,周京奎译,北京大学出版社2008年版,第2页。

的宽广,而是民众和居民数量及其权力的伟大。人们出于各种因由和时机移向那里并聚集起来,其根源有的是权威,有的是强力,有的是快乐,有的是复兴。① 其四,从功能和规划的角度定义城市,认为城市是一个功能性社区,是在可能的范围内,一个可以使当地劳动力达到供求平衡的劳动力市场,以及其周围具有高频率日常互动活动的区域。②

随着城市活动的拓宽和城市理论的发展,人们改变从单一学科界定城市的做法,逐步转向从跨学科、多视野的角度来定义城市,尤其把社会关系作为界定城市的一个重要向度。美国城市学家路易斯·沃斯将城市定义为一个规模较大、人口密集的异质个体的永久定居场所,认为城市不仅是一个人口集聚的空间,而且也是工商业、金融机构、交通和通信线路、新闻、广播电台、图书馆、博物馆、医院、大学等要素集聚的空间。这里的阶级结构非常复杂,具有高度的异质性。③ 美国城市规划学家刘易斯·芒福德对城市进行了深入探讨,将城市定义为一个地理网状物,一个经济组织体,一个制度的过程物,一个社会战斗的舞台,一个集合统一体的美学象征物。概言之,一方面,城市是一个为日常生活和经济活动服务的物质结构;另一方面,城市是一个为更有意义的行动以及更崇高的人类文化而服务的戏剧性场景。④ 可见,芒福德在关注城市的经济属性的同时,将人性、城市精神、文化等社会属性嵌入对城市的理解之中。

(二)交易与集聚

无论从何种角度定义城市,就其产生看,城市是各种交易不断聚焦的过

---

① ［意］乔万尼·波特若:《论城市伟大至尊之因由》,刘晨光译,华东师范大学出版社 2006 年版,第 3 页。

② ［美］诺南·帕迪森编:《城市研究手册》,郭爱军、王贻志等校译,格致出版社 2009 年版,第 37 页。

③ 孙逊主编:《阅读城市:作为一种生活方式的都市生活》,上海三联书店 2007 年版,第 7 页。

④ ［美］刘易斯·芒福德:《城市文化》,宋俊岭等译,中国建筑工业出版社 2009 年版,第 507 页。

程。由此,交易是城市产生的内生动力。在由村庄、集市发展为城市的过程中,一种内源性制度组织发挥了推动作用,它不仅承担剩余农产品的交易中介角色,而且扮演更广大区域非农业产品的供给者角色。其中,经济交易是城市的命脉所在。

“交易”最初指的是物物交换,如《易·系辞下》:“日中为市,致天下之民,聚天下之货,交易而退,各得其所。”后来泛指商品买卖,是买卖双方对有价物品及服务进行互通有无的行为。在一定意义上说,城市是交易的产物。比如,罗马帝国时期,罗马城大约有150万人口,他们或来自意大利,或来自意大利以外的地中海地区,或来自遥远的帕提亚、印度、巴克特里亚等地。帝国周围各大洲的商品都源源不断地运往罗马。当时有人说,如果有人打算一饱眼福,他要么去周游整个文明世界,要么亲临这座城市。罗马城几乎成了世界贸易的中心。

随着经济的发展和社会的进步,交易内涵不断丰富,外延不断扩展。美国经济学家格雷夫超越了交易活动的物质界限,认为交易的载体不仅有商品,还包括社会态度、情绪、意见或信息等,交易是从一个社会单位向另一个社会单位转移时所做出的行动。这个解释对于理解交易与城市的关系具有重要意义。作为人类活动的一种基本形式,交易首先在经济领域发生,其次在政治和文化领域产生,这是为经济发展史所证明了的。在经济、政治、文化领域,任何一项核心交易都可能成为城市起源与发展的“初始磁体”。芒福德就把城市形象地比喻为“磁体”。交易集聚常常带来人口集聚,一个核心交易也常常派生出其他交易类型。例如,一个政治中心城市,其核心交易是由行政机构、官僚系统的集中和人口的集中而形成的政治交易,但人的需要是多样复杂的,这就必然产生服务业、工商业和公共事业等派生交易,以满足居民衣、食、住、行、社交、娱乐、治安等各方面需求。虽然促进和发展核心交易是派生交易的使命,但在某些情形中,派生交易越来越重要,可能成为城市发展的“替代磁体”。城市的诞生符合经济交易的追求效率原则,它是各种城市经济、政治、文化、社会主体进行广义交易的结果。

人类生产和生活要素的集聚是城市产生的内源机制。所谓“集”是指大量相关事物在地域空间范围内的集中,“聚”是指区域内各种要素的有机聚合。集聚是指事物在一定的空间范围内集中并以某种有机的形态组合在一起。马克思通过比较城市和农村诸要素的运动状况,揭示出城市产生于空间集聚的自然历史过程。他深刻指出:“物质劳动和精神劳动的最大的一次分工,就是城市和乡村的分离。……城市已经表明了人口、生产工具、资本、享受和需求的集中这个事实;而在乡村则是完全相反的情况:隔绝和分散。”①总之,城市作为大的聚落,其形成是各种要素聚集的结果。

二、空间类型

城市空间是“城市”和“空间”的聚合体。城市本身就是庞大的空间体,在其内部还有许多大小不一、形态各异、性质悬殊的空间,在此统称为城市空间。以不同的标准来划分,形成不同的空间类型。

(一)以圣俗划分

人类具有与生俱来的慎终追远意识,早期的城市就是从祭奠故人开始的。意大利建筑学家阿尔多·罗西认为,城市两个主要的、持久不变的部分是“住宅”和“纪念物”,意大利著名的罗马广场就是由坟场—战场—宗教圣地演变而来的。以此划分,城市空间可分为神圣空间和俗世空间。就神圣空间来说,中国有祠堂,西方有教堂,二者均承载着重要的祭奠意义,并以其神圣性,与充满伦常日用的生活空间区别开来。由于祠堂大多坐落于中国农村,并非属于“城市空间”的范畴,故不在讨论之列。仅以教堂为例,分析城市空间的圣俗

① 《马克思恩格斯文集》第1卷,人民出版社2009年版,第556页。

类型。教堂用英语表达就是“主的居所”或“上帝之屋”。基督教是欧洲人精神信仰的重要部分,作为宗教活动传播的主要场所,教堂空间大多历史久远,且遍布城乡各地,成为城市建筑的重要组成部分。按照级别分类有主教坐堂、大教堂(大殿)、教堂、礼拜堂等,其主要建筑风格有罗马风格、哥特风格、巴洛克风格和现代主义教堂。教堂屹立于城市之中,是展现上帝荣耀的窗口,它体现着天国的价值观,上帝的话语、教义,帮助人们诠释人生的意义。当然,城市的大部分空间为俗世所占,即使是宗教氛围浓厚的西方古代城市也是如此。

(二)以功能划分

国际现代建筑协会的《雅典宪章》,曾阐述过城市的四大功能:居住、工作、游憩和交通,城市空间也相应地被分为居住空间、工作空间、游憩空间和交通空间。《雅典宪章》强调,居住是城市的首要功能,住宅区的建设应该符合以下要求:它应该建在城市最好的地区,尤其不能建在交通干道周围;在人口密度较高的地区建造高层公寓式住宅时,应该留出适度的绿地和空地;按照安全、舒适、方便、宁静的原则建设邻里单位。工作是城市得以运转的基础条件。工业空间建设方面,要根据工业性质、工业与工业之间的关系,合理地分布空间;工作地点和居住地点之间的距离,要合理恰当,有效避免职住分离;用绿色地带或缓冲地带隔离工业区和居住区;市区内适宜发展和日常生活关系密切而又不引起干扰的小型工业。休闲娱乐是城市社会的重要生活方式。游憩空间的要求是:新建住宅区预先留出空地作为建造公园、运动场和儿童游乐场之用;人口稠密地区,清除旧建筑后的地段应作为游憩用地;城市附近的河流、海滩、森林、湖泊等自然风景优美的地区应加以保护。在交通空间方面,应以正确的调查和统计资料为基础,根据不同的功能来区分和设计道路;建筑物,尤其是住宅,应有绿化带同交通干道隔开。

（三）以要素划分

美国城市规划学家凯文·林奇是以要素划分城市空间类型的代表。林奇指出，城市空间是城市居民的“心理地图”，由路径、边沿、区域、节点、地标五种要素构成。路径作为沟通城市的渠道，由大街、步行道、公路、铁路、运河等组成。边沿是排除在道路之外的线性要素，意指两个面的界限，连续中的线状突变。区域主要指的是城市里中等或较大的部分，具有两维特性，常常使人产生进入“内部”的感受。节点是指城市中的一些要点，以集中为特征，主要指道路的交叉口、方向的变换处。地标是指每个城市的标志性区域或地点，比如建筑物、招牌、店铺牌、山丘等。①

（四）以空间关系划分

以空间关系划分城市空间类型是以挪威建筑理论家克里斯蒂安·诺伯格·舒尔茨的建筑现象学理论为代表的。舒尔茨认为城市空间可以划分为三种关系，即形态关系、拓扑关系和类型关系。形态关系作为领悟空间精神的重要来源，是指城市及其建筑物所呈现出的造型；拓扑关系作为领悟空间精神的途径，是指空间的秩序及建筑物的空间组织；类型关系作为领悟空间精神的重要因素，是指城市建筑的不同类型及其表征的城市历史积淀。建筑现象学理论说明，城市空间既与城市整体、构成城市的建筑物等所有实体的造型相关联，又同这些实体构成的相对位置相关联，同时还与这些实体因时间叠加形成的类型相关联。②

---

① ［美］凯文·林奇：《城市的印象》，项秉仁译，中国建筑工业出版社1990年版，第41—44页。

② 朱文一：《空间·符号·城市——一种城市设计理论》，中国建筑工业出版社2010年版，第35页。

(五)以社会关系性质划分

以社会关系性质划分城市空间类型,可分为私人空间与公共空间。私人空间主要是个人及其家庭生活的空间,公共空间是人们进行社会公共生活的空间。这两类空间区分的起源,与人的穴居性有关。人类通过穴居垒墙,将自己和家人的生活空间与外界空间进行隔离,以保护家人免受外界的侵袭和干扰。“家内”与“家外”的关系不同,遵守的规则也不同。家内成员关系是基于生物性联结而形成的亲属关系,按需分配是其基本原则;家庭成员之外的关系主要是基于工具性联结而形成的人际关系,“得所应得”是其基本原则。在信息社会,网络世界的朋友圈介于私人空间与公共空间之间,兼具私人空间和公共空间的某些特性,可以被称为是较为私人的公共空间,或者较为开放的私人空间。

三、内在机理

城市空间有其内在的活动机理。一方面,通过设置边界定义自身;另一方面,通过空间连接与外界对话。巩固边界是为了保有空间秩序,实现连接则为了增强空间活力。

(一)边界

空间需要边界。老子通过“有”“无”概念的分析,明确了边界的作用。他说:“埏埴以为器,当其无,有器之用;凿户牖以为室,当其无,有室之用。故有之以为利,无之以为用。”①意即:抟揉泥土用来做陶器,恰当地对待它的有和无,就会产生陶器容物的作用;开凿窑洞用来做房屋,恰当地对待它的有和无,就能为房屋主人提供便利。概言之,正是这种有无之隔而形成的边界,才使得

① 罗尚贤:《老子通解》,广东高等教育出版社 1989 年版,第 83 页。

泥土、窑洞等产生功用。

有学者运用心理学的“原型”概念，揭示边界在规定“你”“我”中所起的作用。海德格尔从存在主义立场出发，强调建筑中“墙”的重要性，认为正是有了坚固的人为墙壁，才有了发挥庇护作用的空间，人只有在这样的空间居住，才能实现自身的本质。西欧国家的砖石建筑一般拥有厚实的墙壁，恰似印证了海德格尔这一观点。

古代中国版图，西面止于西藏高原山麓，南面是森林，东面止于海洋，北面则修筑起长城这一人工屏障。这些天然屏障与人工屏障共同构成了一个边界实体。纵观中国历史，“从历代的明堂到汉代的闾里，到唐代的里坊，到‘院’，到今天的‘大院’等等，无一不体现出‘边界原型’的特征”①。边界原型强调内外分割性，而空间分割则常常通过建筑来完成。中国古代喜欢用砖、石、木材等建构分割的墙体，有时也用天然河流作为边界的隔体，如《周礼·考工记》中描述的城市，大都以城墙和四周设置的护城河为分割界限。

“门”也可作为边界的隔体。但和“墙”相比，门作为空间隔体已经具有了“活动”意义。德国社会学家格奥尔格·齐美尔指出：“门在屋内空间与外界空间之间架起了一层活动挡板，维持着内部和外部的分离。正因为门可以打开，跟不能活动的墙相比，关闭门户给人以强烈的封闭感，似乎跟外界的一切都隔开了。墙是死的，而门却是活的。自己给自己设置屏障是人类的本能，但这又是灵活的，人们完全可以消除屏障，置身于屏障之外。……因此，门就成为人们本应或可以长久站立的交界点。……门将有限单元和无限空间联系起来，通过门，有界的和无界的相互交界，它们并非交界于墙壁这一死板的几何形式，而是交界于门，这一永久可变换的形式。”②进而言之，边界有时并不需

---

① 朱文一：《空间·符号·城市——一种城市设计理论》，中国建筑工业出版社 2010 年版，第 76 页。

② ［德］G.齐美尔：《桥与门》，涯鸿、宇声等译，生活·读书·新知三联书店 1991 年版，第 4—5 页。

要实际的墙体,而仅仅是墙体的表示和符号即可,如机场办理登机手续或者银行排队时的那条“一米边界线”。有形无形的分割形成了规模不同、形式各异的独立区域。这种用墙体或者墙体的符号围合而成的空间,是人类最重要、最基本的空间形态。城市中的房屋以及住宅小区,大都是用墙体围合或半围合、封闭或半封闭构成的建筑。

空间分界的行为虽然外化为某种具体形式的界限,但它又具有社会分层的意义,代表了生活在有限空间之中的个体或者群体对某种秩序的需求。一方面,界限在空间上划分出不同区域;另一方面,不同主体的社会关系联结在一起,使得界限可能成为谈判桌、交易平台或冲突的战场。正如西美尔所说:“空间的延展不可思议地迎合了社会学的各种关系,空间的连续性正好使任何地方都不可能客观地标明一条绝对的界限,因此,它到处都允许人们主观地划定任何一条界限。”①照此分析,界限既是一种心理反应,又是一种社会实践。主体可以通过给定的、具有清晰边界的区域,意识到自身的独立存在;不同社会阶层的主体又在一定程度上对应着所属的不同居住区、不同场所。就这样,社会关系的基本模式在空间中找到了自己的属性。

(二)连接

人既通过界限定义自己,也通过交流发展自己。如果说界限界定了空间,而连接则使得空间与空间得以沟通和联系,进而扩大和延展空间。

连接源于人类交往的需要。马克思基于人们的物质生产实践,认为生产本身“是以个人彼此之间的交往为前提的。这种交往的形式又是由生产决定的”②。“人们在生产中不仅仅影响自然界,而且也互相影响。他们只有以一定的方式共同活动和互相交换其活动,才能进行生产。为了进行生产,人们相

① [德]盖奥尔格·西美尔:《社会学:关于社会化形式的研究》,林荣远译,华夏出版社 2002 年版,第 465 页。

② 《马克思恩格斯文集》第 1 卷,人民出版社 2009 年版,第 520 页。

互之间便发生一定的联系和关系;只有在这些社会联系和社会关系的范围内,才会有他们对自然界的影响,才会有生产。"①马克思认为,主体间的交往以主体对客体的改造关系为前提和基础,由这种交往而形成的交往关系以物质利益关系为本质纽带。当然,在生存资料匮乏的社会历史条件下,马克思以"关系"框架来解释交往,认为交往是人与自然之间,也即主体与客体之间的关系。随着历史的进步,人类的匮乏问题得到缓解,与此同时,交往也日益呈现为一种主体与主体的关系,即交互主体关系。这是哈贝马斯得出的结论。他以"生活世界"为核心概念,创建了著名的"交往行为理论",认为生活世界是支撑交往行为的背景假设和相互理解的"信息储存库",是人们交往合理化得以实现的条件,一般包括文化、社会、人格三种结构,既包括可见、可触、可感的显性因素,又包括隐藏在文化、理想、信念、情感、态度、价值观之中的抽象的隐性因素。在时间维度上,交往是个体知识和技能不断增长的纵向进程;在空间维度上,交往是人们不断拓展合作关系并得以共同发展的横向进程。通过交往,消解了主体间的紧张关系,通过"主体间性"的交往,形成人与人之间的一种对话关系。罗伯特·帕克也看到了空间之于人们交往的重要意义,认为"无根、无舵、漂泊、无处安身、不担使命,是对游民的最好写照。为了社会的持久和进步,组成社会的个体必须脚落一地,单单为了保持交流,他们必须落下脚来,因为只有通过交流,我们称之为社会的那种移动的均衡才可维持。人类所有形式的联系最终都落实在固定位置与位置的联系上"②。概而言之,人通过空间交往完成自己的社会化进程。

推动人们完成交往的另一个空间要素是"连接",其物质表现形式有道路、楼梯、高速公路、桥梁、隧道、铁路、航空线、航海线等。正是这种"连接",借助某种建造形式或者交通手段,使两个分离的区域在空间上得以衔接贯通。

"房屋"与"通道"是边界与连接的喻体。道路是分隔空间的延伸,它朝着

① 《马克思恩格斯文集》第1卷,人民出版社2009年版,第724页。

② 汪民安等主编:《城市文化读本》,北京大学出版社2008年版,第212页。

某个方向伸出触角、生长根须。分割空间的扩大只是空间“量”的增加,而从中延伸出来的各种通道,则是其“质”的变化,它促进了不同区域人员的往来、物资的流动、信息的交流等。道路体现出区域的意向性,它朝向某处,希望与其他地区建立联系,或者说,它接受来自其他地方沟通的意向,满足来自外部世界联系的愿望。正如西美尔所说,道路使两地联系的愿望有了客观的体现。① 福柯通过研究19世纪法国的国家空间概念,追溯了法国从重视建造房屋到重视建造路桥的过程。他认为,随着新技术和新经济运行方式的诞生,一种新的空间范式超越了城市规划和建筑的限制,由领土城市化的警察国家之上的模式,转向以长距离快速通道构建起来的空间,其结果是“工程师和桥梁、道路、管线、铁路的建造者,以及技术员(他们专职控制法国铁路)——这些才是构想空间的人”。他们带来的铁路,不仅加快了人们旅行的速度,而且改变了遥远区域之间人们接触、联系的状态,进而改变了人们的行为。②

学理上讲,分界与连接是空间活动的内在机理。城市空间因为分隔而形成边界,构成秩序;因为连接而交流沟通,创造活力。边界设立之时,意味着彼此的凝视、对话、交流,蕴含着穿越边界的愿望;连接形成之时,空间的无限延展有了某种可能,成熟的社会关系的孕育拥有了物质基础。

纵观人类文明史和城市发展史,不难发现,连接带来的空间开放度与社会的文明程度呈正相关。按照西方学者的分类,可以将人类历史分为前现代社会和现代社会。前现代社会是一个交往受到极大限制的社会。面对自然环境的不确定性,以及安全方面的外族侵扰,基于生存的考虑,人类倾向于建构与外界、外族相隔离的相对封闭的空间。这类空间往往以财富、地位作为衡量文明与否的标志。在现代社会,随着主客体关系的转换,以城墙、围墙为标志的封闭性空间,要么转换为文明遗迹和文化遗产,要么被废弃和拆除,由此导致

① 参见童强:《空间哲学》,北京大学出版社2011年版,第143页。

② 包亚明主编:《后现代性与地理学的政治》,上海教育出版社2001年版,第5—6页。

城市空间越来越具有开放性。不断从空间封闭走向空间开放，是文明发展和城市发展的重要趋势。

第三节　属性与功能

属性探讨的重点是对事物进行抽象描摹，功能研究的重点则是对事物的作用进行全面体察。城市空间通过提供驻足之地、定义社会关系，充分展现其综合属性；通过提升自我认识、助推文化传承和政治规制，以实现其社会功能。

一、空间属性

城市空间是城市社会的“综合产品”，与其说它是对城市的技术性测量，毋宁说它是对个人生存和社会正义状况的一种哲学阐释。

（一）社会属性

马克思主义认为，人类实践活动推动了人与自然的分离和融合，产生了“自在自然”和“人化自然”。随着人类实践范围的不断扩大，“自在自然”不断缩小，“人化自然”不断扩大，自然被越来越多地打上人类实践的烙印。城市空间也是这样。就自然性而言，城市空间主要表现为城市基础设施、建筑和公共场所等物质形态，它是在“自在自然”基础上通过实践活动创造和发展的自然空间形态；就社会性而言，城市空间表现为以经济、政治、文化为主要内容的纷繁复杂的空间社会关系，离开作为“社会关系的总和”的网络，城市就会沦为一个没有任何实际意义的物质空壳。城市空间的社会属性从以下几个方面得以体现。

第一，满足心理需求。按照美国社会心理学家马斯洛的需要层次理论，人拥有生理需求、安全需求、社交需求、尊重需求和自我实现需求。各种需求之间有先后顺序与高低层次之分，每一层次的需要的满足程度，将决定个体人格发展的程度或境界。以住房为例来分析,住房是私人空间的主要表现形式,是人类生活的必需产品。但是,即使建房筑屋这样的物质活动,也不仅仅是为了满足遮蔽之需,而且也是满足人的心理之需,或者说人的遮羞之需。19 世纪末 20 世纪初,德国哲学家包尔生指出,住宅条件与道德状况之间具有密切关系,恶劣的住宅条件不仅危及人的健康,而且也影响人的幸福、道德和居住者的家庭感情。恩格斯在《论住宅问题》中,也深刻揭露了恶劣居住状况给工人阶级带来的心理痛苦。芒福德在探讨西方中世纪城镇时指出:“不能忘了城墙在心理上的重要性。日落后城堡的铁吊闸拉上,城门上锁后,城市就与外界隔绝,这样围在城墙之内就有一种团结和安全的感觉……”①马可·波罗在谈到北京元大都城墙时说:城墙上每座城门都有一千个士兵驻守。这样庞大的驻军不全是为了防备任何仇敌的侵犯,设置这些禁卫军的用意,只在于炫耀和维护皇帝的威严罢了。② 肇始于 20 世纪 80 年代晚期的西方新都市主义,通过反思城市化进程中出现的住宅资本化、权力化倾向,推出重新定义住宅的概念,寻求重新整合现代生活的诸多因素,谋求建立以住宅为基础的人心相融的邻里社区。

第二,实现人的社会化。马克思说:“人的本质不是单个人所固有的抽象物,在其现实性上,它是一切社会关系的总和。”③人之为人究其本质在于他的社会交往关系,而公共空间作为人类活动的场所,搭建了人们交往和沟通的桥梁。在这里,城市空间绝不可能只是一处商品买卖或交换的博弈场所,更不是只供买卖人游戏的特殊所在,毋宁说,在被视为商品交换场所的同时,也被视为一个特殊的“社会交往”和“社会互动形式”。美国设计师扬·盖尔在《交往与空间》里提出了“营造碰面机会”的设计理念,他反对户主开车进地下车库、

---

① [美]刘易斯·芒福德:《城市发展史——起源、演变和前景》,宋俊岭、倪文彦译,中国建筑工业出版社 2005 年版,第 58 页。

② 马可·波罗口述,鲁思梯谦笔录:《马可·波罗游记》,曼纽尔科姆罗夫英译,福建科学技术出版社 1981 年版,第 96 页。

③ 《马克思恩格斯选集》第 1 卷,人民出版社 1995 年版,第 56 页。

再经电梯直接入户的设计方法，认为应该把地下车库的出入口设在住宅中央的小广场，大家必须通过这个小广场再分散到每个单元里去，以便能给人们创造更多碰面的机会。从人的社会化过程来看，公共空间的意义在于它是一个人与人产生联系的“领域”，人们通过公共空间中的交往实践，完成自己的社会化进程。

第三，表征社会矛盾。城市空间是社会矛盾的场所，是社会的“第二自然”。表面上看，城镇化关涉的是自然空间的改造，实际上，它是特定社会历史条件下的空间生产过程。作为城市的重要载体，城市空间由于被资本和权力所裹挟，始终带有某种阶级或阶层的意味，成为界定业主身份的标签。19世纪中期法国奥斯曼的巴黎改造就是鲜明的例证。虽然这次改造实现了现代城市理念的空间创举，但是，由于居民的大规模搬迁，传统社会网络遭到破坏，贫富混居的平衡被打破，巴黎城的西部、南部越来越“高贵”，城东和城北越来越混乱，以工人、手工业者、小商贩为代表的大批社会底层群众被驱逐到基础设施缺乏、卫生环境恶劣的郊区去居住。这些巴黎郊区直到今天仍然被主城区所隔离和抛弃，成为社会问题的重灾区。① 在一定意义上，空间的生产是阶层关系的生产，城市越是扩张、资本越多介入，城市阶层的断裂就越明显，社会矛盾也就越突出。这是被包括法国巴黎在内的西方城市发展史所证明了的。

（二）精神属性

城市空间是人类物质文明与精神文明的综合体。无论是上古的穴居野处，还是现代的高楼大厦，都无不通过场所精神和属人特性，诉说着人与空间的精神关联，表达着城市空间的精神属性。

第一，场所精神。挪威建筑学家克里斯蒂安·诺伯格—舒尔茨从建筑现

① 陈映芳、伊莎白：《城市空间结构与社会融合》，《读书》2019年第2期。

象学角度系统地阐释了场所精神,他以古罗马为例来分析。古罗马人有场所“守护神”信仰,他们相信,任何独立的本体都有自己的灵魂,“守护神”这种灵魂赋予人和场所以生命,为信服它的人们带来安全感。古罗马汇聚了得天独厚的自然情境以及意义深远的精神象征,人们奉行神殿和神祇崇拜,并将这种崇拜所蕴含的力量扩展到罗马城的街道、广场等建筑环境之中。在这里,神祇崇拜具有“人神同形”的自然特性和抽象的宇宙秩序,二者相互结合,构成了罗马“田园景致”的本质,集结了所有事物的存在意义。基于此,舒尔茨笔下的疆场也就可以理解为由自然和人为元素所形成的综合体。它蕴含着两个关于场所的追问:一是人在何处安置其聚落?二是自然在何处邀请人来定居?这两个追问表明,舒尔茨从主体和客体相统一的角度来定义场所精神。一方面,人愿意定居于能够提供一个界定空间的场所;另一方面,自然的场所包含了许多有意义的物,如岩石、树木和水,它们能够对人表达一种“邀请”。

人主要通过“方向感”和“认同感”来感知场所精神。舒尔茨认为,人获得存在立足点的前提是辨别方向的能力,人只有知道自己身置何处,才能在环境中认同自己。场所不仅具有一定的特性,而且对身处其中的人来说具有一定意义。这种特性和意义是由“经济、社会、政治及其它文化现象所决定的……意义必须成为涵盖自然要素整体的一部分”。舒尔茨通过场所精神这一概念,深入揭示了实体空间的形式所负载的地方特性的意义,揭示了人的生活方式与所处环境的紧密关系。①

空间的最佳境界是展现场所精神。海德格尔认为,场所精神植根于为人类提供“诗意栖居”的空间结构体系,人的记忆、价值和经历会与场所发生互动,形成情感依赖,这种依赖在人与环境之间起到重要的联结作用。人在“天、地、神、人”四元结构中居于主导地位,承担拯救大地、接纳苍天、期待诸

---

① [挪威]克里斯蒂安·诺伯格—舒尔茨:《存在·空间·建筑》,尹培桐译,中国建筑工业出版社1990年版,第56—60页。

神、关怀人性的职责。人类应该在人与环境的相互眷顾中,在诸因素交相辉映的场所精神中学会“诗意栖居”。海德格尔进一步得出结论:本真性的空间既不是一个物理虚空,也不是人的知觉、体验,而是天、地、神、人“四重场域”的有机结合。

场所精神对于思考目前城市建设的诸多困境具有重要启示。一段时期以来,我国城市建设突出了高楼大厦,忽略了场所精神,城市空间的和谐性遭到干扰和破坏,其结果是,城市的节点、路径和区域模糊了认同性,城市地标失去了社会文化意义,城市整体感缺失。所有这些都提示我们,城市建设必须以充盈场所精神为重要任务。

第二,属人特性。和舒尔茨相比,海德格尔更加强调人之于场所精神的重要性。他认为,空间与人融为一体,只有当建筑物作为属人的筑造品时,人才能以在此空间中的栖居表现自己的生存方式。反之,人与空间的分离或对立构不成“场所”,即使是以超人尺度筑造的建筑物也是如此。属人特性的两个向度是:城市空间是“为人”的空间,而不是“物的牢笼”;人在城市空间里享有家园感,而不是被异化为“非人”。

一方面,作为人居场所,城市空间是“人”的生活空间,而不是“物”的场所,需要在生活论意义上解读城市空间的经验具象和意义内核,规范城市空间生产与消费的价值原点,深化和拓展城市空间之于现实人生的作用。也就是说,一个城市是否美好,首先要看城市空间是否以人的尺度来规划和建设。摩天大楼、宽阔道路、如织的立交桥等曾一度被视为城市现代化表征,然而,人在这样的空间里不仅没有城市主人的感觉,反而在一定程度上成了上述物理空间的附属品。威廉·H.怀特对“空洞无物”的城市进行了批评,认为城市将行人布置在任何地方,却唯独不将他们布置在街道上。森尼特也指出:在城市里,私家车是行使移动权利的合乎逻辑的工具,从而使得城市街道变得毫无意义。列斐伏尔对公共空间让位于汽车这一问题作了相似的论述:城市生活牺牲于汽车多如牛毛的抽象空间,栖息于速度之中的人们失去了感知地方细节、与陌生人交谈、了解当地生活、停下来认识不同地区的能力。城市的风景、声音、味道、温度被简化为穿过汽车挡风玻璃所见的二维图案。随着汽车日益征服整个城市,每个人都被迫通过保护性的挡风玻璃来体验这个环境,放弃城市街道和广场而栖息在轮子上的牢笼里。城市空间的主人仿佛不是人,而是一个又一个的停车场。飞驰的车辆刮起的旋风,风干了城市人的生活感觉和生活趣味。①

另一方面,城市空间具有家园感。资本与城市空间具有密切关系。资本在空间生产过程中常常以住房、汽车等物质形态表现出来,并在不断的循环和周转中,给其所有者带来利润和收入。于是,人们便形成一种错觉,似乎住房、汽车这些物品本身就是资本,天然地具有价值增值的魔力。这种把资本视作物并披上神秘化外衣的错觉,在空间生产的总体运动过程中被强化了。作为显在的"物相",空间拜物教像魔障一样遮蔽了人们的眼睛和心灵;作为异化的意识形态,它渗透于社会生活的方方面面,构成了人们的一种社会心理。西美尔在《大都会与精神生活》中说:"在建筑物中,在由征服空间的技术带来的美好事物与舒适中……充满着具体化的非人格化的精神。可以说,在这种精神的影响下,个体难以保持自身。一方面,生活中从各方面提供给个体的刺激、利益和时间与意识的利用,非常有利于个体,它们仿佛将人置于一条溪流里,而人几乎不需要自己游泳就能浮动;另一方面,生活是由越来越多非个人的、取代了真正个性色彩的和独一无二性的东西所构成。"②人们将住房、汽车等物化的东西作为世界的本质和幸福的终极根源,进而为了博取它们不惜一切代价,城市空间变成了马克斯·韦伯笔下的"铁的牢笼"。这从反面证明,如果说资本运动是城市空间的动力,那么家园感才是城市空间的灵魂。

① 高春花:《城市空间正义问题的伦理反思》,《光明日报》2011年6月24日。

② 汪民安等主编:《城市文化读本》,北京大学出版社2008年版,第142页。

二、空间功能

（一）自我认识

自我认识是对自己及自己与周围环境关系的认识，包括自我感觉、自我观察、自我分析和自我评价等要素。它是个体通过观察、分析外部活动及情景，与社会比较等途径获得的多维度、多层次的心理系统，也是自我调节控制的心理基础。自我认识是个人因素和社会因素交互作用的复杂过程。空间及空间性作为人类生活的"第一原则"，被视为自我意识的开端和自我认识的基础。

主体性获得是人的自我认识的主要标志，而占据空间是主体性获得的物质前提。基于生存的需要，人必须以周围的空间作为其获取物质来源的场所，而一旦取得法定占有权，这一空间就不能被剥夺。这意味着，主体性在空间上对应着一个确定范围，无论这个空间是家里的一个床铺，还是广场上的一个角落，抑或是仅仅能够栖身的洞穴，只要它是明确的，就客观地标志着自身主体性的存在。如果空间受到了侵犯，就意味着个体的主体性受到了挑战。由此可见，空间是人的主体性最醒目的标识，空间性是人类意识的开端。奥地利哲学家布贝尔将这种空间、空间性比喻为"遥远的原始设置"。

空间性在人类意识产生伊始就是在场的。列斐伏尔指出："物体与空间之间、物体在空间中展开与物体对空间的占有之间，都存在着密切的关系。在对物质王国产生影响之前，在从物质王国汲取营养展现自身之前，在通过生产其他物体来展现自身之前，任何有生命力的物体皆为空间，并拥有空间：它在空间中展现自己，同时也塑造了那个空间。"①人类作为空间性存在者，在进行空间与场所、疆域与区域、环境与居所的生产过程中，表现为一种具有主体性的空间单元。

---

① Henri Lefebvre, *The Production of Space*, Oxford: Blackwell, 1996, p.170.

由“人是社会关系的总和”所决定,人的主体性并非仅仅依靠自身就能完全建立起来。在一定意义上,主体性是通过与他者的对应、对比、对立而形成的,此时的“他者”是主体建构自我形象的重要要素。无论是作为个体还是群体,“他者”都赋予主体以意义,帮助或者强迫主体选择一种特殊的世界观并确定其位置。也就是说,多个主体组成同一个场域,每一主体面对着多个“他者”,任何自我认同都必须在与“他者”的“认异”中获得;在这里,“他者”构成了自我特定的存在,“他者”的承认是个体自信的重要参照系,缺乏“他者”的认同,任何文化主体都不会永远“自我感觉良好”。

在一个多元文化场域中,文化主体之间以一定的方式实现“照面”和“互动”,任何一方都不会把“他者”仅仅作为凝视的对象。它们彼此互通有无、取长补短,通过交流对话,获得文化“他者”的同情和理解,从而使自我认识建立在公共有效性的基础之上。萨特指出,我们的自我感觉取决于他人对我们的凝视,“我看见自己是因为有人看见我”。[①] 萨特阐发了海德格尔的“共在”,强调“共在”中人的意识之“为”,也就是说,强调“他者”对个体空间感受的作用。人寄居于某种空间中的重要考虑,就是要使人与空间成为一种和谐的关系,把人从“囿于粗陋的感觉”中解放出来,实现马克思所说的“全面占有”。人与物的关系“不应当仅仅被理解为占有、拥有。人以一种全面的方式,也就是说,作为一个完整的人,占有自己的全面的本质。人同世界的任何一种人的关系——视觉、听觉、嗅觉、味觉、触觉、思维、直观、感觉、愿望、活动、爱,——总之,他的个体的一切器官……通过自己的对象性关系,即通过自己同对象的关系而占有对象。对人的现实性的占有,它同对象的关系,是人的现实性的实现”[②]。由此可见,人对物的占有,究其本质是人对自身现实性的占有,而且这种占有不能局限于“赤裸裸的有用性”,而应该表现出全面性和丰富性的特

① [法]让—保罗·萨特:《存在与虚无》,陈宣良等译,生活·读书·新知三联书店 1987 年版,第 345 页。

② 《马克思恩格斯全集》第 42 卷,人民出版社 1979 年版,第 123—124 页。

征。也就是说,人的社会本性客观上要求包括建筑作品在内的一切对象,都能够引起精神愉悦,使人的环境和活动过程都带有社会性质。这正是空间“合乎人性”的精髓所在。海德格尔就曾经这样提醒世人:唯当我们诗意栖居,我们才能够完成筑造。

(二)文化传承

城市不仅是物质产品的聚合体,而且也是文化的聚合体。刘易斯·芒福德说:“如果说过去在许多世代里,一些名都大邑,如巴比伦、雅典、巴格达、北京、巴黎和伦敦,都曾经成功地主导过他们各自国家民族历史的话,那首先是因为这些大都城始终能够成功地代表各自的民族历史文化,并将其绝大部分流传后世。”①由此说,城市空间是重要的文化讲堂。

文化是人类创造的物质产品和精神产品的总称,其核心内容是由历史衍生及选择而成的价值观念。人类活动的载体、方式不同,其创造的文化成果也就不同,于是就有了乡村文化和城市文化的区别。城市文化作为由城市居民创造的文化样式,可以从广义和狭义上来理解。广义上说,城市文化是指城市各要素相互作用的总和,既包括居民素质、企业管理及政府形象等非物质实体,也包括建筑风格、街景美化、广场规划和设计、雕塑装饰、公共设施、环境卫生状况等物质实体;狭义上说,城市文化是指城市人类生产和生活的社会意识形态,主要包括教育、科技、语言文学、艺术等精神理念和精神产品。城市文化也可以分为物质文化和非物质文化。前者属于物质的或有形的器物用品,如城市建筑、园林、教堂、公共文化娱乐设施、交通工具等;后者则为社会心理、价值观念、道德、艺术、宗教、法律、习俗以及城市居民的生活方式等。本书从狭义和非物质文化的角度,探讨城市空间在文化传承中的作用。主要包括:

第一,保留城市记忆。城市记忆是城市文化的重要内容,通过延续城市记

---

① [美]刘易斯·芒福德:《城市发展史——起源、演变和前景》,宋俊岭、倪文彦译,中国建筑工业出版社2005年版,第12页。

忆实现文化传承,是城市空间最重要的文化功能。简·奥斯曼是西方公认的文化记忆理论的奠基者,他秉持集体记忆理论的社会和文化取向,认为人的属性并非靠生物遗传得来,而是通过文化记忆而习得的社会化结果。文化记忆具有相对稳定性,它以客观的物质文化符号为载体,通过文本、仪式、纪念碑等形式得以保存,通过背诵、实践、观察等活动而得到延续,从而形成一座城市的"公共记忆"。

从价值哲学的角度看,文化传承是价值寻找载体的过程。一般来说,载体越是丰富,价值的实现度就越高。城市主人通过一定的形式把价值装进城墙、四合院、楼宇、街道,可以通过保护这些物质载体来传承城市记忆。

以公共空间为例来分析,北京的天安门广场、巴黎的卢浮宫、伦敦的议会大厦等公共空间,深刻展示了城市的政治氛围、精神风貌、思想观念。置身其中的人们,通过了解和感受其精神气质和历史风貌,得到城市精神的熏陶和教化。在这里,古老的遗址不是历史的尘埃,而是人们分享精神食粮的自由空间;过往的文物器具不是展柜中的摆设,而是散发着历史魅力、镌刻着城市特性的精神符号。意大利建筑师阿尔多·罗西探讨了建筑与民族精神的关系,认为历史地段及相关的"景观文化丛"是以物态方式存在的城市历史,保护和利用历史遗迹、历史地段、历史街区,就是夯实了民族精神赖以存在的物质基础,解读并传承历史信息就是解读和传承民族精神。

基于对城市记忆的高度文化自觉,20 世纪中叶,西方社会兴起了对割裂城市记忆的城市开发模式的批判运动。该运动指责过度工业化使许多旧城变成了高密度、高容量、物质化的商业中心、会议中心、快速干道,城市规划较少关注环境质量、公共空间品质与历史遗迹,破坏了城市空间的尺度和多样性,损害了城市景观和品质,扯断了连接传统与现代的历史文化纽带,致使一些所谓的现代化城市,找不到昔日熟悉的参照物,失去了集体记忆与归属感,出现了空间迷失现象。美国社会学家简·雅各布斯就呼吁,城市建设一定要关注以往的城市痕迹与记忆,延续城市的文脉与品质,传承城市的地域精神与民族精神。为此,1964 年的《威尼斯宪章》和 1979 年的《巴拉宪章》,强调历史性公共空间的历史价值和文化意义,为建筑遗产及其历史地段的保护搭建了决策性框架,提出了包括优秀历史建筑和普通旧有建筑应该得到尊重与保护的理念。为体现首都风范、强化古都风韵、展现时代风貌,北京于 2019 年 2 月编制发布了《北京历史文化街区风貌保护与更新设计导则》,从技术上规范北京历史文化街区在风貌保护与更新中的"宜"与"忌",使街区在具体规划、设计及建设时有规可依、有章可循。《导则》的适用范围为北京市老城内的 33 片历史文化街区,包括南长街、北长街、什刹海、大栅栏、鲜鱼口等区域,总面积 20. 6 平方公里,占老城总面积 62. 6 平方公里的 33%,占核心区 92. 5 平方公里的 22%。《威尼斯宪章》《巴拉宪章》《北京历史文化街区风貌保护与更新设计导则》都是有效保留和延续城市记忆,并通过城市记忆实现文化传承的重要遵循。

第二,延续城市文脉。城市文脉是城市精神及其生成、演变的内在逻辑,是通过风俗、风貌、风格所传达的文化特质和文化传统,是城市主体共有的生活态度、价值趣味和审美追求。它从心理层面、审美层面、价值层面规定了城市的尺度、格局、风格、品位。当然,并非所有的文化都能构成城市文脉。只有那些反映城市共同理想、信念、价值的核心文化、先进文化,才能被称为城市文脉。以北京为例,从幽州到北京,从"远离中土、万象幽暗"到"国际一流的和谐宜居之都",北京的文化成分多彩而丰富,但只有那些重要时期的核心元素、主要建筑、经典作品、重大事件、代表人物才可能构成城市文脉。

传承城市文脉的方式主要有三种。一是技术性继承。即在城市更新过程中,通过城市规划和设计,划定历史风貌保护区进行整体性保护,将传统元素融入现代城市空间再造。二是人文性传播。即通过"以文化人",让城市精神代际扩散,留住传统文脉;通过"以文化物",把反映城市性格的经典文化元素巧妙地附着在商品之上,提升商品的辨识度和文化感;通过"以文化城",打造更多的贯通文脉的城市文化空间。三是规律性创新。即基于内在联系和必然性来延续文脉,循规而发、依理而动,在尊重文脉生成演变规律的基础上去建设城市、创新文化。

第三,打造城市精神。城市精神是城市文化的集中表现,是市民文明素质的重要表征,利用城市空间传承和培育城市精神,是城市文化建设的题中应有之义。作为城市居民休闲和活动的场所,城市空间是打造城市精神的重要舞台。在西方,无论是列斐伏尔的“日常生活批判”理论,还是城市设计学家扬·盖尔的“公共生活”理论,都强调城市空间对于培育城市精神的积极意义。

一是活化利用主题事件打造城市精神。主题事件包括节日活动、民俗事件、庆祝纪念活动、仪式、街头表演、文艺展示、音乐派对等等。这些主题事件在特定的时间将市民吸引到特定的城市空间,使个体之间的交流机会增加,都市社会的邻里关系得以改善,城市精神得到培育。城市学家彼得·霍尔在《城市文明》一书中考察了城市历史中的黄金时期,阐述了城市空间与主题事件的互动关系,指出主题事件为城市空间注入新的活力,引发市民的讨论与思考,是鼓励市民参与、培育市民精神的润滑剂。二是融入空间生产和群众生活。作为人类有意识的活动,空间生产是保护活态历史文化遗产的重要途径。历史文化遗产只有与产业深度融合,才能保持内生动力。比如,采取建筑小品模式,提炼精选凸显城市文化特色的经典性元素和标志性符号,合理应用于城市雕塑、广场园林等城市空间,延续城市文脉,唤起老城记忆,增加城市的可识别性;采取博物馆模式,建设满足多样化需求的主题博物馆、文化展示中心,加大对公众的开放力度,满足群众文化生活需求,提高群众生活品质;采取经营空间事件的方式,创造仪式、庆典、传统民俗等场景体验和意象性展示,打造更多高质量文化产品,提高遗产保护的群众获得感。历史文化遗产有着内在的生活逻辑,它是人们过往生活的足迹。历史文化遗产只有与现实生活相融合,才能得到有效利用,才能真正“活起来”,发挥遗产的多重功能。挖掘有底蕴、有活力的历史场所,推动历史场所与现实生活相融合,保持历史文化街区的生活延续性；发挥人民群众主体作用，活跃市民文化生活，倡导市民从“后台”走到“前台”，整理历史街巷中的名人轶事、地名掌故、特色风物，向子孙后代、向外地朋友、向外国友人讲好城市的“生活故事”，留住城市的精气神儿。

（三）政治规训

城市空间包含着重要的政治内容，空间及空间生产在一定意义上是一种政治行为。因此，空间营建的过程，也同时是一种政治规训的过程。

第一，政治防御。自然地理、人为设置等空间因素可以对域外形成强制性阻碍，利用空间进行政治防御是所有国家面对安全问题时的政治考量。作为屏障，自然形态和人为形态可以交互并存。由此，国家在利用空间结构的天然限制的同时，加以外在权威力量的强化，从而实现有效的政治防御。古代社会处于冷兵器时代，没有枪炮之类的武器，最好的弓箭一般有效射程千余步，所以，自然防御体如护城墙、护城河，发挥了强大的防御功能。护城墙上大都有防御的武器，诸如滚木雷石之类，城楼也可作为传递信号的有力工具；护城河大都是活水，这也是古代城市大都依傍河流而建的原因。中国古代典籍《管子》多处谈到国家与城池的建设保卫、布局安排以及分治民众等方面的措施和经验。如《管子·乘马》曰：“凡立国都，非于大山之下，必于广川之上，高毋近旱而水用足，下毋近水而沟防省。因天材，就地利。故城郭不必中规矩，道路不必中准绳。”管子主张，所有的措施都应该“因天材，就地利”。人为屏障的作用也不可小觑，中国万里长城、古罗马哈德良长城以及德国的柏林墙等，就是利用了人为设置的空间屏障，以“隔绝”的强制力护卫国家安全。

第二，权力渗透。在中国古代，疆土、空间等要素本身就是政治思维的重要内容。抑或说，政治权力本身就意味着领地和空间。然而，空间并非只是疆土等物质性事实，还涉及与疆土密切相关的政治信念、政治制度等诸多内容。

这种社会性空间的维持不仅在于拥有疆土,还在于争取民众对疆土空间的认同。正如《吕氏春秋·先识》记载:“凡国之亡也,有道者必先去,古今一也。地从于城,城从于民,民从于贤。故贤主得贤者而民得,民得而城得,城得而地得。”在西方,列斐伏尔在分析资本主义城市空间时认为,在空间的生产、占有、消费等各个环节中,权力都以强劲的形式显示着自己的存在。一是在空间生产阶段,国家权力通过官僚控制的集体消费、对中心和边缘进行区分等手段,形成了具有等级性的空间结构,城市空间始终带有某种阶级的或者其他的社会内容,就连街道、邻里、公寓、楼梯和门口都隐含着社会意义,成为界定业主身份的标签。在一定意义上,空间的生产是阶层关系的生产,城市越是扩张、资本越是介入,城市阶层的断裂就越明显。二是在空间占有和消费阶段,国家权力通过交通管制、房产没收、移民迁徙等手段,将生产出来的空间产品投入到塑造新的阶层区分、塑造新的社会关联的活动之中,使得城市空间带有鲜明的政治属性。1989 年 3 月,大卫·哈维在美国地理学协会年会上发表演讲说:“他费了好几年才明白,为什么巴黎公社成员在 1871 年革命时,把保卫巴黎的紧迫组织工作放在一边,而立刻摧毁凡杜姆柱。这根受憎恨的圆柱,象征长久以来统治他们的外力:它是城市空间组织的象征,借由奥斯曼所建的林荫大道,将劳工阶级驱离市中心,这个空间组织把许多人口安置在‘他们的位置上’。认为奥斯曼在城市的网络上置入全新的空间概念,那是一个与基于资本主义(特别是金融)价值的新社会秩序相称的概念。”由此可见,权力与空间之间具有天然的微妙关系。当权力建立起来时,即使那个不具备结构强制力量的圆柱,也象征性地获得了一种规范性力量。

第三,空间治理。空间治理不同于现有的对地方事务的自上而下的管理,而是在国家基本制度和大政方针的基础上,根据不同空间的主体功能定位,实现人口、经济、资源环境的空间均衡以及各项工作精准落地的治理模式,其主要目的是实现经济、人口、资源环境的空间均衡。中国自古以来就有对空间治理的思考。《道德经》第八十章说:“小国寡民。使有什伯之器而不用;使民重死而不远徙。虽有舟舆,无所乘之;虽有甲兵,无所陈之。使民复结绳而用之。甘其食,美其服,安其居,乐其俗。邻国相望,鸡犬之声相闻,民至老死,不相往来。”在这里,聚落的规模、空间交往的频率、民众的多少、交通的便捷程度、民众与土地的情感联系等与空间有关的重要因素,都被提及。在那个时代,小规模的聚落空间形态以及尽可能减少的相互往来、朴素的生活、世代安居,被认为是社会稳定的最主要的特征。当时的政治家已经把“国”“城”的诸多空间因素进行综合考量和管理。更为重要的是,他们认识到这种空间实践的经验正是政治之本。《管子·乘马》说:“地者政之本也。是故地可以正政也。地不平均和调,则政不可正也。政不正,则事不可理也。”“地”即大地、土地,政治的根本在于土地。在实践领域,古人不谈抽象的空间,而是谈土地,而土地代表了他们所理解的整个社会生活的空间。所以,当管子说“地者政之本”时,已经将社会空间诸多关系的安排、协调、处理放在政治之本的地位上了。而且,空间是一面镜子,当“地不平均和调”时,必然会显露出政治的缺陷。于是,社会空间的均衡和协调就成了政治的基本目标。

第四,公民意识培育。“城者,所以盛民也”。“城”并不仅是由城墙、住房、水源、防卫设施等体现的空间,还必须包括它的百姓。古希腊哲学家亚里士多德说过:城市即人。人是城市建设、管理以及城市文化创造的主体。一个城市的城市精神通过城市居民的公民意识体现出来。然而,公民意识的形成,不是一朝一夕之事,需要公民在社会参与的基础上接受教育涵化,城市空间是培养现代公民意识的重要载体和渠道。以城市空间为中心的主题事件,可以培育人们的集体的认同感和归属感,在潜移默化中培养公民的自我觉醒意识和爱国情操。从这个意义上说,基于城市公共空间而迸发出的文化创造力是发展公民社会的强大精神支柱。美国著名政治学家汉娜·阿伦特认为:“真正的政治活动,也就是行动和言说,如果没有他人在场,没有公众以及多数人所建构的空间,就根本不可能实施。”①

作为资本主义的发祥地,英国利用主题事件培养公民意识的做法影响深远。据记载,18 世纪的英国伦敦市,许多人的夜晚在各种社团聚会聊天中度过,一些律师、牧师、中产地主乃至医师、现实感较强的农人、生意人等,经常汇集在各种民间社团、俱乐部、咖啡馆或沙龙等,讨论生活福利等问题。正是在这些公共空间的讨论中,一种现代性的公民意识得以成长起来。美国学者罗伯特·普特南通过对意大利进行的考察认为,意大利北方的“公民性”明显强于南方,而且北方民主制度的绩效也明显高于南方。普特南发现,那些公民意识较强的地区存在着许多社团组织,人们关心公共事务、遵纪守法、相互信任,社会的组织和参与方式是横向的、水平的。与此相反,那些公民意识较弱的地区,人们极少参与公共生活,在他们眼里,公共事务就是别人的事务,社会生活是按照垂直的等级组织起来的。作者的结论是:公民意识与城市空间的主题事件呈正相关关系。②

---

① [德]汉娜·阿伦特:《文化的危机:社会的和政治的意义》,陶东风译,《国外理论动态》2011 年第 10 期。

② [美]罗伯特·D.帕特南:《使民主运转起来》,王列、赖海榕译,江西人民出版社 2001 年版,中译本序。

第二章　空间秩序

城市是人类社会发展到一定阶段的产物,它以集中交易为主要特征,以强大的空间形象展现自身,是人类社会自发形成的空间秩序。而城市一经产生,便以空间正义与空间活力为重要诉求,努力维持和优化空间秩序。因此,城市空间是自发秩序和建构秩序的统一体。

第一节　空间秩序的城市革命

无论是静态存在还是动态运行,城市都与秩序密切相关。按照交易起源理论,城市是一个交易集聚化的制度集合体。交易的行为、方式、规则等要素,在相互影响和作用下生成一种空间秩序,并通过对城市形态的秩序诉求和城市失序的深刻反思得以充分体现。

一、秩序的特性

秩序是人类社会的基本价值。按照《辞海》的解释:"秩,常也;秩序,常度也,指人或事物所在的位置,含有整齐、规则之意。"美国法学家埃德加·博登海默从法理学角度,将秩序定义为自然和社会进程中存在的某种一致性、连续性和确定性。一般而言,秩序可以分为自然秩序和社会秩序,前者由自然规律所支配,如日出日落、月盈月亏等;后者靠社会规则来维系,是人们在长期社会交往中形成的相对稳定的关系模式、结构和状态。

英国经济学家弗里德里奇·哈耶克强调秩序的自发性,认为道德、宗教、法律、语言、书写、货币、市场以及社会的整个秩序,都是自生自发的社会秩序。[①]哈耶克认为,在前城市社会,自发秩序主要表现为交易主体的默会知识、未经阐明的规则、个体自由选择、集中化有序行动的协调等。到了城市社会,城市空间秩序也并非源于人为设计,而是出于天然自发,只不过其表现与前城市社会不同罢了。照此解释,城市决非一个单纯的人造密集空间,而是由规则、规范构成的自发制度系统。哈耶克强调自发秩序,意在批判古希腊关于"自然"和"人为"二分法的局限,批判唯理论建构主义过分夸大理性力量、主张社会秩序的人为设计和理性建构的理论,提出融合了"自然的"和"人为的"一元论社会理论。依此理论,城市这一自发秩序,既是自然天成的产物,也是人为设计的结果。因此,哈耶克言说的"自发秩序"本身就包含了人为秩序,只不过是为了批判在秩序界定问题上的"二元对立"倾向,才将自己的理论界定为"自发秩序原理"。城市社会存在着两种秩序类型:其一是在进行调适和遵循规则的无数参与者之间形成的互动网络的秩序,其二是作为业已确立的规则或规范系统的秩序。[②]

二、交易:城市秩序的内部推动力

在城市形成之前,交易主体彼此熟悉,交易在较小范围和规模中进行,交易得以进行靠的是人格化的非正式制度。当交易开始集中在集市、城市乃至大都市时,前城市时代的人格化交易逐渐向非人格化交易转变,对非人格化规则和实施机制这一需求便应运而生,这一需求又助推了交易的集聚。随着集

① [英]弗里德利希·冯·哈耶克:《法律、立法与自由》第1卷,邓正来等译,中国大百科全书出版社2000年版,第19页。

② 邓正来:《关于哈耶克理论脉络的若干评注》,《开放时代》2001年第7期。

聚带来的生产成本和交易成本的下降,设立新交易规则和实施机制就成为一种必要。和相对分散的乡村相比,交易集聚越来越趋向于中心化,实施交易需要的制度也越来越完善。就这样,从交易集聚到制度聚变,不断往复、融合创生,城市由此产生,人类空间秩序也完成了自己的“城市革命”。城市作为以集中交易为特征的空间秩序,一方面具有自发性,表现为组成城市的交易主体的行为结构的自发决定,另一方面具有自觉性,表现为组成城市的交易主体的行为结构以规则规范为必要条件。由此,城市就是一种由各种交易规则、信念、方式和各种交易主体共同构成的“自发与自觉相统一”的空间秩序,是保障和形成交易集聚化的制度集合体。正是在此意义上,乔尔·科特金才说,城市就是人类创新的产物,“城市也代表着人类不再依赖自然界的恩赐,而是另起炉灶,试图构建一个新的、可操控的秩序”①。

三、制度:空间秩序的核心要素

空间秩序具有价值向度,是一种有条不紊的、运转良好的状态。要达到这一状态,制度起着关键的作用。或者说,秩序是人类保有惯常性和规律性的一种制度设计。

“制度”一词原指在一定历史条件下形成的法令、礼俗等规范。《易·节》云:“天地节而四时成。节以制度,不伤财,不害民。”对此,孔颖达疏:“王者以制度为节,使用之有道,役之有时,则不伤财,不害民也。”宋代王安石《取材》曰:“所谓诸生者,不独取训习句读而已,必也习典礼,明制度。”从社会科学的角度来理解,制度泛指以规则或运作模式来规范个体行动的一种社会结构。一个治理有序、运转高效的空间秩序,必以科学完备的制度体系作为支撑。纵观城市史,城市之间的竞争不单是空间区位、土地与交通成本和外部性集中的竞争,更是制度之间的竞争。这是被经济学界、城市学界的制度学派所反复强

① [美]乔尔·科特金:《全球城市史》,王旭等译,社会科学文献出版社2006年版,第1页。

调的,更是为城市发展实践所证明了的。作为决定人们的相互关系而人为设定的一套规则,制度的作用就是通过建立一个相对稳定的结构,来解决诸多不确定性,从而推动社会生产力的发展,由制度创新所带动的城市化,也才被理解为人类空间秩序的必然走向。

第二节　城市空间秩序的历史演变

按照历史分期,城市经历了从古代城市到现代城市的漫长发展过程,西方有学者提出"后现代城市"理念,认为目前有些城市正在进入"后现代城市"。综合以上看法,本节以古代城市、现代城市、后现代城市为分类,分析城市空间秩序的演变过程及其每个阶段的秩序特征。

一、古代城市秩序及其等级性特征

世界上最早的城市,从位于土耳其安纳托利亚的恰塔勒胡由克,到中国最早的城市河南安阳,均处于等级森严的奴隶社会。古代城市空间秩序必然带有等级性特征。从定义上,城市的原初意义是"住在神的近边",它为精英阶层提供住所,是谷仓、庙宇和宫殿的集合地。在由住所、谷仓、庙宇、宫殿等组成的城市空间中,诸神、社会精英、普通民众各有其位、各安其分。在这里,人们通过宗教仪式使民众听命于精英,使精英听命于神,从而赋予这种社会等级秩序以神圣性。秩序由此得以维持,农业剩余产品也以此为基础进行收益和分配。① 从空间布局上,等级性也是必须遵循的原则。《周礼·考工记》记载:"匠人营国,方九里,旁三门,国中九经九纬,经涂九轨,左祖右社,前朝后市,市朝一夫……"这是礼治秩序在城市规划与建设中的体现,尤以隋唐时期的长安城、元代和明清时期的北京城最为典型,它们建有一条从皇宫正门直到都

① [英]约翰·伦尼·肖特:《城市秩序:城市、文化与权力导论》,郑娟、梁捷译,上海人民出版社2011年版,第18页。

城正南门的宽阔笔直的中心道路，作为城市的中心轴线，以表达“居中不偏”“不正不威”的皇权秩序。在这里，城市规划格局作为一种礼制，是统治者控制国家、巩固政权的手段之一，中央集权制度在城市规划和建设中起着决定性作用。从空间占有上，据不完全的唐代《营缮令》资料，唐制宫殿包括有鸱尾的庑殿顶和重藻井；五品以上官吏住宅的正堂宽度不得超过五间，进深不得超过九架，可做成工字厅，建歇山顶，用悬鱼、惹草等装饰；六品以下官吏至平民住宅的正堂只能宽三间，深四至五架，只可用悬山屋顶，不准加装饰。体现在建筑形态上，据先秦史料，周代王侯都城的大小、高度都有等级差别；堂的高度和面积、门的重数、宗庙的间数都随等级变低逐级递减。只有天子、诸侯宫室的外门可建成城门状，天子宫室门外建一对阙，诸侯宫室门内可建一单阙；天子宫室的影壁建在门外，诸侯宫室的影壁建在门内；大夫、士只能用帘帷，不能建影壁。天子的宫室、宗庙可建重檐庑殿顶，柱用红色，斗、瓜柱上加彩画；诸侯、大夫、士只能建两坡屋顶，柱子分别涂黑、青、黄色。等级性一方面成就了城市空间的层次分明、次序井然、要素谐调，另一方面也束缚了城市空间的发展。

二、现代城市秩序及其功能性特征

马克斯·韦伯认为，现代社会是一个理性得到全面发展的社会，理性渗透于社会生活的各个方面，甚至成了包括城市在内的社会发展的普遍原则。马克斯·韦伯把理性分为价值理性和工具理性，前者强调动机的纯正和手段的正确，后者强调功效的最大化。理性作为现代城市的组织原则，于20世纪二三十年代达到高潮，以勒·柯布西耶为代表。在这里，理性既是城市建设的世界观，又是城市建设的方法论。柯布西耶提出“功能理性”概念，认为传统的城市由于规模的增长和中心拥挤程度的加剧，已经出现功能性衰败，主张用分地分区来调整城市内部的密度分布，使人流、车流合理分布于城市空间。他向往规范、可控的城市空间结构，主张城市要有明确的功能分区。在其名著《走向新建筑》中，肯定现代工业的成就，倡导工程师应该接受经济法则的推动，以及数学公式的指导,使建造的空间与自然法则一致,与居住机器和谐。1933年的《雅典宪章(城市规划大纲)》代表了柯布西埃的思想,强调功能性城市秩序,并依据城市活动类型,将城市功能分解为居住、工作、游憩和交通四个部分,由此形成了功能分区思想以及各功能分区间的理性联系理论。

提倡功能分区,在特定时期解决了由空间短缺或者贫困造成的空间失序问题。但是,它也容易走向秩序的反面,比如贫富分区问题。以英国资本主义工业城市的形成过程来分析。在英国,城市是资本主义工业秩序的物质载体。随着工业化进程的加快,城市化得到迅猛发展。村庄成长为城镇,原本安静的市镇演变为城市,占据着大多数地域的乡村缩减为星星点点,其建筑形式呈现出新城市秩序的特点,社会空间也在不断变化。曼彻斯特就是其中最重要的代表。1760 年,该城人口仅为 17000 人,到 1830 年就已增加到 180000 人,而 1851 年人口普查的结果是出乎意料的 303382 人。①

恩格斯在《英国工人阶级状况》中记录了曼彻斯特和英国其他城市的空间秩序状况。曼彻斯特有条宽约 2.4 千米的、住着工人的腰带区域,大杂院肮脏零乱,处处断壁残垣、门窗破烂、人畜混住。富人们集中居住在工人区外围的高地上,有花园、凉亭、私人水泵和水井,天堂的纯净气息可以自由地吹拂着他们。这种社会阶级在空间中的有序排列,即使时隔 160 年,仍在今天的曼彻斯特不同程度地存在。在这里,资本主义城市化创造了工人阶级,这个新兴阶级被剥夺了权利,被统治阶级边缘化,被市场剥削。正如恩格斯在《论住宅问题》中援引蒲鲁东主义者有关议论中所描述的那样:“在大城市中,百分之九十以至更多的居民都没有可以称为私产的住所,这个事实对于我们这个备受赞扬的世纪的全部文明的嘲弄是再可怕不过的了。道德生活和家庭生活的真正结合点,即人们的家园,正在被社会旋风卷走……我们在这一方面比野蛮人还低下得多。原始人有自己的洞穴,澳洲人有自己的土屋,印第安人有他们自

① [英]约翰·伦尼·肖特:《城市秩序:城市、文化与权力导论》,郑娟、梁捷译,上海人民出版社 2011 年版,第 28 页。

己的家园，——现代无产者实际上却悬在空中"①。

刘易斯·芒福德通过对西方近代以来城市空间问题的诊断，明确提出了资本与市场是导致城市正义缺失的"罪魁祸首"。他说："资本主义的买与卖是毫不考虑任何社会责任和义务的，而一旦这一资本主义的原则被接受后，贫民窟的生活情况和贫民窟里的住房，它们的存在就合法化了。"②

在城市空间生产、分配和消费过程中，资本扮演着重要的角色。在一定意义上，空间非正义与资本的任性具有内在关联性。在这里，资本通过特有的游戏规则和投机逻辑，成为最能动、最革命的方式，并凭借这种方式实现地理空间和社会空间的扩张。资本运行于城市空间，一方面完成了大量的城市空间生产，另一方面也造成空间享有上的贫富分化加剧。也就是说，并不是每个人都会因资本的入侵而受益。因为，"个人对空间控制的首要变量取决于他们不断提高的社会经济地位。对空间直接或间接的控制、空气、采光、住宅周围的私人环境以及空间的实际大小逐渐构成一种经济产品，如同奶酪和靴子，根据个人财富、品位和社会地位来'消费'"。"强大的力量所推进的过程就是居住用地被改为商业用地，以及从高档到低档对寮屋进行选择性拆除。……贫民窟不断地被驱逐，在城市内部被清理干净，而在城市边缘却弥补似地一再扩大，这构成了城市景象的一大特色。"③资本主义城市空间存在着自身无法克服的悖论：一方面是私人空间和公共空间的私人占有，另一方面是城市无产阶级的空间贫困；一方面是不近人情的冷酷、铁石心肠的利己主义，另一方面是无法形容的贫穷。

如今，由工业化、现代化、信息化带来的时空压缩扩展了人类互动的规模和频度，但并未改变我们生活于其中的区域化的等级体系。在一定意义上说，

---

① 《马克思恩格斯选集》第3卷，人民出版社2012年版，第197页。

② ［美］刘易斯·芒福德：《城市发展史——起源、演变和前景》，宋俊岭、倪文彦译，中国建筑工业出版社2005年版，第43页。

③ ［英］约翰·伦尼·肖特：《城市秩序：城市、文化与权力导论》，郑娟、梁捷译，上海人民出版社2011年版，第278页。

城市问题充溢着权力本身固有的统摄与依从的各种关系,为区域性的区分和区域主义、地域权利和不平衡发展、惯例与革命提供了渠道。……城市是控制中心,是堡垒,其设计是用来保护和统治,其途径是借助于福柯所说"居住地的小手法",通过范围、界限、监督、分隔、社会戒律和空间区分的一种精巧地理学来达到目的。①

按照马克思主义的社会革命理论,工人阶级是旧的空间秩序的掘墓人。托克维尔也指出:"在城市中,没有办法阻止人们聚到一处,也没有办法阻止他们出现群体兴奋,后者会唤起激烈的行动决心,我们可以把城市看作大型集会,所有居民都是参与者;群众给地方官员施加巨大影响,市场不顾公共官员的干涉,实现自己的意愿。"②托克维尔忧虑的是,正是这些城市群氓打破了"文明"社会的所有秩序。19 世纪晚期的资本主义城市就犹如在喷发边缘轰隆作响的火山,恶劣的住房条件,日益贫困的工人阶级队伍,对无计划的城市化造成的社会秩序的破坏,构成了当时政府不得不采取公共理性、利用公共政策解决问题的背景。1884 年,英国工人阶级住房条件皇家调查委员会促使市政当局为"劳工阶层"建立新住房提供了立法保障。1886 年和 1887 年,伦敦失业工人的多次示威迫使当局于 1890 年颁布了《住房法》,其他城市的情形也是如此。彼得·霍尔在《明日之城》中认为,20 世纪的城市规划作为一项理性的、专业的活动,从本质上来说正是针对 19 世纪城市的弊端所采取的纠错行动。正是从早期资本主义城市的贫民窟、疾病和恐慌中,兴起了无产阶级的理论,它改变了城市空间生产的经济运转方式,也为政府干预城市空间生产提供了全新理解。③

---

① [美]爱德华·W.苏贾:《后现代地理学:重申批判社会理论中的空间》,王文斌译,商务印书馆 2004 年版,第 233—234 页。

② [英]约翰·伦尼·肖特:《城市秩序:城市、文化与权力导论》,郑娟、梁捷译,上海人民出版社 2011 年版,第 22 页。

③ [英]约翰·伦尼·肖特:《城市秩序:城市、文化与权力导论》,郑娟、梁捷译,上海人民出版社 2011 年版,第 25 页。

三、后现代城市秩序及其去中心化特征

现代城市的过度整体性、中心化、同一性导致了许多“城市病”。作为一种社会思潮,后现代性是对现代性的一种反叛,是对现代化过程中出现的整体性、中心性、同一性等思维方式的解构。它否定二元对立思想,从根本上动摇了理性中心的合法性和终极性,强调“去中心”思维策略,反对以一种知识统领另一种知识、以一种标准限制另一种标准。

按照传统的看法,任何结构都拥有一个中心,这个“唯一的中心”担负着调整、平衡和组织结构的职能,只有经过中心对系统的一致性的调整和组织之后,诸要素才能在其总体结构内进行活动。法国哲学家雅克·德里达反其道而行之,他从解构主义立场出发,认为中心既没有一个自然的基地,也不是一个固定的点,所以在“在场的存在”的形式中无所谓中心与非中心。退一步讲,如果说有中心的话,那么这个中心只能是“一种功能,一种使无数符号替换物的活动成为可能的无定点”。① 而这种“无定点”的中心实际上已经不是传统意义上的中心。德里达在《结构、符号与人文科学话语中的嬉戏》《论书写学》等著作中分析道,从柏拉图、亚里士多德到黑格尔的整个西方形而上学传统具有“逻各斯中心主义”倾向,其致命矛盾是:这些结构的“中心”都是置身于结构之外不可阐释,也可以将其理解为“中心消解”,而一旦“中心”不复存在,那么结构系统中原先在价值论意义上被认为是主要和次要的对立关系,就统统颠倒过来了。他认为,传统形而上学认识论在把握世界时,遵循了一种“二元对立”的范式,例如言说与书写、存在与非存在、发声与沉默、实与形、本与标、真实与谎言、此在与彼在、意识与无意识、本质与表象、所指与能指等。一般来说,前者被认为比后者更加重要,然而,一旦认识到它们所在的认知结构是一个“中心消解”的结构,那么在价值判断上,人们也不妨认为后者重于

① ［法］雅克·德里达:《书写与差异》,张宁译,生活·读书·新知三联书店 2001 年版,第 280 页。

前者。德里达从哲学上找到的这一颠覆性的突破口,为一切有意从事解构批评的哲学家提供了某种他们认为可以安身立命的理论根据。为此,德里达强调,非中心化是我们时代总特征的一部分。

作为一种对空间秩序的理解方式,现代性向后现代性的转变肇始于20世纪70年代。如果说,后现代主义哲学思潮为后现代空间秩序营建提供了思想基础,那么,日趋激烈的全球化竞争则为其提出了现实命题。面对整齐划一的城市建设浪潮,后现代主义主张城市之间需要寻求差别化和差异性,城市空间也应该呈现独特性和多样性。空间秩序的后现代性主要表现在两个方面:一方面,大量新建筑和重新装修的老建筑以新的风格出现,实际上是“从旧的现存的东西中挑挑拣拣”,而这是后现代主义建筑师营造城市空间的基本创作方法。美国著名建筑师罗伯特·文丘里就批评现代主义建筑师热衷于所谓革新,忽略了“利用传统部件和适当引进新的部件组成独特的总体”,并主张汲取民间建筑的手法,特别赞赏美国商业街道上自发形成的建筑环境。另一方面,越来越多的建筑物严加管制入口,封闭社区出现,私家保安、高墙、大门、电篱笆等都表明人们对安全的担心,对城市中“他者”的恐惧。后现代城市流露出的与其说是希望,不如说是恐惧。迈克·戴维斯有关于洛杉矶碉堡的描述,其中的章节标题可以为我们勾画出当代的圈地运动:“坍塌的公共空间”“禁忌的城市”“暴虐的街区环境”“圆形监狱般的购物中心”等等。

秩序既可以被创造,也可以被破坏。一种秩序在其运行中已经蕴含了自身的反面,因此,城市空间失序作为一种城市问题就成为发展的某种常态。舒尔茨用“场所理论”来医治西方城市空间失序问题。众所周知,20世纪60年代的西方社会,功能主义、技术主义、商业主义主宰着城市空间生产和消费,致使空间内充斥着各种各样的形式主义,空间所具有的场所精神被剥离。舒尔茨用“栖居”来表达“存在”,认为人类应该走出物质主义、技术主义的藩篱,营造与环境相协调、与生活相衔接的“场所”。在他看来,场所是“空间”这个形式下的“内容”,由具体现象组成的生活世界,城市空间不是简单的构图游戏,每个场景都是一个故事,故事的主人公是与这个空间密切相关的文化、历史、民族、传统等秩序要素。

第三节　城市形态的秩序表达

城市形态可分为有形和无形两种。前者主要指城市物质环境构成的形态,包括城市结构布局、城市外部几何形态、城市功能分布、城市建筑空间组织等;后者主要指城市的社会、政治、文化等无形要素的空间分布形式。有形形态和无形形态具有密切联系,有形形态是无形形态的表现形式。一般而言,人类对秩序的追求以物质文化的形式嵌入城市形态之中。由此,城市形态便成为某种社会秩序的表征。

一、城市形态和视觉秩序

城市包罗万象,但并非不可捉摸,其背后存在着某种特定的“秩序”。20世纪60年代,凯文·林奇运用城市意象理论解读城市空间秩序,认为城市形态的各种标志是供人们识别城市的符号,人们首先通过观察这些符号形成感觉,进而形成对城市本质的认识。

道路、边界、区域、节点和标志物是构成人的视觉秩序的五种元素。凯文·林奇描述了人的视觉秩序的形成机理:通过路径(主要包括街道、小巷、运输线)这一空间形态,观察者完成人所必需的位移过程,并将围绕路径排列的其他要素尽收眼底;通过边界(如河岸、铁路、围墙等)形成自我和他者的区分;区域是指中等以上的地段和二维的“面状”空间要素,它让人有一种进入“内部”的体验和意识;节点是城市中的战略要点,如道路交叉口、方向变换处、抑或城市结构的转折点、广场,也可以是城市中一个区域的中心和缩影,让人产生“进入”和“离开”的感觉;标志通常是明确而具体的对象,如山丘、高大建筑物等,作为城市中的点状要素,是人们体验外部空间但不能进入其中的参照物。人们进入城市空间,通过对上述五个要素的感受和了解,便能产生出该城市空间秩序的整体意象。

意大利建筑学家阿尔多·罗西用类型学理论解释城市出现的无序趋向。在他看来,“类型”这一概念犹如一些复杂和持久的事物,是一种高于自身形式的逻辑原则。例如北京的四合院、陕北的窑洞、云南的“一颗印”住宅,都因其所处的环境不同而表现出不同的形态,但它们都具有相同的本质和同样的形态。罗西强调,只有从系统的观点、以建筑的观念看待城市,才不会大面积、高强度产生空间失序问题。城市的整体结构包括“标志物”和“基体”两个基本要素,前者主要指纪念性建筑,后者主要指住宅;前者是一种可变的因素,后者则是一种不变的因素。区分地标和基体,烘托了住宅作为城市空间稳定因素的重要地位,而仅仅充满地标的城市空间,必然缺乏秩序感。

二、城市形态和社会秩序

作为有意识、有目的的人类活动,城市形态的设计与营造归根到底是一定观念的产物。正如马克思所说:“最蹩脚的建筑师从一开始就比最灵巧的蜜蜂高明的地方,是他在用蜂蜡建筑蜂房以前,已经在自己的头脑中把它建成了。劳动过程结束时得到的结果,在这个过程开始时就已经在劳动者的表象中存在着,即已经观念地存在着。”①由此,城市形态作为城市的外在表现,毫无疑问会反映由秩序诉求表达出来的社会存在。

以北京老城来分析。北京老城的建筑形态和设计样式,与封建帝都的社会政治秩序相适应。1271 年,元朝建立并定都北京。元大都的城市空间布局继承发展了唐宋以来中国古代城市规划的优秀传统手法——三套方城、宫城居中、中轴对称的布局。这种布局从邺城、唐长安、宋汴梁、金中都到元大都,逐步发展而成,反映了封建社会儒家的居中不偏、不正不威的中庸观念,以及

① 《马克思恩格斯全集》第 42 卷,人民出版社 2016 年版,第 168 页。

皇权至高无上的政治秩序。明朝统治时期，为了体现“定于一尊”的儒家秩序和无处不在的皇家权威，老北京的城市形态更加定型。它以方形为基调，内外两层笔直的城墙分布在南北中轴线两侧，中心是城墙围起来的长方形皇宫，是为紫禁城。整个城市的形状与结构，象征着由儒家秩序定义的统治体系。紫禁城位于中轴线的中心地带，体现出皇权的核心地位；紫禁城周围的左祖右社与前朝后市等建筑布局，可视为皇权控制的有效延伸；其所包容的丰富多彩的传统文化经由中轴线而延展，构成了一条表达权力秩序的礼制文化带。尤其是前朝三大殿，承载了古代权力系统的有序运转，皇帝“不时引见群臣，凡谢恩辞见之类，皆得上殿陈奏。虚心而问之，和颜色而道之，如此，人人得以自尽。陛下虽深居九重，而天下之事，灿然毕陈于前。外朝所以正上下之分，内朝所以通远近之情”①。

1860 年英法列强侵略北京，这些“外国人”在皇城南面建起一片使馆区，打破了北京的空间秩序，随后，由城市空间所表达的儒家秩序也受到西方的影响。中华人民共和国成立后，作为崭新社会主义国家的首都，北京的城市空间被改造，制造业被引入。1959 年竣工、占地约 50 公顷、能容纳百万人的天安门广场位于紫禁城的南部，西面是人民大会堂，东面是革命历史博物馆，中间矗立着 37.94 米高的人民英雄纪念碑。天安门广场象征着中国共产党的权力、威信和合法性。这场社会主义革命为老城保留了相似的布局，通过有机保护更新，造就了融合新旧要素的社会主义中国的新首都。

① 高福美：《北京脊梁：明北京中轴线的文化魅力》，《前线》2018 年第 7 期。

第三章　空间正义

正义既指一种达到某种秩序的状态，也指维护某种秩序的行为。作为一种“自觉”秩序，优良的空间秩序是人们在城市生活中建构出来的。如果说，前已述及的制度是秩序的核心要素可以成立，那么，把空间正义作为空间秩序的“第一美德”也是可以成立的。因此，城市空间秩序的构建，首先是一种关乎空间正义的构建，而追求公平的空间权利则是建构空间正义的重要内容。

第一节　正义理论的空间转向和城市生成

“正义有着一张普罗透斯式的脸，变幻无常，随时呈现不同的形态并具有极不相同的面貌。”博登海姆这句对正义的描述既诙谐生动又耐人寻味，它道出了正义问题本身及其研究的极端复杂性。从古希腊的自然正义论，到中世纪的神学正义论，从近代的权力正义论，到当代的综合正义论，正义作为一个思想史范畴，其概念演变体现了逻辑与历史的统一，也经历了由时间视角到空间视角的转换。

一、正义概念的核心意涵

正义是一个历史范畴，作为一个社会孜孜以求的理想和目标，它是一定社会中各阶级、阶层、集团关于社会制度以及由此确立的各方面关系是否公正、合理的观念和行为要求。虽然正义概念总是与一定历史时期的社会物质生活相联系,但透过历史阶段的特殊性,正义拥有较为普遍的核心涵义。

（一）各安其分

“正义”一词,无论在东方还是西方都是一个关涉道德的概念。在中国,该词最早见于《荀子》:“不学问,无正义,以富利为隆,是俗人者也。”意思是说,没有学问和道德的人,以私利为重的人,都不是君子。在这里,正义是指人们按照一定道德标准行事,属于道德评价。在古希腊,女神狄刻是正义的化身,主管人间是非善恶的评判。狄刻是宙斯同忒弥斯之女,忒弥斯是司法律和秩序的女神。古希腊有一座雕塑,描写忒弥斯手执聚宝角和天,眼上蒙布,不偏不倚地将善物分配给人类。拉丁语中,“正义”一词得名于古罗马正义女神禹斯提提亚,包含正直、无私、公平、公道等基本语义。

古希腊思想家赋予了正义概念一些最基本的涵义,它以社会政治和维护奴隶制为基础,以追求等级制度和理想的社会秩序为目标。正义被赋予一种道德价值,源于柏拉图的《理想国》。该著作立足于“正义是德性并且同善相关”这一判断,认为在古希腊的等级社会体系中,正义是总体上的德性,对每一个人的具体要求不一样,每个人都有自己具体的德性,比如,智慧是管理者的德性,勇敢是护国者的德性,节制是所有人的德性。在这里,正义究其实质是每个人各守其位、各司其职。每个人做好自己的事,城邦就繁荣,商业与交往就会发达;每个人不去妨碍他人做自己该做的事,就会形成良好的秩序环境,这正是每个人做好分内事的条件。由此,柏拉图提出了“城邦正义”的概念,认为城邦正义与个人正义是一致的。城邦正义是大的正义,公民正义是小的正义,两者间是一种相互维系、相互成就的关系。

(二)得所应得

正义起源于对物质财富的公平分配诉求。拉法格指出:“文明社会的正义由两个来源产生:一方面是在人类的本性中取得自己的来源,另一方面又从建立于私有财产基础上的社会环境中取得自己的来源。”[①]也就是说,正义观念源自人的本性,但它又不是自然而然产生,而是在私有财产产生以后,与基于私有财产的各种利益、情欲、观念相互影响,从而不断发展和完善。在中国思想体系中,“正义”概念中“义”的语源学解释是以干戈护卫财产,同利益的界分与平衡、越界行为的矫正有紧密联系。

在古希腊,梭伦率先将正义同“得所应得”的思想联系起来。他认为,应得也就是赏或罚,它是行为的后果。可以从积极和消极两个方面来认识:前者是指,具体的正义总是同一些好的事物,比如荣誉、财物的获得直接相关;后者意味着,不要去“不义地多得”,否则就是伤害他人的利益。“不义地多得”就是指所取超过了应得,其中隐含着“应得”的尺度性。亚里士多德将“得所应得”分为不同的表现形式。首先,在从共同资源中获取个人所得时,一般按人和人之间的贡献的比例来分配;贡献大就多分得,贡献小就少分得,贡献同样就同样分得,这叫作比例的平等。“没有人不同意,应该按照各自的价值分配才是公正。”[②]其次,在自愿的交换与交往中,正义也有一种由比例的平等派生的尺度。人们按照彼此的生产能力交换各自的产品,比如说,一个人一小时能生产五双鞋,另一个人一小时能生产一张床,交换的时候只能是五双鞋换一张床,而不能用一双鞋换一张床,这种有比例的回报就是应得的尺度。那么,在发生了不自愿交换,即当一方的利益违反其意愿地受到损害时,就应该启动“矫正的正义”,将不义的“多得”归还给受损一方。

---

① [法]保尔·拉法格:《思想起源论》,王子野译,生活·读书·新知三联书店1963年版,第67页。

② [古希腊]亚里士多德:《政治学》,吴寿彭译,商务印书馆1965年版,第94页。

亚里士多德提出了一个问题：虽然人们都同意正义就是应该按照各自的价值进行分配，但是，“民主派说，自由才是价值；寡头派说，财富才是价值。而贵族派则说，出身高贵就是德性”①。由此可见，对“得什么”“怎么得”，人们的理解是不一样的。在亚里士多德这里，“应得的”与一个人“自身的”和“属于自身的”东西属于同一个范畴，“应得的”就是个人因自身及其行为而有权利（资格）要求得到，亦即权利或义务的归属是由一个人自身及其行为来决定的，“应得的”根据在于人自身及其行为本身。但是，这依然不好确定具体的人及其人的哪些行为符合“得所应得”的标准。

现当代西方正义理论对此问题进行了回答。一方面，“得所应得”，应该基于人的能力和贡献。作为一个社会的人，其行为及其结果具有社会性，因而必然带来一定的社会效应。所以，“得所应得”必须与人的劳动、贡献相联系。社会依据贡献而对其进行财富分配和社会评价，这样的正义才令多数人信服，也才是具有可持续性的正义。另一方面，“得所应得”还应该体现“弱有所扶”。现代西方哲学家罗尔斯、诺齐克等人认为正义的实现依赖于良好的分配体制，提出要遵循自由平等和差异对待原则，解决人与社会发展中存在的政治、经济、文化问题，实现人的平等、尊严及多方面的权利和价值。罗尔斯主张，个人的生活前景总是受到自然偶然性和社会任意性的影响和制约，无论是权利平等观还是机会平等观，都不能消除自然方面的偶然因素对人的影响，故提出一种综合性的带有普遍意义的制度正义观，以确保每个人的基本权利得到充分实现，社会资源基本上得到公平分配，并特别强调要对弱者有所扶持。

（三）社会平等

正义概念自形成以来就贯穿着平等诉求。马克思恩格斯坚持历史唯物主义立场，在继承批判西方资产阶级平等观的基础上，完成了从权利平等到社会

---

① ［古希腊］亚里士多德：《政治学》，吴寿彭译，商务印书馆1965年版，第94页。

平等的理论建构。

在正义理论中,“得所应得”和“权利”这两个概念密不可分,一般认为,“应得的”就是有权利要求得到的。“权利”这个词来源于“对”或“正确”,意指你要求得到这件东西是对的、正确的。所以,“应得的”概念自然地包含着“对”或“正确”。人是一种权利的存在,享有权利是一个人拥有社会身份、成为社会成员的必要条件,其“要义是一种资格”①。作为一个法学概念,权利是一种以个体为导向的主体的资格与能力,是处于社会关系中的人接受或获取对象性资源、利益的一般理由。当我们说“这是我的权利”时,也就是说这种行为是正当、正确、无可置疑的。从获得权利的途径和方式看,权利有消极与积极之分。消极权利来自具体社会环境中的传承与让渡,即所谓“天赋人权”;积极权利来自主体以社会化的方式所进行的生产与创造,即所谓“劳动创造自由”。对于主体而言,任何权利都是消极权利和积极权利的统一。正如西方法学家所认为的那样:权利包括行为权与接受权,“享有行为权是有资格去做某事或以某种方式去做某种事的权利。享有接受权是有资格接受某种或以某种方式受到对待的权利”②。

权利平等是18世纪法国思想家提出的一项基本社会原则,“法律面前,人人平等”是其在法权意义上的体现。卢梭认为,法律具有公意性,立法的原则应该是法的对象的普遍性与法的意志的普遍性的统一,通过法律途径,建构人和人之间的道德天然平等关系。“人们尽管可能在力量上和才智上不平等,但是由于约定并且根据权利,他们却是人人平等的”③。恩格斯在《反杜林论》中,阐述了历史唯物主义的平等观。他指出,平等作为正义的表现,是历史发展的产物。古代平等观是“一切人,作为人来说,都有某些共同点,在这

① [英]米尔恩:《人的权利与人的多样性》,夏勇、张志铭译,中国大百科全书出版社1995年版,第111页。

② [英]米尔恩:《人的权利与人的多样性》,夏勇、张志铭译,中国大百科全书出版社1995年版,第112页。

③ [法]卢梭:《社会契约论》,何兆武译,商务印书馆2003年版,第30页。

些共同点所及的范围内,他们是平等的”①。比如,古希腊的权利平等就是同一阶层内的平等,这是一种有限的、粗鄙的平等。近代的平等观标榜权利平等,但是,在资本主义社会,平等也仅仅是资产阶级独享的权利。从表面看来,劳动力进入市场,工人出卖劳动力,资本家付给工人报酬,似乎完成了一次“公平”交易,而一旦深入生产领域,就会发现,工人阶级工作环境恶劣,工作强度不堪重负,受到资本家的残酷剥削,资本家无偿占有了他们的剩余价值。这就充分暴露出资产阶级倡导的平等在现实中无法实现。正如马克思恩格斯所指出的那样:“生产力在其发展的过程中达到这样的阶段,在这个阶段上产生出来的生产力和交往手段在现存关系下只能造成灾难,这种生产力已经不是生产的力量,而是破坏的力量(机器和货币)。与此同时还产生了一个阶级,它必须承担社会的一切重负,而不能享受社会的福利,它被排斥于社会之外”②。马克思分析了旧有的权利平等观,揭露了其历史唯心主义性质,公然宣称无产阶级的平等观奠基于历史唯物主义之上,始终与社会的生产方式相联系。

在完成由权利平等到社会平等的论证之后,如何解决个体差异和社会平等之间的矛盾呢?“马克思列宁主义对于(共产主义)社会在经济上、从均衡的观点出发承认个体及其能力和需要的不平等或差异这个问题的深切关心,在一个新的历史水平上体现了对卢梭反对拉平的平等主义思想的继承和发展。”③新实证主义代表人物德拉·沃尔佩认为,在将来的共产主义社会里,马克思主义会真正关注个人能力等自然差异的问题,并通过“权利就不应当是平等的,而应当是不平等的”原则来实现真正的社会平等。卢梭认为,签订契约的目的在于保证“权利的平等”,“社会公约在公民之间确定了这一种平等,

① 《马克思恩格斯选集》第3卷,人民出版社1995年版,第444页。

② 《马克思恩格斯选集》第1卷,人民出版社1995年版,第90页。

③ [意]德拉-沃尔佩:《卢梭和马克思》,重庆出版社1993年版,第62页。

以致他们大家都遵守同样的条件并且全部应该享受有同样的权利”①。马克思基于历史唯物主义立场,在批判了包括卢梭在内的资产阶级平等观的基础上,提出了全体人民普遍平等的社会目标:“一切人,作为人来说,都有某些共同点,在这些共同点所及的范围内,他们是平等的,这样的观念自然是非常古老的。……这种平等要求更应当是从人的这种共同特性中,从人就他们是人而言的这种平等中引申出这样的要求:一切人,或至少是一个国家的一切公民,或一个社会的一切成员,都应当有平等的政治地位和社会地位。”②马克思肯定了权利平等思想,但是,在卢梭这里,“同样的权利”和“同样的条件”仅仅是法律形式上的东西而已,只有共产主义社会,消灭私有财产和阶级对立,公有制代替私有制,所有人在政治上、经济上、文化上的权利平等才真正获得统一性。马克思倾其一生致力于人类的解放事业,为的就是让每个人的自由得到全面的发展,建立“这样一个联合体,在那里,每个人的自由发展是一切人的自由发展的条件”③。由此可见,马克思恩格斯在正义视域内,完成了从权利平等到包括经济平等、政治平等、文化平等在内的社会平等的“革命”。

二、正义研究的时空之变

时间和空间是事物存在的两种基本方式,也是人类生存经验的两个基本维度。时间具有线性、传递性、绵延性等特点,空间呈现网状结构,具有间隔性、广延性等特点。人类有什么样的时空观念,就有什么样的思考方式。在人类思想发展史上,不同的时代与社会,不同的哲学派别与思潮,有的以时间范式为优先进行价值排序,有的以空间范式为优先进行价值排序。前者更加注重正义的同质性、必然性,后者则更加突出正义问题的异质性、偶然性。20 世

① [法]卢梭:《社会契约论》,何兆武译,商务印书馆 2003 年版,第 30 页。
② 《马克思恩格斯选集》第 3 卷,人民出版社 1995 年版,第 444 页。
③ 《马克思恩格斯选集》第 1 卷,人民出版社 1995 年版,第 294 页。

纪 60 年代以后的西方社会理论,其研究范式发生了由时间向空间的转向,同时,正义理论也经历了由时间视角向空间视角的转化。这种转化有利于揭示现代性思想的突出矛盾,有助于摆脱西方现代性在空间问题、城市问题上的既有困境。

(一)正义研究的空间视角

近代以来,进化论成为社会理论的重要底色,其主要特点是对时间和历史的重视。在这里,时间成为一个革命的范畴,空间只是一个潜在隐性的范畴,人们的思想被时间范畴所左右。福柯认为,对时间范畴、时间思维的过度依赖,使批判理论、进化理论无法解释已经发生重大变化的社会现实,无法成为一种真正具有批判性的理论。爱德华・苏贾也批判了长期以来以时间和历史为理论视域的传统,在《后大都市》《后现代地理学》《第三空间》《寻求空间正义》等著作中,主张城市既是一个历史和社会现象,也是一个空间现象,认为空间、社会和历史"三位一体"的形成标志着城市研究的方法论转向,对解决城市问题具有重要意义。他分析了 1880—1920 年间起主导作用的实证主义和马克思主义,认为其理论缺陷是"用时间摧毁了空间",地理学"患了理论上的休眠症","地理学被挤出理论建设的竞技场",从而导致传统社会理论在方法论上的失衡。上述理论的实践缺陷在于,空间的"贬值"掩盖了资本主义社会关系在周而复始的危机与重建中所产生的"空间定势",导致资本主义的内在矛盾在一定程度上被掩盖。借此,爱德华・苏贾一改长期以来"时间优于空间""历史的创造优于地理的创造"的观念,试图以宽广的空间批判视角分析当代人的生存问题,主张"在考虑到我们生活的社会与历史维度的同时以空间性为基,将得到很有意义的新洞见"①。

随着社会批判理论的"空间转向",正义研究也产生了"空间转向"。正义

① ［美］爱德华・W.苏贾:《后大都市:城市和区域的批判性研究》,李钧译,上海教育出版社 2006 年版,第 26 页。

理论是社会批判理论的重要组成部分,但不同的理论对正义的理解不同。它们或者追求生产的正义,或者追求分配的正义,或者追求起点与结果的正义,或者追求过程与机会的正义,如此等等,不一而足。在空间哲学的视野中,不管何种正义,都离不开空间维度。也就是说,正义具有重要的空间化特质,它与地理和资源、空间与服务获得公平分配具有天然联系,是一项基本的人权。一方面,正义与不正义的社会关系,必然通过特殊的空间形式来实现,必然生产正义或不正义的空间;另一方面,正义或不正义的空间也会再生产特殊的社会结构,没有空间正义也就没有社会正义。正如苏贾所说:"正义及不正义的空间影响社会和社会生活,正如生活过程型构'正义和不正义'的空间或特定的地理一样。"①正义研究的空间投射,形成了空间正义概念。作为社会正义的空间表现形式,空间正义是"存在于空间生产和空间资源配置领域中的公民空间权益方面的社会公平和公正,它包括对空间资源和空间产品的生产、占有、利用、交换、消费的正义"②。总之,空间维度的理性自觉,成为推进正义的重要基础,使包括正义理论在内的社会批判理论获得了新的活力。它重构了正义的理论框架,使得正义研究不再拘泥于传统的社会理论,而是延伸到空间领域,体现了对正义的元叙事的反思和批判。

(二)空间正义研究的历史逻辑

翻开世界文明史,人类在认识自然、改造自然的过程中,创造了一个又一个灿烂的文明。随着文明形态的演进,社会批判理论在主题、内容及范式上也不断发生变化。20 世纪 60 年代之后,正义研究的"空间转向",就是其中最为显著的一个变化。

人类早期的正义理论由古希腊思想家开其先河,在亚里士多德那里达到

---

① Soja, *Seeking Spatial Justice*, Minneapolis: University of Minnesoda Press, 2010, p.5.

② 任平:《空间的正义——当代中国可持续城市化的基本走向》,《城市发展研究》2006 年第 5 期。

顶峰。亚里士多德从人与人之间的关系上思考正义，以维护等级秩序为宗旨。亚氏认为，正义并非消除差异，而是得到与自己的能力、贡献相称的对待。今天看来，亚里士多德所谓的正义，是一种以天然、已然的等级制为基础的分配正义，或者说是一种特定语境下的秩序正义。亚里士多德的正义观，是古代社会文明状况的反映，代表了古代正义观的基本特点。彼时，空间作为一种人类生存的具体历史条件，并没有全部纳入分配体系之中，或者说，空间并未造成操作层面的分配体系的紧张与焦虑。但是，空间毕竟还是“闯入”了古希腊社会科学研究的视野。柏拉图的“理想国”，构筑了一个具有空间视角的正义社会和理想世界：所有事物都处于井然有序的运行状态之中，城邦必须建立在正义基础之上才能维持这种理想秩序。人们各守其位、各安其分，过着与本阶层身份地位相适应的生活。在这里，正义已经触及如何更好地维护城市资源的公平，这是“空间”闯入正义研究的起源。

农业文明时期，虽然人类经历了农业革命的巨大进步，人的实践能力、社会总财富不断增长，但总体上世界总人口相对较少，生产力水平相对低下，社会总财富增长相对有限，交往和交流能力不高。这一时期，虽然人口增长和空间资源的矛盾也一定程度地存在，但人们总是可以发现未使用的土地、未开发的空间。这是一个人们可以通过流动、迁徙来解决人地矛盾的阶段。对于进入农业社会的人类共同体而言，如果说人口与土地也构成一对矛盾的话，那么矛盾的主要方面并不在于拥有多少土地，而是在于拥有一定数量和质量的人口。也就是说，在近代社会以前，空间并未成为社会正义的根本介质。

以公元1500年为节点，人类进入了海洋文明阶段。随着洲际交通成为可能，“全球化”这一具有革命性的事件爆发了。全球化使得社会分工与合作扩大到全球范围，生产、交换、分配和消费达到了国际化的新阶段。伴随着世界人口的增多和人类需求的增长，人地矛盾进入一个新的阶段。在这里，空间成为稀缺性资源和制约文明体发展的显性因素，开疆扩土越来越成为社会文明体的自觉追求。如果说，近代史是资本主义与世俗政权结合的历史，是以这种结合为基础的民族国家不断分立与成长的历史,那么,现代社会这段历史(全球化时代历史)的一个重要特点,是不同民族国家不断拓展、扩大或缩小自身空间的历史,是西方先发国家在世界争夺殖民地、在全球进行空间争夺的历史。与空间重要性相伴随的是人的地位的下降,空间成了一个相对于人而言的高位阶存在,空间和人相比具有绝对的价值优先性。

近代世界史是西方发达国家成为世界财富、资源等聚集的中心区域的时代,是其他地区成为服务、依附于发达国家的边缘区域、半边缘区域的时代,华勒斯坦、阿明等思想家深刻揭示了近代以来的空间不正义现象,认为正是这种全球性的空间不正义,激发了人们对空间正义的追求。空间转向是社会理论当代进展的重要趋势,它沿着两条路径展开,一是在现代性构架下检视空间与社会的交互关系对研究社会结构和社会过程的重要性,二是在地理学视域内探索如何在日益复杂和严重分化的社会状况下构建一个正义的世界。

(三)空间正义的城市生成

城市社会的到来,为空间正义找到了新的实现方式。如果说,近代以后的空间正义理论以民族国家为基础,那么,现当代的空间正义理论倾向于以城市为视域。英国社会学家约翰·厄里断言,空间缺失的场面不可能维持长久,空间总会在某一个时间"冒出来"。1974 年,亨利·列斐伏尔的《空间的生产》出版,它标志着城市空间已然成为正义理论的主角,诠释了城市的空间性存在,关注着城市空间是如何定义客观世界以及人的空间生存的。

20 世纪后期,在世界范围内开启了深刻的城市化进程,这是一个由非农产业形成集聚所引起的农业人口转变为非农业人口的过程,其主要标志是城市数目增多,城市人口和用地规模扩大,城市人口比例不断加大,城市化的程度和水平不断提高。

城市数量及城市人口数量的增多,在一定意义上说明世界已经进入了城市社会。它是一种正在形成的现实,虽然部分是真实的,部分是虚拟的,但我们已经看到并置身于这种趋势之中。① 从世界历史的角度看，城市社会深刻改变了世界的空间结构和社会结构，也深刻改变了民族国家的认知结构和心理结构，找到了空间正义问题的城市表达方式。首先，在一个全球地理空间基本稳定、民族国家疆界基本划定、世界在相对意义上处于总体稳定的阶段，城市已然成为影响宏观世界及微观世界的一个重要的革命性因素。从城乡比较看，城市社会聚集了相较于农村多得多的发展要素，空间要素起着更为关键的作用，人地关系紧张成为城市社会的突出问题。进入城市社会以后，城乡关系不再像以前那样突出，甚至"任何一种矛盾不再发生在城市和乡村之间。主要的矛盾到了都市现象自身那里，权力的中心和其他中心的形式，在财富—权力中心和边缘，在团结和隔离之间"②。列斐伏尔认为，过去的两个世纪之久的工业资本主义的影响，现在变成了城市的影响，城市问题也变成主导性的问题。"增长和工业化问题占据主导地位（形成模式、规划其他、形成其他项目），变为都市问题占据主导地位。"③在此，城市是生成、反映、影响当代空间问题的关键性场域。如果说，空间正义是整体正义的重要维度，全球正义是近代以来空间正义的重要维度，那么，当代语境下，空间正义的重要内容则是城市正义。城市已然成为当代理解正义问题的重要观测点。

第二节　城市权利：进入城市的伦理保障

无论在何种意义上理解城市空间正义，城市权利都是其中不可或缺的内容。它保障公民可以不分贫富、不分种族、不分性别、不分年龄获得城市公平地对待，在城市拥有必要的生产和生活空间资源，享受城市的美好生活。城市

① ［法］亨利·勒菲弗：《空间与政治》，李春译，上海人民出版社2008年版，第64页。

② Henry Lefebvre, *The Urban Revolution*, Minneapolis and London: University of Minnesoda Press, 2003, p.170.

③ Henry Lefebvre, *The Urban Revolution*, Minneapolis and London: University of Minnesoda Press, 2003, p.5.

的基本关系是权利关系,没有城市主体之间基本协调的权利关系,就不会有城市空间正义。作为一个综合性范畴,城市权利兼具同一性和差异性特征,是平等权利和差异权利的"合题"。

一、城市权利的核心意涵

人是一种权利的存在,享有权利是一个人拥有社会身份、成为社会成员的必要条件。重视城市权利符合历史与逻辑的必然性。城市权利是从"权利"概念扩展而来。广义上的城市权利泛指一切与城市和城市发展有关的权利,比如居住权、道路权、生活权、发展权、参与权、管理权、获取社会保障的权利、主体资格,等等。狭义上的城市权利特指由城市发展所产生或带有鲜明城市性的权利,主要包括获得城市空间、参与城市管理、享有城市生活的权利。城市权利是城市化进程中的基础性问题,也是城市理论研究的基本内容。工业革命以来,特别是第二次世界大战以后,与城市权利有关的问题集中爆发,并一度呈激化趋势,引发思想家的深切关注。马克思恩格斯对城乡关系的思考、对工人阶级命运的关注,马克斯·韦伯对城市发展历史与价值的揭示,路易斯·沃思对城市生活方式的思考,列斐伏尔对城市社会空间辩证法的强调,哈维、卡斯特、苏贾等对城市正义等问题的研究,都强调城市权利是空间正义的基础内容。作为一个历史范畴,城市权利随着社会的发展和城市化水平的提高,在内容上不断丰富,在范围上不断扩展,在程度上不断增强。

(一)进城权

一定意义上说,城市社会是一种较为高级的文明形式,城市可以给人们提供更美好的生活,由此,进入城市就成了许多人的权利诉求。在前工业社会,生产力水平低下,城市化水平较低,只有极少数人在城市中生活,尚未激起大多数人进入城市的梦想。加之奴隶社会人身依附制度和封建社会的土地所有制度,使得城乡分隔状况更加固化。那时,无论是中国西周时期的城市,还是西方的古希腊、古罗马城市，都因为森严的等级关系而把大多数人排除在城市之外，只有极少数人可以拥有所谓城市权利。到了封建社会，地主土地所有制将广大农民紧紧捆绑在土地上，农民靠租种地主土地生活，地主却可以通过其代理人向农民征收实物或货币地租，自己离开农村到城市居住。据资料，唐朝时期，中国拥有建康、东都和长安等 3 个百万人口的大城市，城市人口占全国人口的 10%左右，同时期的世界平均水平更是低至 3%。中世纪后期，随着新兴商业城市的兴起，封建领土体制已经不能有效控制人们对城市的向往，于是，突破城乡二元结构的藩篱，到城市去，到可以自由呼吸的地方去，逐渐成为人们对城市权利的要求。资本主义社会虽然打开了人们进入城市的体制壁垒，但进城权的真正实现，依然是一个突出的问题。列斐伏尔在《元哲学》一书中指出，哲学上的“总体化”在资本主义城市化运动中，总显露其裂缝之处，在结构与去结构中总是存在有内在冲突，在城市的边缘甚至是中心，总有人们不能进入、无法融入。因此，进城权是人们争取城市权利的第一步，也是最重要的一步。

（二）空间权

进入城市以后，选择在哪里居住、在哪里休闲，如何享用博物馆、图书馆、广场、街道等公共空间，是城市权利的又一项重要内容，我们可以将其称为“空间权”。无论城市权利的内容如何变化，空间都是这些权利内容的主基调。作为一种多样异质文明在特定空间的聚集，城市是人对地理空间的生产、创造、人化。城市中的地理空间是城市居民根本性的生产环境和生活处所，离开了特定的地理与空间，城市行为、城市感情、城市态度都将无所归依。合乎伦理的空间权，需要解决好以下问题：合理配置、协调、管理好城市主体之间的地理与空间权利，处理好私人空间与公共空间的关系，以及不同私人空间之间的关系；扩大公共空间的开放范围，厘清公共空间的收益归属等问题；理顺不同城市主体间的空间权利，管理、协调不同城市主体的空间权益，如此等等。

解决好空间权,既深刻决定城市市民的生活质量,也深刻影响城市的繁荣与稳定。空间权作为一种整体性、构成性要素,日益成为争取其他权利的现实基础。

(三)参与权

市民是否有参与权、在多大程度上有参与权,是判断一个城市是否民主的重要标准。传统的城市管理模式是一种主体单一、职能集中的城市管理模式,城市政府包揽一切城市事务,城市居民无权参与城市管理,常常造成管理失效。主要表现为,一是城市政府与市民被人为割裂,无法形成城市管理的聚合力;二是城市政府因为无法及时、准确地反映市民意愿和诉求,从而造成运转失灵;三是以行政为主导的一元治理模式,存在决策不透明、权力无约束、利益不均衡等弊端,容易引发社会矛盾,难以实现社会和谐。由此,争取参与权,既具有个体争取城市权利的意义,也具有推进现代城市治理的意义。然而,"城市靠谁而建",在现当代城市发展中,依然是一个没有解决好的问题。西方马克思主义者认为,直到20世纪60年代,在西方资本主义城市里,统治阶级扮演着城市治理的"革命性"角色。他们带头驱动殖民和土地商品化的整体生产力,更有甚者,将民众与自然资源作为价值的载体,疯狂地从中榨出金钱、挤出利润。列斐伏尔深刻分析了市民参与权的概念和意义。首先,争取参与权是人民试图形塑自身认同的需要。参与权使得城市生活成为戏剧,使得有潜能的市民能够成为这出历史活剧的主角。"城市权利,加上差异和信息的权利,应该修正、具体化和成为更实际的、把市民视为城市居民和多种服务的用户的权利。它一方面确认城市用户的权利,使他们活动的时空的思想被了解,另一方面将包括对中心、特权地的使用,而不是被驱散和塞进贫民窟。"①具体说来,参与就是让人们意识到,作为整体的城市是"我"的,我可随意进出、探

① Lefebvre H., *Writings on Cities*, Oxford: Blackwell, 1996, p.34.

索、拥有,觉得自己就是这座城市的主人;参与就是我敲敲邻居门,相约聚会,体验归属,体验幸福;参与就是我怀揣城市的共有目标,把城市事务视为一己之事。另外,争取参与权是城市政治民主的重要体现。参与,城市民主就生存;不参与,城市民主就死亡。正如大卫·哈维所说,参与权就是一种按照我们的期望改变和改造城市的权利,这是城市最宝贵的民主。在城市化过程中,只有对国家治理本身实施改革,使国家重新回到民主管理的体制之中,运用国家力量对剩余资本进行民主管理,才能建立和实现城市权利。同时,针对城市管理权常常落入少数政治精英、知识精英之手的问题,哈维提出,必须打破城市管理权的固化和垄断,实现城市权利的平等,推动实现市民共商、共建、共治、共享城市发展成果。①

二、城市权利的哲学特性

同一性和差异性是一对哲学范畴。前者表现为事物整体及其内部各要素的趋同性特征,后者是指事物整体及其内部各要素的差异性特征。作为一个综合范畴,城市权利兼具同一性与差异性,是平等权和差异权的"合题"。平等权主要是指进入城市的权利,以形式平等为价值追求;差异权承认存在等级阶层差异,但要竭力避免产生主体间断裂和剧烈冲突,以事实平等为理想状态。

(一)平等权

平等权意指一切人与生俱来、均可享有的权利。在现代社会,这种权利是由具有普遍意义的法律所给定,即人作为一个独立的人格主体存在,在政治、经济、文化等社会生活中享有与他人平等的法定权利。由此,平等就构成了权利范畴的主题词,是一个人与人之间的关系范畴,即每个人拥有和他人相等或

---

① [美]戴维·哈维:《叛逆的城市:从城市权利到城市革命》,叶齐茂等译,商务印书馆2014年版,第27页。

者相同的权利,这体现了权利的绝对性。马克思从政治、经济、人权等角度对平等这一概念作了如下解释:“一切人,或至少是一个国家的一切公民,或一个社会的一切成员,都应当有平等的政治地位和社会地位。”①在这里,马克思不仅把平等视为人的基本权利,而且强调了权利的主体不是某一阶级、某一阶层、某一集团的“人”,而是“一切人”。以马克思主义平等观为理论平台,相同权利可以概括为权利平等、机会平等、结果平等三个方面。权利平等,就是人人都有进入城市的权利,且在城市生活体系面前受到平等对待;机会平等,就是人人都有通过劳动创造享受城市美好生活的机会;结果平等,就是人人都能获得相对满意的生活水平和社会地位。

以上权利诉求的实现,既是城市公民权实现的重要内容,也是城市社会正义状况的重要标志。然而,城市权利的实现是一个复杂的社会历史过程,犹如城市的发展是一个社会历史过程一样。因此,在不同位阶的权利内容中,“进入城市的权利”是一个低位阶诉求,也是城市民主的基本要求。

首先,进入城市的权利主张源于一种城市“整体性”哲学概念。贝尔·胡克斯是20世纪70年代载誉全球的非洲裔美国女性主义批评家,她以青年、家园、家庭等日常生活经验为基础,表达了人们进入城市的愿望,并以“处在边缘中、挤进城市去”为口号,为非洲裔美国人等边缘群体进行权利辩护。胡克斯指出,城市是一个有机整体,由中心和边缘构成,缺少任何一方,城市将不复存在。虽然边缘在“主体”之外,但是它也在“全体”之中。这就为所有处于社会边缘的弱势群体进入城市提供了某种形而上的依据。她结合自己的生活经历说:作为住在美国肯塔基小镇上的黑人,铁轨每天都在提醒着,我们是一群边缘性存在。铁轨的对面是平展的街道、我们不能进入的商店、我们不能就餐的饭馆以及我们不能正视的人们。在铁轨对面的那个世界里,只要他们肯雇佣,我们就在其中充当女仆、门房和妓女。虽然我们始终要返回边缘,跨过铁

① 《马克思恩格斯选集》第3卷,人民出版社1995年版,第444页。

轨,回到小镇边缘的那些棚屋和废弃的房子中去,同时法律也规定我们必须回到那个小镇,否则就要冒被惩罚的风险,但我们依然为争取进入那个世界而斗争。因为,那里可以给我们提供更多的机会,包括做女仆、门房和妓女的机会。①

其次,进入城市的权利主张开启了通往更多权利的通道。爱德华·苏贾在考察北美的商业城市、竞争型工业城市、垄断集团城市、国家控制福特主义城市和以洛杉矶为原型的后现代城市等五种城市类型之后,认为任何城市都存在着中心—边缘结构,人们首先要进入"边缘",才可能进而走向"中心",以实现更多的城市权利。人们在边缘地带,更容易形成自我意识、启发集体觉悟、唤起集体行动。胡克斯也表达了同样的意思,她说:"我们的生活—在边沿的生活—使我们形成了一种独特的看待现实的方式。我们既从外面往里看,也从里面往外看。我们既关注边缘也关注中心。这种看问题的方式使我们认识到存在着一个整体性的世界,边缘和中心构成了它的主干。我们的生存依赖于公众对边缘与中心之区分的不断认识,依赖于我们私下对我们作为整体必不可少之一部分的不断体认。……我们的日常生活结构使我们的意识具有整体感,这种整体感为我们提供了一个反抗的世界观—这种看问题的方式是我们的大多数压迫者根本无法理解的,它是我们战胜贫困与绝望的支持,它可以强化我们的自我意识,促进我们的团结。"②与胡克斯相比,苏贾的城市权利理论具有明确和自觉的行动论特质。他将行动的地点寄希望于边缘空间,并借用女性主义者胡克斯的说法,把这种边缘空间作为生产反对霸权话语的重要地点:我所说的边缘性不是要丢开、放弃的东西,而是要在其中逗留、坚持使之平衡的地方,因为它增进反抗的能力。它提供了可能的激进视角,通过

① [美]爱德华·W.苏贾:《第三空间:去往洛杉矶和其他真实和想象地方的旅程》,陆扬译,上海教育出版社2005年版,第126页。

② [美]爱德华·W.苏贾:《第三空间:去往洛杉矶和其他真实和想象地方的旅程》,陆扬译,上海教育出版社2005年版,第126—127页。

这个视角我们眺望、创造、想象其他新世界……对被压迫、被剥削、被殖民的人们来说,认识到边缘乃反抗之所非常重要。如果我们只是把边缘看作一个符号,看作是对我们的痛苦和贫困、无望和绝望的标示,那么浓厚的虚无主义就会大行其道……我认为,边缘既是镇压之地也是反抗之所……[①]就这样,在“边缘”中形成的意识和力量,使得“边缘”本身成为争取更多城市权利的发源地。

(二)差异权

差异权是指一个国家基于社会公平的考虑,给予少数群体或者少数族裔的特殊权利。

在现代城市社会中,城市权利平等已然成为构建城市正义体系的逻辑起点,并日益彰显其道义力量。然而,人们毕竟生活于不同的经济文化体系之中,不仅对权利的理解存在较大差异,而且同一体系内部,人们的境遇也千差万别,其权利诉求必然表现为差异性。正所谓:“长者不为有余,短者不为不足。是故凫胫虽短,续之则忧,鹤胫虽长,断之则悲。”这种差异性不仅不能回避,而且值得我们进一步思考。

在西方,如果说胡克斯以“整体性”理论诠释了“进城权”这一相同权利(平等权利),那么列斐伏尔则依据“总体化”理论分析城市权利。在《元哲学》《进入城市的权利》等著作中,他一再强调,要用总体化的观点看待和分析城市社会,就会得出权利差异化结论。他说,胡克斯所说的“整体化”是铁板一块,其城市空间具有均质性。但总体化则不一样,其中有中心,也有边缘,有主体,也有他者。资本主义城市一向呈现着中心—边缘结构,城市中心的人谋求更好的生活,边缘人争取接近城市的权利。

列斐伏尔还用“拓扑学”理论论证了“差异权利”。他指出,城市社会“通

---

① [美]爱德华·W.苏贾:《第三空间:去往洛杉矶和其他真实和想象地方的旅程》,陆扬译,上海教育出版社2005年版,第124页。

过更新的时空形成了一种拓扑学,这个拓扑学不同于农业(循环的、同时有本土特殊性的)和工业(走向同质性,走向限制性的合理性和规划的统一性)的时空,而是一种具有巨大差异性的城市时空。在这里,我们不再从工业理性角度定义它——那是一个同质化的过程——这时候出现了一种差异性的时空,所有的地方和时空都彼此独立,并以相反的联系,彼此区分而且共存在于一个整体中。这种都市空间从单一性(全球性的:整体的、围绕中心形成的多个小组、不同和特殊的核心性构成的)和二元性的特色而获得定义。"①列斐伏尔强调,在城市这个均质与断裂的统一体里,差异既是一幅近乎天然的城市图景,又是社会实践的现实背景,更是城市自身的深刻特性。城市在许多方面呈现二元性。比如,它既有权威的文化,又有附属的文化;它既真实存在,又给人无限遐想;既有街道、住房、公用大楼、交通体系、公园、商店等物质要素,又有综合了态度、习惯、风俗、期盼和希望的非物质内容。在一定意义上说,每一个城市的内部都存在着另一个城市。差异权的设定与获得,是城市居民抵抗均质化力量和等级制权力的重要表征。它包含不同的层面,有其无比丰富的内容:身体和性,居室和纪念性建筑,邻里、城市文化领域、民族解放运动,地区不平衡发展和欠发达现象。② 这一极其重要的权利,其目的是保证城市居民生活的多样性,避免某种单一的生活或者使城市生活同质化。

20 世纪后半叶,多元文化主义思潮将差异权聚焦于城市文化,关注和呼吁城市中少数族裔的文化差异权,抑或称之为文化认同问题上的特殊权利,认为对于少数族裔而言,"将人们强行纳入一个对他们来说是虚假的同质性模式之中,从而否定了他们独特的认同"③。该思潮扬弃自由主义权利观,认为

---

① Lefebvre H., *The Urban Revolution*, Minneapolis and London: University of Minnesoda Press, 2003, p.37.

② [美]爱德华·W.苏贾:《第三空间:去往洛杉矶和其他真实和想象地方的旅程》,陆扬译,上海教育出版社 2005 年版,第 43—44 页。

③ [加]泰勒:《承认的政治》,董之林、陈燕谷译,汪晖、陈燕谷主编:《文化与公共性》,生活·读书·新知三联书店 1998 年版,第 1 页。

自由主义旨在使每一个公民能够普遍地、平等地接触到同样的机会,换句话说,没有哪个人因特殊身份而享有比别人更多的机会,至于公民个体如何选择及实践这些机会,则完全属于私域之事,不应由公共的制度和程序来干预。该思潮分析道,个体资质和能力的差异,会导致不同的个体得到不同的结果。因而,强调个体机会均等的自由主义并不能真正推动权利平等。多元文化主义思潮认为,任何个人的选择自由都建立在境遇的基础之上,每个人的境遇不同,其选择也就不同。比如,在西方城市社会,少数族裔就常常处于一种不利的生活境遇,而"如果这些特殊权利真的有助于纠正这种不利,那么,这种基于平等的论证就支持这些特殊权利赋予民族性少数族群"①。关于少数族群特殊权利的必要性,多元文化主义的代表金里卡创造性地运用了罗尔斯正义论中的差别原则,来完成自己的逻辑证明。

如同罗尔斯将人的出身和自然天赋视为偶然一样,金里卡将人的文化出身也视为一项偶然因素。主流族群与生俱来的社会资源并非"得所应得",少数族群因其文化成员身份所带来的不利处境,也并非他们的过错。因此,要想实现权利平等,就必须赋予少数族群特殊权利,比如自治权、多元族群权、特殊代表权等。事实上,20 世纪后半期,西方国家掀起了多次少数族群权利运动,这些国家中的少数族群公民不仅要求享有作为国家一般公民所享有的普遍化权利,而且要求获得作为少数族群成员所应享有的特殊权利。美国印第安原住民的自治诉求、阿米什教派的特殊教育主张、加拿大魁北克法裔社群的文化自主性诉求等,就是其中的典型例证。这迫使一些国家和地区都不同程度地调整政策导向和治理手段,有差异地对待公民权利。譬如,在美国的大学招生、公司招聘等领域,许多法案明文规定对黑人予以有差异的补偿性照顾。许多北欧国家通过税收调节人们的收入,有意识地缩小人们之间的贫富差距。

一般而言,差异权可以从两个维度来体现。

---

① [加]金里卡:《多元文化公民权》,杨立峰译,上海译文出版社 2009 年版,第 140 页。

在社会经济维度上，主要是富人和穷人之间的差异，南希·弗雷泽将社会经济差异导致的非正义称为经济非正义。这种非正义需通过财富再分配、强化阶层平等的手段来解决。马克思恩格斯在《资本主义积累的一般规律》中生动描述过富人越富、穷人越穷的状况："随着财富的增长而实行的城市'改良'是通过下列方法进行的：拆除建筑低劣地区的房屋，建造供银行和百货商店等等用的高楼大厦，为交易往来和豪华马车而加宽街道，修建铁轨马车路等等；这种改良明目张胆地把贫民赶到越来越坏、越来越挤的角落里去。"①许多都市穷人区的环境沉沦到"会使成年人堕落、使儿童毁灭"的近乎野蛮的状态。这种空间不平衡的发展不仅成为严重的社会动荡和危机的根源，而且也使这些地方成为新的抵抗力量的发源地。对此，列斐伏尔把这种不可调和的矛盾称为"社会关系的粗暴浓缩"。因此，要真正实现平等原则、成就个体独立，就需要对不同群体进行差异化对待，尤其要对弱势群体给予额外权利、特殊权利，以帮助他们更充分地保护本群体利益，帮助群体内的个体成员实现民主与自由、享受城市文明。

在文化维度上，主要是主流族裔与少数族裔之间的差异，南希·弗雷泽将文化差异导致的非正义称为文化非正义。这种非正义需通过承认文化差异与文化独特性的方式来解决。弗雷泽认为，20 世纪晚期，在西方民主社会中，因身份不平等导致的文化压迫问题日益凸显，具有取代因经济结构不平等而导致的阶级剥削的趋势，甚至成为社会非正义的主要来源。在这里，群体身份逐渐取代阶级利益，成为政治动员的主要力量；围绕"文化身份的承认"以及"差异的成人"展开的抗争，成为政治斗争的主要内容。列斐伏尔对此描述道：少数族裔将城市中争取差异权的斗争置于"中心—边缘""构想的—实际的""真实的—比喻的"辩证语境中，并从这些错综复杂的辩证关系中开辟了一个新领域，一个文化反抗的空间，一个"政治选择"的第三空间，同时也是所有边缘

---

① 《马克思恩格斯全集》第 44 卷，人民出版社 2001 年版，第 757—758 页。

化或外围化的"主体"聚首的地方,不管这些边缘化主体置身于何处。1992年发生于美国的"洛杉矶暴动"就是典型例证。文化差异理论源于对城市异质性特征的体认。该理论认为:社会的基本形态呈现异质性,其文化上的表现就是差异性和多元性。由于主流群体是现当代社会的文化制度安排者,这种文化制度必然更加符合主流群体的核心利益与基本偏好,所以在此基础上推行权利平等原则,可能会损害少数群体利益,造成主流群体与少数族裔实质的不平等。事实证明,这样的道德忧虑并非多余。比如,2010年,法国政府以"维护共同的生存价值和人道主义"为名,准备出台"布卡"(穆斯林妇女把脸遮蔽起来的黑色罩袍)禁令。民意调查显示,70%的法国人支持"公共场所布卡禁令"。根据这一禁令,法国所有的公共场所将禁止身着布卡,无论是本地居住的穆斯林,还是外来的游客,都必须遵守这项禁令。显然,这项禁令限制了穆斯林移民按照自己文化习惯着装的自由。[①] 这种"文化非正义",需通过"承认政治"即承认和保有文化差异与文化独特性的方式加以矫正。

第三节　城市权利的道德确证

城市权利与"城市善"具有内在关联性。一个"好的城市"一定是居民的城市权利得以保证和实现的城市。因此,以城市权利的道德认知为思想前提,以分配正义和承认政治为杠杆,推动平等权与差异权利的实现,是对城市权进行道德确证的必然要求。

一、城市权利的道德属性

随着当今社会日益进入都市社会,城市权利日益成为一项追求美好生活、

---

① 董铭等:《布卡禁令点燃法国暴力事件》,《环球时报》2010年5月20日。

实现自我价值的重要权利。平等地获得这项权利,不仅是法律、政治事务,而且具有鲜明的道德属性。

(一)城市权利与个体道德

城市权利的实现有利于提升个体道德。以“住”的权利为例来分析。住房作为城市空间的重要物质形态,既是人的物质需求,也是人的道德需求。前者关涉人们在城市中最基本的空间权益,后者关涉人的道德尊严。从个体生存来看,“一切活人的原始本能就是找一个安身之所”,而“房屋是人类必需的产品”。因此,西方现代建筑学之父柯布西耶说:“今天的社会革命,关键是房子问题:建筑或革命!”从社会层面上看,市民社会的典型意义在于它是一个彼此联系的“领域”,这个“领域”根植于具体的城市空间里,而不是在漂泊不定的移动状态中。因此,从个人和社会的双重视域上,城市空间的贫困将深刻影响人们的生活状况、生活方式、社会心态、价值取向、思想情感。正如德国著名伦理学家包尔生所认为的那样,过度拥挤的住宅条件危及人们的生命与健康、幸福、道德和居住者的家庭感情。当一家人与别的转租人和寄宿者合住时,真正的人的生活是不可能的。

如果说,空间贫困主要影响人的道德尊严、损害城市社会的人道基础,那么,城市空间的公平缺失则会阻碍城市人群的沟通和交流,弱化人们对城市的家园意识、责任意识和参与意识,从而更深层次地影响城市社会的健康发展。西方行为经济学家通过实验发现,人们普遍具有公平偏好。诸多实验,如最后通牒博弈实验、独裁者博弈实验、囚徒困境实验、公共品博弈实验、信任博弈实验等,都从不同侧面揭示了人类更加关注相对地位和相对收益。美国学者利用 1994 年美国综合社会调查数据,研究了个体满意度如何依赖于与其年龄差在 5 岁以内的个体的收入。研究表明,在控制自身收入等变量的情况下,个体满意度随参照收入的增加而下降,个体收入越高,相对剥夺感就越强。心理学家运用归因理论分析收入分配不公平感的形成机制,认为倾向于对贫穷或富裕作个人归因的居民,其不公平感较弱,对政府的再分配政策持否定态度;相反,倾向于对贫穷或富裕作外部情境归因的居民,其不公平感较强烈,对政府的再分配政策持赞成态度。人们喜欢作何种归因,一般会受到社会的影响。民主程度越高、法制越健全的社会,人们越倾向于作内部归因;反之,机会和规则越不公平,制度越不健全,人们则更倾向于作外部归因。① 无论是伦理学原理,还是心理学实验,都深刻揭示了城市空间的公平缺失对个人道德感、责任感的影响。

(二)城市权利与社会伦理

城市权利的实现有利于提升社会伦理。在城市社会中,权利的实现状态就是"城市善"的展开状态。所谓"城市善",就是城市社会能够提供城市权利得以实现的社会环境。在这里,人们可以摆脱自然空间的物质奴役和乡村空间的贫乏,自由进入为人类提供高效生产、多样财富和丰富生活的城市;人们在城市中有更好的就业机会、更加舒适的居住条件、更便捷的出行方式、各种公共的休闲娱乐空间;人们公平地获得某种"城市性",人的智力和能力得以不断提升,向着"自由而全面的发展"不断迈进。人的权利获得和自我实现,固然和个人选择有关,然而,人归根到底是社会境遇的产物。社会境遇是天生的,在个体作出选择之前便客观存在。因此,一个好的城市,必定能够提供权利实现的社会境遇,也必定能够以一种合目的性的制度安排,帮助人们纠正社会境遇带来的事实上的不平等。

二、平等权与分配正义

平等权作为城市权利的题中之义,具有权利意涵上的绝对性诉求,分配正义可以被理解为这种权利的道德保证,在此意义上,分配正义应属于经济伦理范畴。

---

① 韦庆旺、吴悦:《公平与控制感可调节社会适应》,《中国社会科学报》2016年8月24日。

（一）平等权的两种诉求

平等权有两种大致思路，即起点平等和结果平等，前者是自由主义思想的逻辑起点，后者是各种社会主义的实践原则。其实，无论是主张起点平等，还是主张结果平等，都不能真正满足权利平等的诉求。就前者来说，人生而不平等是常态，不同出身背景、不同地域环境的人，在许多方面的起点并不完全平等。按照海德格尔的说法，每个人都是一个特定的历史性存在，成长在不同的时空条件下，生活在不同的历史境遇中。所以，每个人对权利的理解、诉求和运用也有差异。如果不注重过程调节，这种差异就会越来越大，平等也无异于一句空话。就后者来说，片面追求结果平等，无法平等地尊重每个人的权利，构建人们之间的公平关系，即使达到了所谓“绝对平等”，这种结果也未必是人们所希望的。况且，在权利实现的过程中，结果平等无疑会侵蚀个体权利，最终落入“奖懒罚勤”的境地。所以，关注分配正义，在一定时期通过一定的调节方式，将平等权置于一个相对均衡的状态之中，这不仅为社会主义社会所奉行，也是有些西方发达国家采用的伦理性制度安排。

（二）分配正义的两种倾向

分配正义是伦理学的一个永恒话题。近代以来，西方伦理学完成了由德性论分配正义向权利论分配正义的理论转向。罗尔斯以权利论为基础，强调以人的自由平等发展需要为视角，用以解决分配正义问题，提出两条正义原则，即平等原则与差别原则。平等原则，即每个人都有平等的权利主张，享有完备体系下的各种平等自由权；差别原则，即机会平等和补偿原则，也称分配正义的少数主义原则。在城市社会中，少数主义原则提倡在贯彻大多数人的意志时，尽可能多地尊重和保护“少数人”中的个体权利，比如救援、关怀和让步等具有道德意味的政策、策略和举措就是如此。平等权固然要求认真对待每一个个体的权利，其中既包括认真对待“多数”中的每一个个体的权利,也包括认真对待“少数”中的每一个个体的权利。当后者为前者付出代价时,一个良善的城市体系应该及时启动分配正义,按照少数主义原则对“少数人”进行补偿。

按劳分配为主体、多种分配方式并存的分配制度,是我国目前的分配制度,也是实现分配正义的较好途径,它既可以激发效率与活力,也具有道德合法性。首先,该分配制度的正义性表现为“起点的公平”,即有劳动能力的人都应该把劳动作为生存和发展的手段。因为人只有在劳动过程中才能最终形成各种社会关系,如所有制形式和分配方式;同时人们应具备平等的劳动权利,这是实现平等权的客观要求。当然,要真正实现“起点公平”,必须得到诸如财产制度、住房制度、教育与社会保障制度等一系列制度体系的保障,以便让在城市工作和生活的人能够“人人机会均等”。其次,该分配制度的正义性还要求“结果的均等”,即借助法治求得“社会产品占用与分享的无差异性”。作为个人,在需求结构和数量方面永远存在差异,所谓“社会产品占用与分享的无差异性”,是指分享权利方面的平等,特别是对暂时失去劳动机会或劳动能力的人,有共享社会劳动成果的权利。在劳动中实现分配正义,一方面要求劳动机会要向最具备劳动能力的那些人开放,另一方面也要在生产环境存在差异的群体之间进行有限性的动态补偿,弥补由于偶然性因素所造成的劳动能力的差别,使每一位劳动者在面对劳动机会时,能够站在真正公平的起跑线上。如果说,在工业大生产条件下,全社会劳动力自由买卖、平等交换和流动可以作为正义论的第一原则,即整个自由主义的现实论证,那么中国的“让一部分人先富起来,先富带后富”则可作为罗尔斯第二原则,即“差异原则”的中国表达。罗尔斯没有论证差异原则从何而来,李泽厚认为,从理论上可以说来自康德的“帮助他人”,也可能来自共同体生活中的义务。弱和强是相互依存的客观存在,其中渗入了情感因素,这正是中国“情本位”正义观的思想实质。

三、差异权与承认政治

差异权作为城市权利的另一种表现，具有权利意涵上的相对性诉求，承认政治可以被理解为这种权利的道德保证。在此意义上，承认政治应属于政治伦理范畴。

（一）文化差异是城市的本质

集群而多元是城市生活的基本特征。城市的本质既表征于经济体系之中，又内嵌于由经济体系承载的精神体系之中，“城市的任务是充分发展各个地区，各种文化，各个人的多样性和他们各自的特性，而不是机械地将大地的风光、文化的特性、社群的风格消磨掉”①。在这里，差异权利就是尊重文化差异和文化多样，包容少数族裔文化样式。关于这一问题，西方一直存在着学术论争。普遍主义基于公民身份唯一性的前提预设，主张消解公民的民族身份；文化多元主义强调公民身份的最高地位，并将民族身份置于次要的位置。事实上，在多民族国家中，公民身份和民族身份其实是“人”这一定义下的“一体两面”，它们同时存在，并非呈现为不同位阶的两个不同身份。在一个现代城市中，多元文化存在这一事实，要求建立一个包容多元的制度架构和叙事体系，而在这样一个具有利益表达功能的包容性架构下，承认与尊重就成了一个政治话语，而非仅仅是一个文化主张。也正因为如此，当法国政府发布布卡禁令，要求女性穆斯林移民遵从土著法国人着装习惯的时候，引发的是一系列“政治抗议”行为。保护差异权利的主张被称之为“承认政治”。

（二）承认政治是差异权实现的制度设计

纵观人类政治发展史，先后出现过专制政治、解放政治和承认政治等三种

---

① ［美］刘易斯·芒福德：《城市发展史——起源、演变和前景》，宋俊岭、倪文彦译，中国建筑工业出版社2005年版，第418页。

政治模式。如果说,前两种政治模式风行于前现代社会和现代社会,那么,承认政治则被视为后现代社会或都市社会的政治运作模式。承认政治的兴起依赖于包括个体、自我和同一性、认同观念的涌现等一系列思想史条件,秉承文化自觉的警醒和反思,以直面权力和资本对少数族裔生命体和文化体的钳制为目标。可以说,马克思开启了承认叙事的先河,他对未来理想社会即"自由人联合体"的构想,就是一个建立在承认基础之上的伟大政治叙事。马克思恩格斯对什么是"自由人联合体"作出了具体、明确的阐述:这应当是一个"以每个人的全面而自由的发展为基本原则的社会形式"①。

在这种新的文明社会中,"社会化的人,联合起来的生产者,将合理地调节他们和自然之间的物质变换,把它置于他们的共同控制之下,而不让它作为一种盲目的力量来统治自己;靠消耗最小的力量,在最无愧于和最适合于他们的人类本性的条件下来进行这种物质变换"②。在"自由人联合体"中,每个人所面对的联合体是一个个具有充分个性的个体,相互给予对方完全的承认和尊重;联合起来的共同体以承认每一个体的个性价值为前提,个体与共同体之间不再对立,而是共处于和谐之中。马克思关于承认政治以及联合体的重要论述,被当代西方马克思主义学派继承和宣示,经由阿克塞尔·霍耐特、南希·弗雷泽等人诠释,承认政治在资本主义城市社会的新语境下实现了某种推动与发展。西方马克思主义者强调承认政治对塑造个体和群体身份的重要性,主张通过对主体的独特性或差异的承认,关注弱势群体的权利要求;通过促进生命体和文化体之间的和谐,寻求城市正义的崭新视角。因此,承认政治不仅具有认识论意义,而且具有价值论意义,为认识和解决当今社会的城市问题提供了重要的启发。

---

① 《马克思恩格斯选集》第2卷,人民出版社1995年版,第239页。

② 《马克思恩格斯全集》第46卷,人民出版社2003年版,第928—929页。

第四章　空间活力

空间正义与空间活力是空间秩序的“一体两面”,空间秩序是空间正义与空间活力的“合题”。作为一种理想的空间存在形式,空间活力既指城市空间对主体实践活动的适应能力,也指城市主体自主性、积极性和创造性发挥的能力,通过城市空间的多样性、易读性、有机性得以体现,是城市形象、城市品质的重要表征,也是城市潜力、城市动力的重要源泉。

第一节　城市空间的多样性

多样性是空间活力的外在物质形态,主要通过显性的物质结构体现出来。纵观城市发展史,可以发现,一个有活力的城市,一定是能够聚集、吸纳多样文明要素并不断生成空间多样性的城市,而多样化的城市空间形态,也一定能够通过涵养不同文明要素,构成空间活力的强大物质基础。

一、空间多样性的文化前提

作为一种实践活动,人类对空间的创造总是在一定的文化前提下进行。这就说明,人类文明的多样性客观上要求空间的多样性。在西方,黑格尔、斯宾格勒、汤因比等思想家从不同维度对文明多样性进行了探索。黑格尔认为,世界历史每向前推进一步,都会带来不同区域文明的地位变更和转换。他把世界历史发展过程分为四个阶段,即东方世界、希腊世界、罗马世界、日耳曼世界,它们分别是历史的“幼年时代”“青年时代”“壮年时代”“老年时代”。决定不同文明地位转换的深层法则是理性和自由。世界历史犹如太阳一样,从东方升起,最终转向西方。“东方从古到今知道只有‘一个’是自由的;希腊和罗马世界知道‘有些’是自由的;日耳曼世界知道‘全体’是自由的。”①黑格尔天才地认识到“文明体的多样性发展”这一事实,但其理论立场是西方中心论。斯宾格勒赞成多元中心的文明论,认为“文明是一种发展了的人性所能达到的最外在的最人为的状态”。一方面,作为有机体,任何一个文明都有根据特定环境发挥自身潜能的过程,不同时代与区域的人们必然建构多样类型与形态的文明。另一方面,每一种文明有机体都有一个生成、发展、衰退的过程,再强大的文明,包括西方文明,都会由盛而衰,甚至走向消亡。② 在汤因比看来,自然法则和人性法则是促使新旧文明转换的两大法则。在文明的早期,自然法则起主要作用,但随着文明的成长,人性法则日益重要。在这两种法则的作用下,人类在挑战与应战的循环往复中,建构起多样化文明形态。

上述思想家思考文明多样性的主要目的,是为了探索西方文明的命运,不同程度地带有西方中心论色彩,而任凭这种色彩持续下去,则必然会走向问题的反面,即走向“西方中心论”“西方优越论”的价值独断。为此,需要用马克思主义的文明观对文明多样性进行哲学沉思。我们认为,从文明早期到现当代,人类文明始终在两个层面上表现出多样性:一是不同文明体之间的差异性、多样性,二是同一文明体内部构成要素、构成领域的差异性、多样性。正是这双重的多样性,推动着文明不断进步,也使人们不断遭遇新的问题和冲突。

① [德]黑格尔:《历史哲学》,王造时译,生活·读书·新知三联书店 1956 年版,第 128 页。

② [德]奥斯瓦尔德·斯宾格勒:《西方的没落》,齐世荣等译,商务印书馆 1963 年版,第 39 页。

可以说，“文明”与“多样”具有共生性，多样性是文明的内在本质特性，是文明得以发展的内在结构性动力，也是导致各类文明冲突的一个重要原因。①

文明多样性主要来自两个方面：自然与社会。自然生态的多样性是文明多样性的重要基础。正如黑格尔所说，“地理的基础……是我们不得不把它看作是‘精神’所从而表演的场地，它也就是一种主要的，而且必要的基础”②。孟德斯鸠也认为，不同的地理区域具有不同的特点，人们为了在这些不同的区域生存、发展，必然形成与具体的气候、资源等条件相适应的不同的生存方式、生活方式、行为方式、制度方式、空间形构、思想观念等，形成具有不同特点的多样文明。而多样文明一经形成，就作为一种强大的思想力而存在，宰制人类全部实践活动及其结果。城市作为多样文明要素的空间化聚集，就更是如此。也就是说，城市作为人群、技术、产业、观念等的聚集物，其构成元素越多元、异质性越明显，其空间生产与创造的成果就应该越呈现多样化。

二、空间多样性的形态表现

物质形态上的城市空间多样性，强调差异和特色，反对齐一和雷同。正如亚里士多德所说：“一个一味追求齐一性的城邦将不是一个城邦，或者虽然是城邦，却差不多是不算城邦的劣等城邦，就像有人把和声弄成同音或把节奏弄成单拍一样。”③在这里，亚里士多德主要论及了公民在城邦政治生活中自由意志的表达，由家庭、德尔菲神庙、奥林匹克运动场、战神山议事会等组成的“闲暇公民”的日常生活空间，涵盖管理家政、参与政治、锻炼身体以及用高雅音乐净化灵魂等空间中的活动，但亚里士多德这句话也说明，承载公民不同生活内容的城市空间，其物质形态也应该呈现多样性。比如，在象征着阿波罗神

① 陈忠：《文明多样性：历史趋势与伦理自觉》，《光明日报》2015年8月26日。

② ［德］黑格尔：《历史哲学》，王造时译，上海书店出版社1999年版，第86页。

③ ［古希腊］亚里士多德：《亚里士多德选集》（政治学卷），颜一编，中国人民大学出版社1999年版，第41页。

昭示其神谕的“世界之脐”——德尔菲神庙,神圣空间与世俗空间杂糅相处,由阿波罗太阳神庙、雅典女神庙、剧场、体育训练场和运动场等空间组成。

物质空间的差异与特色,首先源于文化的差异。由文明形态、文化样式的时空差异所决定,其空间的物质形态也各具特色。比如,中国的建筑空间形态,就基本空间图式、原型空间选择、空间轴线取向、主导方位确定等方面,与西方建筑特别是欧洲建筑,有显著差异。即使是在同一个国家,由于地域环境、民族信仰等不同,其建筑空间也有不同。我国是一个多民族国家,不同民族文化不仅是民族存在的基本形式,而且是空间多样性存在的文化前提。以北京地区的回族为例,作为中国第四大民族,回族主要来源于13世纪蒙古人西征以及元朝时期以各种身份从波斯、中亚西亚和阿拉伯等地来华的穆斯林,他们拥有自己的宗教信仰、节庆文化、生活方式。自元代起,回民大量涌入北京。随着明朝初年由南向北的大规模移民,北京的回民越聚越多。清初年间,为“拱卫皇居”,内城的汉民和回民迁到北京外城,但康熙年间,有钱的回民又迁回内城;康熙中期以来,北京回民集中聚居于牛街、朝阳门、花市、东四、西三里河、牛肉湾、扫帚胡同一带。新中国成立后,随着历史的变迁,回族人呈现大杂居、小聚居的分布特点。回族的居住格局是“围寺而居”和“因市而生”。一般而言,清真寺、市场、回民社区,这三种生活要素相互依赖、相互促进,以至于演变为一种相对固定的生活格局,北京的牛街就是如此。随着商业中心的转移,回民聚居区也随之转移,京杭大运河沿岸的清真寺兴衰史,就是这种文化逻辑演变的结果。与这种居住格局相伴随,回民清真寺独特的建筑风格、依循自然的民居建筑、职业赐予的重商传统、工匠精神、卫生习惯等,都是民族文化的形象化表达,是城市亚文化不可或缺的重要组成部分。

然而,城市化进程中的现代性思潮具有消弭空间多样性的风险,城市空间的雷同化问题逐渐凸显。主要表现为:第一,工具理性延伸到城市建设领域,机械主义宰制了人们的日常生活,加剧了空间生产的理性化、殖民化和同质化,无差别的物质空间充斥着城市各个角落。有些城市为便于商品交换,不惜将道路、桥梁、住房、小区、工厂等空间形式，按照相同的型号、规格、样式、规模、质量等进行生产，城市空间单调无奇，大高楼、宽马路、长街道、阔广场成为城市建设的“标配”。鲜活的地域环境被压缩为一纸干瘪的地图，齐一性城市空间模糊了人的空间认知，掏空了日常体验的丰富性和复杂性，让人不知情归何处、家在哪里。第二，过度工业化使许多旧有城市空间变成了高密度、高容量、物质化的商业中心、会议中心和快速干道，抹掉了以往的都市痕迹；许多有保留价值的旧有空间遭遇了断裂性、空心性改造，连接传统与现代的历史纽带被扯断，城市空间失去了历史感和认同感，让人不知今夕何夕。因此，落实适用、经济、绿色、美观的建筑方针，摒弃整齐划一的空间观念，强化城市有机更新，因地因时生产与创造城市空间，让城市空间与需求呼应、与环境匹配、与历史对话、与未来衔接，这是促进空间多样性的城市哲学方案。

三、空间多样性的功能显现

功能是事物相对于人而言所发挥的作用，空间多样性内在地要求功能多样性，而多样性空间功能的实现，需要满足两个条件，其一是人必须在空间中“在场”，其二是人的多层次需要在空间中得以满足。

占有空间是人的主体性最醒目的标识，人到空间“做客”是空间功能最鲜明的表达。根据建筑现象学的解释，城市空间的价值与意义，表现为具有主体意识的人在特定地点安置其聚落，从而满足人的“定居”需求，也表现为作为客体与对象的自然在特定地点邀请人来定居，从而通过岩石、树木、水等有意义的物实现对人的邀请。人与空间的关系，决定了任何空间都是结构与功能的统一体。也就是说，城市空间绝不是简单的构图游戏，而是由具体现象组成的意义世界。每个具体而微的城市空间都是一个故事，故事的主旋律则是与空间密切相关的文化、历史、民族、传统等意义要素。

诺伯格—舒尔茨将空间界定为“人化空间”，由城市区位、空间形态、城市性格等表达出来；海德格尔把空间喻为“诗意栖居”的“天、地、神、人”四元结构体系,人的经历、记忆、价值观与空间发生互动,进而形成对空间的情感依赖。在这里,空间承担着拯救大地、接纳苍天、期待诸神、关怀人性的职责,人类在与环境的相互眷顾中,在诸因素交相辉映的空间中“诗意栖居”。总之,城市空间不是一个物理虚空,而是包含情境、归属和文化等场所要素的有机综合体,只有人在空间中“存在”,才能延续和增强城市空间的生命活力。在现实生活中,由于城市空间常常以住房、汽车等物质形态来表现,所以容易导致一种错觉,似乎住房、汽车这些物品天然具有价值增值的魔力,甚至就是幸福生活本身。这种显在的“物相”,究其实质是一种空间拜物教和异化意识形态,它极易遮蔽人们的心灵,侵袭人们的社会生活,导致一种存在论困惑。因此,必须警惕人与城市空间的疏离现象,避免城市空间变成马克斯·韦伯笔下的“铁的牢笼”。

多样性的空间功能实现必须尊重和满足人的多样化需求。雅各布斯是把需求与功能相提并论的城市学家。她认为,城市是由兴趣、能力、需求、财富等各不相同的人聚居一起的产物,城市空间的生产、分配和消费应该充分尊重和满足城市人群的多样性需求,营造丰富、生动的城市空间。具体说来,城市地区内部至少要有两个以上的功能,以便让不同的人使用共同的设施;区域空间内大多数街道要足够短,以便人们很容易拐弯;一个地区的建筑物应该包括适当比例的老建筑,以便保留和唤起人们对城市的记忆;人流的密度要达到足够高的程度,以便人们很便捷地交往。

以菜市场这一公共空间为例来分析需求的多样性。菜市场是西方现代文明的产物。根据商务部 2009 年出台的《标准化菜市场设置与管理规范》,菜市场是市场举办者提供固定商位和相应设施,提供物业服务,实施经营管理,有多个经营者进场独立从事农副产品经营的场所。我国第一个菜市场于 19 世纪 90 年代建于上海公共租界,时有打油诗描绘其盛况:“造成西式大楼房,聚作洋场作卖场。蔬果荤腥分位置,双梯上下万人忙。”新中国成立后,菜市场带有明显的社会主义实践印记,承担生活保障功能。在生产力水平相对低下、物资相对匮乏的年代,菜市场是一个固定配给、凭票供应的场所。城市发展到今日,菜市场的零售终端功能依然承载着日常生活的重要内容。在空间语境中,菜市场成为居住区的“配套”空间,经由城市居住区规划设计标准,形成如今的“15 分钟生活圈”的规划理念和实践。然而,规划意义上的标准菜市场并没有充分满足人们的买菜需求,有人对比分析了上海中心城区的两个典型社区,通过实地走访和深度访谈,就真实世界中的“买菜”空间进行调研,得出如下结论:第一,市民的买菜行为具有差异化趋势,地区功能多样性与买菜目的成反比。买菜行为并非在菜市场和住宅之间简单直线折返,而是一项扎根于人的日常生活的复杂行动。第二,在同一功能空间中,居民基于不同需求实施不同的买菜行为,创造了更多层次和内涵的真实城市空间。比如工作日,人们倾向于在社区门口的超市简单解决,周末闲暇时,倾向于专程去菜市场采购;也有的白领家庭平时交给钟点工负责到周边超市采购日常三餐原料,周末专程开车去 10 公里外的进口食品超市购买高端食材。该研究的结论是:城市规划标准的菜市场并非唯一的甚至非主要的买菜场所,买菜行为偏好受到年龄、收入及所处地区等影响,而表现出极大的差异性,买菜行为本身因其作为城市生活密不可分的一部分,而具有社会复杂性。

对照规划的菜市场来看日常生活的买菜,从标准化的规划蓝图到活泼的生活实践,空间自有它演化的逻辑:日常空间多元化背后是城市生活的不断丰富,居民消费需求的日益多元和消费能力的日益增长。菜市场空间不是纯粹静态空间,而是由多重时空编织而成的生活哲学创造的真实空间。居民把菜市场空间编织在一天 24 小时、一周 7 天的时间序列里,从而形成丰富的日常生活空间。从单一维度的标准菜市场规划空间到弹性多元的买菜空间实践,真实世界永远是检验标准适宜性的度量衡。

从买菜空间与买菜行为的变化中,反观日益强调标准化的城市规划及其相关决策,可以得到如下启示:其一,规划标准要充分适应于社会经济的变化。传统的规划标准是特定制度背景和社会经济条件的产物,作为标准统一的生活配套设施，在一定时期内，尤其是对新区开发发挥了重要的作用。在社会成员从“单位人”向“社会人”转变、城市建设中心从新建转向更新、城市居住空间不断分异、居民生活方式更加多元的情况下，传统的标准化定量定坐标覆盖的方法将日趋失灵。其二，注重因人而异、因地制宜进行日常空间规划。前者要求充分考虑所在社区的人群特征与需求差异，后者要求充分考虑不同地区的本地特质与功能差异。① 城市运行的实践表明，菜市场不仅包括固定的公益性设施空间或自由的商业空间，还包括限时菜场这样弹性的“以时间换空间”的空间，甚至还有马路菜摊、弄堂菜摊这样非正式的、流动的空间。一些现代城市规划所未能重视甚至所否定的、不存在于规划图纸上的“无序”，在现实生活中具有重要的存在价值和社会意义。

第二节　城市空间的易读性

易读性即可识别性，是表征空间活力的历史文化编码。它依赖于许多因素，诸如一组公共的价值观和信念，一种通用的“语言”，或者一种易于理解的建筑语法。一座城市犹如一部鸿篇巨制，若想避免“千城一面”，彰显引人入胜的城市意象、独树一帜的城市气质，就必须凸显自己的价值观念、保留过往的历史记忆、厚植当代人的文化乡愁，通过优化有形和无形的城市空间形态，增强城市的可识别性。因此，易读性是增强城市空间活力的重要文化支撑。

一、彰显文化形态

城市是文化的容器。刘易斯·芒福德以文化描绘城市，认为城市能够“化力为形，化能量为文化，化死的东西为活的艺术形象，化生物的繁衍为社

① 晏冬、思卿：《从买菜这件小事，看城市规划标准的死与生》，https://www.sohu.com/a/165751532_650579。

会创造力”①。而且,人类社会的文化成就、文化积累越是广博、丰厚,就越能发挥城市在保留、移植、提高、开发这些文化成果中的重要作用。恩格斯当年曾这样评价巴黎:“只有法国才有巴黎,在这个城市里,欧洲的文明达到了登峰造极的地步,在这里汇集了整个欧洲历史的神经纤维,每隔一定的时间,从这里发出震动世界的电击。这个城市的居民和任何其他地方的人们不同,他们把追求享乐的热情同从事历史行动的热情结合起来了。”②这是对巴黎的城市文化和市民精神的综合评价。

城市主要通过“形”和“神”来表达意象。前者通常表现为城市的结构模式、标志物、区域层次,以及街道、河流、地铁、海岸、城墙、广场、车站、大型建筑物等,比如看到自由女神像,知道这是纽约,走过天安门广场,知道身处北京;后者则指包括城市精神、市民素质等在内的城市综合水平。有形城市空间的易读性取决于这个城市足够良善。其街区、标志物、道路等,容易被认知、辨识,其空间形态系统相对连贯和完整,城市景观轮廓比较清晰。城市形态中的道路、边界、区域、节点、标志物等要素,可以构成城市居民的“心理地图”。人们通过这些要素来认识城市:通过路径形态完成位移过程,通过边界形态完成自我和他者的区分,通过区域形态产生进入“内部”的体验,通过节点形态获得“进入”和“离开”的感觉,通过标志物完成对空间的独特印象。

有形形态的塑造要与城市历史文化的“母体”相契合,而不是求怪、求异、求大、求洋。如法国的芒萨尔式屋顶、德国带斜线的方格墙、意大利的半圆拱券窗和外廓,就蕴含着大量历史文化母体的信息。阿拉伯城市和欧洲城市或东亚城市的空间现象,体现了不同的文化价值观念和宗教价值观念;纽约的摩天大楼与上海的摩天大楼,虽然都是现代化建筑,但两者具有不同的文化韵味。阅读北京,离不开它的城墙、胡同和四合院;阅读上海,里弄不可缺席。相

---

① ［美］刘易斯·芒福德:《城市发展史——起源、演变和前景》,宋俊岭、倪文彦译,中国建筑工业出版社 2005 年版,第 582 页。

② 《马克思恩格斯全集》第 5 卷,人民出版社 1958 年版,第 550 页。

反,若离开城市历史文化的母体,任何空间形态,都会沦为无源之水、无本之木。特别是在城市发展过程中,把原有的母体群建筑拆掉,或仅留下几栋文化标本,那这座城市的“可读性”就会失去。也正是在这个意义上,北京提出对于老城进行“整体性保护”,体现了这座城市的文明与进步。

在关于城市发展的当代论争中,城市形态的特色缺失引发了越来越多的忧虑。理查德·桑内特在对古代和当代的城市进行比较之后,得出现代城市形态日渐“衰落”的结论。他认为,古希腊人能用他或者她的眼睛看到生活的复杂性。古代城市的庙宇、市场、游乐场、集会地、城墙、公共雕像和绘画都反映着自己的文化在宗教、政治和家庭生活方面的价值观念。而在当代的纽约或者伦敦,我们很难知道应该到哪里去体验、表达和懊恼。没有哪一个现代设计能与古代的组合媲美,对于应当如何生活这一复杂问题,购物中心、停车场、公寓里的电梯,都不能通过它们的形态给予我们任何提示。[①] 凯文·林奇也抨击过城市更新运动对城市识别特征的忽略,指出某些城市尽管一遍遍地涂层修饰,但在华丽的表象之外,城市空间缺乏特色和辨识度。因此,他提出通过强化城市意象,把城市塑造成一个故事、一个反映人群关系的图示、一个整体和分散并存的空间、一个物质作用的领域、一个相关决策的系列或者一个充满矛盾的领域。

二、保留城市记忆

城市记忆是城市变迁中具有保存价值的历史记录,是以信息的方式对这些历史记录加以编码、储存和提取的过程及其结果。每座城市从胚胎,到童年,再到成熟,都会发生别样的故事,留下别样的印记,这个丰富而独特的过程储存在城市肌体里,构成了人们的城市记忆。物质文化遗产和非物质文化遗产是承载城市记忆的两种主要方式。前者包括建筑物、历史街区、遗址、老街、

① [美]理查德·桑内特:《公共人的衰落》,转引自约翰·伦尼·肖特:《城市秩序:城市、文化与权力导论》,郑娟、梁捷译,上海人民出版社 2011 年版,第 438 页。

老字号、名人故居等，后者则是世代相传的各种传统文化表现形式，以及与传统文化相关的实物和场所，如传统口头文学以及作为其载体的语言；传统美术、书法、音乐、舞蹈、戏剧、曲艺和杂技；传统技艺、医药和历法；传统礼仪、节庆等民俗；传统体育和游艺。这些文化遗产记载着城市的文脉，蕴含着城市的经验，交织出城市独有的个性与身份，积淀为城市的亮丽“名片”。

城市记忆因其具有公共属性，也被称为城市的“公共记忆”，是城市展示自身魅力与价值的重要载体。哈贝马斯认为，公共记忆带有规范性意义，充满了人的自主选择，它人为地规范人们记住什么、忘却什么。一般而言，城市记忆通过大大小小的可意象的城市空间得以形成，“这种意象是个体头脑对外部环境归纳出的意象，是直接感觉和过去经验记忆的共同产物，可以用来掌握信息进而指导行为”①。凯文·林奇运用“领域圈”理论，对美国波士顿、新泽西和洛杉矶三个城市进行研究，分析了城市空间中道路、边界、区域、节点、标志物等元素对市民记忆的重要影响，提醒人们通过保留熟悉的参照物，保留城市的公共记忆。随着社会的发展和城市的进步，保留城市记忆已然成为一种理性追求。在法国首都巴黎，自18世纪起就有了“遗产保护”意识，巴黎之所以拥有“世界之都”的美誉，就在于她用自己丰富的文化古迹和遗产告诉人们：“嘿，这里是巴黎”②。自20世纪50年代《威尼斯宪章》颁布实施以来，人们对保护城市记忆的认识更加深化、行动更加自觉。作为一种城市价值观，保护城市记忆已经成为城市现代化的重要指标。

三、留住城市乡愁

乡愁是一种寻根怀旧的情感，也是一种文化身份认同。世界文化发展的规律表明，全球化趋势越是明显，乡愁越是浓烈。在时空日益压缩、社会流动多变、文化冲突加剧的世界格局中，一个国家、一个民族只有留住乡愁，才能走

① [美]凯文·林奇：《城市意象》，方益萍、何晓军译，华夏出版社2001年版，第3页。

② 何农：《摩天大楼危及市长前程》，http://www.sina.com.cn。

出历史焦虑、强健民族精神、获得认同力量。

乡愁植根于农耕文明。费孝通认为,“从基层上看去,中国社会是乡土性的”。这里的“乡土”是千百年来农业社会发展特点的集大成,而村落则是乡土社会的基本单位。近年来,随着城镇化进程的加快,乡村人口流失严重,就连一些具有几百年历史的传统古村落也不时呈现人去屋空、空间破败景象。随之而来的是,流传千百年的民俗、手工艺濒临失传,县志、村志等乡土文献整理无人问津,乡村文化设施老旧短缺。凡此种种,不一而足。笔者认为,村庄不仅是中国人的主要居住形式,还是中国传统伦理文化的发源地,是中华文明的源头。保护村落、振兴乡村,是追索“从哪里来”的方式,也是标记“向何处去”的注脚。在中国日益进入“城市社会”的今天,生发于乡土社会的“乡愁”也会在城市社会中表现出来。众所周知,人作为一种目的性存在,总是要在满足物质需求的同时,实现精神的满足;由人的超越性所决定,即使物质生活没有得到极大满足,也要达到精神的充盈。如何实现这种目的?如何超越现有的存在?通过创造物质空间而创造精神生活,就是一个通常的做法。也就是说,城市的乡愁可以在丰富绵长的城市空间里得到较好的安顿。在这里,人们可以唤起“乡关何处”的城市记忆,找到寄托心灵的精神乡愁,实现诗意栖居。一般来说,载体越是丰富,价值的实现度就越高。它要求在空间生产中,把城市历史、城市精神、城市价值等“装进”城墙、四合院、楼宇、街道等物质空间,使古老的遗址成为人们分享精神食粮的自由空间,让过往的文物器具传递城市的特定精神符号。

留住城市乡愁,对城市设计提出更高要求。一是与自然相融合,留住居民赖以生存的乡土味道。建立与自然山水的共生关系,秉持尊重自然、顺应自然、天人合一的理念,因地因时制宜,依托现有山水脉络等独特风光,让城市融入大自然,让居民在望山见水中记得住乡愁。二是与历史相贯通,留住城市的历史文脉。“万物有所生,而独知守其根。”城市发展是一个自然历史过程,要坚持风貌整体性、文脉延续性等原则,留住城市特有的地域环境、文化特色、建筑风格等“城市基因”，让居民在历史的烟火气中体味乡愁。三是与未来相观照，打造城市的精神气质。城市设计不仅是空间尺度和形态的研究，也是活动尺度和关系的设计。它像一条条经纬线，在历史、现实和未来的连接中织补城市。因此，要尊重其自身规律，统筹协调规划、建设、管理三大环节，综合考虑城市功能定位、文化特色、建设管理等多种因素，强化城市的空间立体性、平面协调性、风貌整体性、文脉延续性，结合自己的历史传承、区域文化、时代要求，打造展现时代风貌、体现时代特征的城市精神，让居民在对未来美好生活的向往和追求中咀嚼乡愁。

第三节 城市空间的有机性

有机性是空间活力的生活性表达，主要通过丰富的日常生活体现出来。“城，所以盛民也；民，城市之本也。”城市的核心在人，解决好人们的衣食住行、安居乐业，是城市管理的价值取向；让人民群众在城市生活得更方便、更舒心、更美好，是城市管理的重要标尺。城市作为人立足的空间，不是钢筋水泥的堆砌，而是市民安放“吾身”和“吾心”的容器。以不断变迁的生活方式为牵引，打造适用、灵活的城市空间，是激发空间活力的价值旨趣。

一、城市空间的生活逻辑

日常生活是衣食住行、婚丧嫁娶、购物消费、交流交往、休闲娱乐等活动。这些具有基础性、重复性、细微性特点的、维系个体生存和社会发展的人类活动，与城市空间具有哲学上的内在关联。亨利·列斐伏尔主张，人必须是“日常生活”的，否则他就不能存在。人的日常生活的“在场”，是城市空间有机性的内在根据，城市空间只有遵循日常生活的轨迹，才能彰显其有机性，成为实现美好生活的理想载体。

自20世纪中叶开始，在西方城市社会理论中，由列斐伏尔开启的日常生活理论是一个重要的理论形态。它将哲学研究从抽象概念转向现实生活领域,恢复了哲学对人的生活世界的理论关注。在空间问题上,列斐伏尔通过描述、界定日常生活,如生计、衣服、亲人、邻居、环境,以及附着其上的价值、礼仪、习俗、传说等文化观念,批判了排除日常生活的空间观念,强调关注空间中人的因素,呼吁集聚日常生活的力量,以革新现实社会。雅各布斯在列斐伏尔的基础上,着重强调了日常公共生活的重要性。她以女性特有的视角观察、体验、丈量城市公共空间,提出日常的公共生活不是什么遥远的东西,它们就发生在门廊、街巷、食品杂货店、面包店、洗衣店等公共场所中。“回到生活世界,回到人本身”的口号也是马克思主义哲学创新的基本精神和当代中国哲学发展的内在逻辑。人作为生活实践的主体,必然要从自己的目的性出发去认识和改造对象世界,使客体满足自己的美好生活需求,进而实现人的自由而全面的发展。从物质层面看,人要解决衣食住行等日常生活问题,客观地要求提供满足需求的空间载体,如人们需要住房空间遮风避雨、需要街道空间满足位移需求、需要广场空间满足休闲娱乐、需要交通空间实现出行远足,如此等等,不一而足。

生活需要空间来承载。作为一种将日常性的生活黏合在一起的组织结构,空间无固定形态,弥散而充斥,呈现出的是日用而不觉的状态。它们就像日常生活那样,琐细而又无处不在。这类空间所构成的日常的真实性,频繁地出现在超市、干洗店、面包房等日用的空间中以及前往这些空间的路途中,出现在空置的场地、住宅的前院、人行道、停车场、高架桥下。这些平凡的空间不仅构成了多元社会和经济事务的日用基础,而且还通过介入的方式将个人和城市空间链接在一起。德国哲学家格奥尔格·齐美尔界定了空间与日常生活的关联,认为城市化不仅是人类居住活动的空间位移和产业结构的此兴彼衰,而且是人类生活方式的社会变化。居民们在经济力量、种族或道德、习俗等方面的差异使城市中形成了具有不同特征的街区和邻里。

随着人类生活的重大跃迁,日常生活与城市空间的结合也经历了一个由原初状态到异化状态的历史过程。相信随着人类的空间意识的觉醒，这一结合必然会达到理想的状态。德国哲学家尼采以古希腊为例，描写了古代社会的日常生活。在他笔下，古希腊的节日空间充满了酒神精神，展现了人何以是“激情的存在物”。人们身着盛装，吃精美食物，豪饮美酒，载歌载舞，忘却了尘世的等级秩序，进入了一个精神汹涌澎湃、激情奔放的狂热和沉醉的世界，获得了短时的自由和解放，也即节日的“瞬间解放”。中世纪的空间生活也充满了无限乐趣：“早晨你醒来会听到公鸡啼鸣报晓，屋檐下巢穴里小鸟在啁啾，或者是修道院里每个时辰传出的钟鸣，或者是城市广场上钟楼发出的钟声。人们随意哼唱起歌曲，有修道士发出的单调的咏唱，也有街面上市场里民歌手们吟咏的歌词的回荡和声……还有学徒工和女佣边工作边唱出的小曲。”①然而，到了现代社会，由于强劲的生产逻辑的挤压，日常生活出现“退场”甚至“缺场”的趋势，城市空间面临着沦为“空洞的容器”的风险。如果说，在城镇化初期，为解决空间短缺问题，强调生产逻辑是城镇化特定阶段的观念产物的话，那么，随着空间问题的逐步解决，过分执着于生产逻辑而忽视生活逻辑，就容易让人迷信资本的魔法，沉迷空间的增值，失去对生活内涵的伦理自觉，阻碍人们对美好生活的体味和追寻。对此，应该从日常生活的维度揭示社会城市变迁，打开基于日常生活的理论分析空间，依循日常生活的逻辑，在生命和生活的律动中生产、创造城市空间。

人类生活方式越多元，城市空间活力越强劲。在农业社会，生产方式相对单一、社会产品相对贫瘠、生活内容相对简单，人们契合大自然的节律，日出而作、日落而息、春耕冬藏。在一定意义上，其日常生活沦为周而复始、平庸无奇的日常生计。与此相应，空间生成方式也相对单一。城市社会则不然，日常生活的重大变迁，使得人们的生活面向更为复杂，生活方式日趋多样。从日常生活主体上，有城市居民和进城务工人员；从工作和休闲时间上，既有朝九晚五，

---

① [美]刘易斯·芒福德：《城市文化》，宋俊岭等译，中国建筑工业出版社 2009 年版，第 56 页。

也有夜班、夜生活;从交往上,既有受小农经济影响把自己囿于狭小活动范围内的人,也有愿意在公共领域中过公共生活的人……城市日常生活犹如万花筒,需要空间来承载,于是,住宅、家庭设备、交通运输与都市空间之重组等,延伸了生产空间的趋势,同时剧烈地修改了其产品,而空间生产又助推了日常生活转变,丰富了日常生活方式。① 日常生活以特有的方式凿通了空间生产实践,营造一种空间想象,改变原有的空间安排,完成非正规空间的培育。这样的空间蕴含着无限自由和多种可能性。对富裕阶层,它是享受美好生活的物质载体;对弱势群体,它是进入城市的宝贵机会。日常生活展布在城市空间,人们看似在对付空间,实乃享受无限丰富的日常生活。

"如果未曾创造出合适的城市空间,那么改变日常生活的口号就毫无意义"。借用列斐伏尔这句话,我们说,如果不能根据日常生活的底版有机地创造城市空间,那么享受充满活力的城市生活就是一句空话。城市空间在产生、进化、成熟、消亡、复兴的过程中,空间内部的功能、结构等诸要素相互作用,空间与日常生活等外部环境相互联系,从而给这一过程打上有机性烙印,而科学对待空间实践的结果——正规空间和非正规空间,就是增强和促进空间有机性的外部条件。

二、正规空间的有机利用

一般而言,城市空间是人类有目的的实践活动,是计划和规划的产物,自上而下进行。城市政府根据经济和社会发展需要,根据人民对美好生活的期待而生产和建设的城市空间,可谓之正规空间。有机利用这些空间,是增强空间活力的有益方案。

第一,嵌入生活。利用率是空间活力的基本内涵,而日常生活则是激活空间的活性酶。海德格尔曾经强烈批判过生活与空间的脱节现象,指责有些空

① 包亚明主编:《现代性与空间的生产》,上海教育出版社 2003 年版,第 57 页。

间,把人放在一边,把空间放在另一边,不能实现人与空间的对话,未见空间中有日常生活。这样的现象在当今社会也普遍存在,特别是有些城市政府,在保护历史文化遗产过程中,把居住在建筑单体甚至街区的居民迁移出去,留下空荡荡的物质空壳供人参观。其实,任何保护都是为了利用,在有条件的遗产空间中植入日常生活,或许是遗产的最好归途。意大利堪称这方面的典范,在它的首都罗马,许多空间拥有古罗马时期的基础、中世纪的房子、19 世纪的加建、21 世纪的生活。北京宏恩观的有机利用当是一个有益启示。宏恩观位于北京市东城区钟楼的东北侧,紧邻北京中轴线,坐北朝南,南起豆腐池胡同,北至张旺胡同,由西路殿宇和东路僧房两部分组成。因其地势高旷,人称"龙尾之要"。宏恩观本是元代千佛寺旧址,明代改称清净寺,数百年来兴废更替,清末已是残破不堪。光绪十三年,刘诚印道士云游至此,见"庙貌倾颓,美林尚存",出资重修。新中国成立初期,宏恩观一度成为北京标准件二厂的厂房车间,工厂迁走之后,这里成了职工大院。2004 年,一位文莱华裔建筑师对其进行改造,塑造出一个多样化的空间构成,在这个以庙宇为建筑本体的空间里,嵌入了菜市场、咖啡厅、闲适空间等,一套内生机制在调节着不同主体的空间分配关系,在看似不经意的伦常日用中,保留了历史的遗存。植入日常生活,就是恢复空间活力。

第二,空间织补。大卫·哈维把空间生产喻为"创造性的破坏",意即在大规模进行城市更新与改造的同时,破坏了城市的生命有机性;柯林·罗也对第二次世界大战以后出现的城市凌乱、破碎、片段化等现象给予关注,称这样的城市为"拼贴性的城市"。在城市发展过程中,无论是人为的"创造性破坏",还是历史岁月的冲刷侵蚀,城市空间的断裂、破损在所难免。城市织补是变断裂为接续、化破损为完好的重要手段。它坚持文脉主义城市策略,将常见的空间要素,以隐喻、象征、片断联想的方式,表达和解释城市的历史文脉;倡导将不完善的、过程中的空间形态,和谐地安置在自然环境、历史环境、人工环境之中,恢复城市空间的历时性特征。通俗地讲,就是像织补衣服一样,织补城市空间,采取线性织补、节点织补等方式,进行空间再造。目前盛行的城市微更新、微改造,当属这种方式。进行空间织补,就是再造空间活力。

第三,以时间换空间。从世界城市发展史看,城镇化大体经历了由土地城镇化到人的城镇化的发展历程。前者以土地融资、土地财政、土地扩张为核心,可称之为传统城镇化;后者以人的需要、人的价值、人的发展为核心,可称之为新型城镇化。传统城镇化消耗了大量以土地为核心的自然资源,致使许多国家面临着突出的人地矛盾。为缓解用地资源紧张状况,"以时间换空间",充分利用方寸之地,就成了扩大城市空间的一个重要方向。也就是说,挖掘同一空间在不同时间段内的使用价值,发挥特定空间的叠加功能和聚合效应。

一是延长时间,提高空间使用效率。以夜间经济为例:20 世纪 70 年代,英国为改善城市中心区域的"夜晚空城"现象,率先推出以发展酒吧、夜总会、俱乐部等娱乐业态复兴中心城区的夜间经济发展计划,并于 1995 年将夜间经济纳入城市发展战略。近年来,我国发展以夜间旅游为主题的夜间经济,就是"以时间换空间"的成功尝试。据《夜间旅游市场数据报告 2019》资料,夜游消费已成为旅游目的地夜间消费市场的重要组成部分。统计表明,国内旅游平均停留时间为 3 天,人均夜游停留时间为 2. 03 个晚上。白天游客以游览性消费为主,夜游的需求更加多元,以夜间演艺、休闲活动等文化体验为主,人均夜游花费 201—600 元的人数占比 54. 9%,总体市场规模呈现放量趋势,夜游消费的潜力巨大。① 二是灵活规划时间,提高空间使用效率。例如,针对城市幼儿园、小学、中学在进校、放学期间停车难、人员拥挤等现象,市政管理部门可以在早晚高峰时间段内划定临时停车位,学校也可在校内增设家长临时休息等待区,等等。2020 年 8 月,北京出台一项便民措施,即在公厕附近设置临时停车位,既方便司机朋友解决如厕问题,也有效利用了公厕附近的公共空间。具体的空间布置是:在公共厕所的门前或四周,用虚线边框设置限时停车

---

① 《"夜游经济"发展的五大趋势分析》,https://www.sohu.com/a/367890735_235422。

泊位及黄黑色的禁止长时停车标线,同时配有限时停车指示标志及“可临停15分钟”的辅助标识,有效促进了城市空间的精细化管理。通过打好时间的排列组合拳,换回了空间活力。

三、非正规空间的有机利用

城市空间的形成具有自发性特征,这一“有序的复杂性问题”背后,存在着自下而上进行的日常生活的逻辑。如果说,正规空间的生产往往需要规划先行,那么,非正规空间往往呈现为自然生长。灵活利用这些空间,是增强空间活力的又一方案。

第一,理性看待自发空间。工业模式的空间生产忽视人群特征和需求差异,崇尚规划的标准化,导致空间产品的抽象化。简·雅各布斯认为,真实的城市空间不能仅仅依赖于详细规划,它还自发形成于日常生活之中。[①] 她打起“反规划”旗帜,试图纠正用城市规划来显示权力任性、张扬规划师个人审美情趣的价值取向,呼吁城市建设要坚持以人为本原则,适应城市居民不断变迁的生活方式。其实,马克思早就批判过那种执着于单纯物质、抽象概念的哲学世界观,指责它们“对对象、现实、感性,只是从客体的或者直观的形式去理解,而不是把它们当作人的感性活动,当作实践去理解,不是从主体方面去理解”[②]。从城市发展史看,工业主义的空间生产创造出的一个个标准化空间产品和标准统一的生活配套设施,在城镇化早期确实发挥过重要作用,但是,在城市居民从“单位人”向“社会人”转变、城市建设任务从新建转向更新、居民生活方式由单一走向多元的情况下,标准化模式已经不合时宜。依此模式生产出的空间犹如一种奇怪的抽象物,充斥着“内部设计的威慑”。城市空间形成的内在机理也表明,往往并非先拥有一个实体空间,反而是先有了一群艺术家、音

① Bridge G., Waston S., Chapter31.City Publish[M].A Companion to the City.Blackwell Publishing Ltd., 2008, pp.369-379.

② 《马克思恩格斯选集》第1卷,人民出版社1995年版,第58页。

乐家、写作者,聚集在一起编辑刊物、举办艺术会展、进行艺术产品的创造等日常活动,自发形成了城市空间。由此可见,规划逻辑无法阻挡人们对生活的向往,生动、复杂的生活能够有机生成非正规空间,如马路菜摊、弄堂菜摊等。它们不受政府部门管制,貌似规划图纸上的"无序",实则在日常生活中发挥重要作用。因此,适应日常生活,创造非正规空间,是一种"偶然"中的"必然"。

第二,精细管理生活空间。城市精细化管理,是城市发展的基本趋势,也是中国从传统城市化向新型城市化转型的基本要求。一段时期以来,对于城市中的非正规空间,城市政府常常因为秩序的考量予以取缔,以规训的方式加以治理。米歇尔·德赛图在《日常生活实践》中论述了大众在日常生活实践中所实行的逃遁和规避行为,也就是大众的抵制行为。他指出,大众抵制的场域承载的是日常生活实践,如游戏、步行、烹饪、购物等;大众抵制的对象是压制性规训;大众抵制的结果是"既不离开其势力范围,却又得以逃避其规训","既避让又不逃离"。[①] 按照德赛图的理论,人在特定环境中,既要服从特定规则,又要在既定规则中寻求个人生存空间,而"抵制"则意味着存在两种相互制衡的力量,一个是政府的压制性和支配性权力,另一个是大众在非正规空间的"游击战争"。我国长期存在的城管和商贩的游戏当是最好的例证。这表明:"城市是一个政治生活与世俗生活的统一体,政治权力的作用虽然巨大,但从来也不能实现对社会生活的全面掌控,总有世俗生活坚韧存在、坚韧流动。从长期的历史过程看,甚至可以说,恰恰是世俗社会、市民生活决定着城市政治的性质与走向。城市政治、城市权力在宏观变革时,如果没有城市社会、城市市民的微观支持,将失去合法性。"[②]在我国,随着城市化进程的加快,大量农业转移人口进入城市,他们大多没有正规工作,许多人靠做小商贩谋生。出于生活成本的考虑,这些进城务工人员常常聚居于城市郊区或者城中

---

① Graham Ward, *The Certeau Reader*, Oxford: Blackwell Publishers, 2000, p.105.

② 陈忠:《现代城市观哲学研究——一种城市哲学与城市批评史的视角》,《马克思主义与现实》2014 年第 6 期。

村。相同的营生和境遇使他们创造出属于自己的城市空间。前几年北京望京地区的“游击菜市场”就属于此类，它远离标准化菜市场，在夹缝里求生存，但远远超越了纯粹的静态空间，而是成为由生活哲学指导下的、多重时空编织成的真实空间。居民把菜场空间编织在一天 24 小时、一周 7 天的时间序列里，从而形成丰富的日常生活空间。在此情况下，与其简单化地取缔非正规空间，不如采取新的空间组织形式，通过物质改造、政策引导和精细化管理，将其融入城市正规空间，做好空间认知与反馈，及时进行有机修正，科学调节正规空间和非正规空间，提高空间使用效度。

第三，有机改造剩余空间。剩余空间是指在当前发展阶段没有被充分利用和没有明确功能定义的空间，如建筑物之间的狭窄或不规则空间、地形限制或特殊用地下无法规划或被废弃的空间、高架桥下易被忽略的空间等。“多孔城市”理论认为，城市是一个多孔性生态系统，只有当城市具备通透的孔洞与水平的基底，才能创造对流，并因其对流而产生活力。相对于理性规划下“正式”开发的城市空间，被忽略的剩余空间往往更能激起人们表达当下真实需求与改造的意愿。这是因为，当人们的基本生存环境主要由正规空间满足之后，更高层次、更加灵活的创造欲望就要在剩余空间得以实现，这些原本不被关注的空间，就会逐渐进入一些艺术家、建筑师、设计师的改造视野，以“小微空间”的多元特色来表达对日常生活的本真诉求与未来愿望。城市学家 M. S.马拉勒斯发明“城市针灸法”来治疗剩余空间的闲置、杂乱病症。他采取小尺度介入战略为巴塞罗那制定的“城市针灸”战略，是活化利用剩余空间的典型案例：以散落于城市各处的剩余空间为城市建设重点，带动周边地区的发展。在短短几十年时间里，创造了 400 多个可供人休憩娱乐的公园、广场及街道，极大提升了城市生活质量与品位，创造了享誉世界的巴塞罗那经验。在城市建设由增量扩张迈入存量提升之后，通过艺术介入、建筑植入、景观重塑、品牌带动等途径，激活城市剩余空间、增值城市空间总量、创造美好生活载体，是增强城市活力的有益借鉴。

第五章　空间生产

空间生产是人类有意识、有目的的实践活动,其根本目的是为了满足人们在城市中安居、工作等需求。空间生产过程是资本、权力、劳动等因素不断交叉融合、共同发挥作用的过程。其中,资本和权力是本章重点讨论的空间生产的资源要素。资本具有双重面相,既能撬动空间生产过程,也会因为“任性”而破坏空间秩序。因此,需要利用政府(权力)这一“有形之手”,在加强权力规制的同时,合理进行宏观调控,促进资本合理流动,避免资本成为空间市场上的“坏孩子”,把握空间生产过程的具体环节,进行积极的伦理介入,通过空间规划、空间管理等手段,激活资本的正向作用,确保社会主义空间生产沿着科学理性的轨道发展。

第一节　空间生产的伦理意义

事物必然依据空间而存在,空间因为人的在场方显价值。人类通过实践活动生产的道路、房屋、港口、车站等城市空间,是人类幸福生活的可靠空间基础。从伦理维度审视当代城镇化的实践及其结果,就必须牢牢把握生活过程的整体性,以安居为目标建立空间生产与空间消费的深度关联,以美好生活为向度阐释空间生产的伦理效应,从而为解决空间生产中的价值冲突提供伦理依据。

一、空间生产与空间消费

空间生产是阶级、资本、权力等政治经济要素重新塑造城市，并使得城市空间变成介质和产物的过程。[①] 生产与消费是经济学的重要概念，也是日常生活的重要内容，二者是辩证统一的关系。空间生产决定空间消费。这不仅表现在生产决定消费对象，而且也表现在生产决定消费方式、消费水平和消费质量。在短缺经济状态下，如果有效供给严重不足，就会影响人们的消费水平和质量。在城市生活中，无论是家庭生活、职业生活还是公共生活，都需要适度多样的空间供给和空间保障，这是满足人民对美好生活向往的题中应有之义。正如亨利·列斐伏尔在《空间：社会产物与使用价值》开篇所言：如果不能生产合适的空间，那么改变生活方式、改变社会等等，就都是空话。

关于城市空间生产的动因，不同学派看法各异。列斐伏尔主张空间与劳动、资本一样，在资本主义生产方式中具有本体论地位。离开空间，马克思主义将无法完成其人类解放的历史任务。学界一度认为，应该对列斐伏尔的空间理论持审慎的态度，但当城市成为人类文明的主体走向、当都市成为人类聚落的主要形态，通过城市空间生产活动来推动人类文明进步，则体现了马克思主义逐步改造社会、最终实现人类解放的目标追求。哈维把城市空间视为一个社会产品，也就是他笔下的“第二自然”，具体表现为住房、车站、码头、学校、图书馆、医院、商店、库房、办公室、剧场、博物馆、公园、交通道路、给排水系统、城市街道等空间设施。在这里，“物质力量、精神力量与人类赋予意义的欲望紧密结合”[②]。

马克思主义城市理论揭示了人类一切生产活动的物质动因，主张人类社

---

① 叶超等：《“空间的生产”理论、研究进展及其对中国城市研究的启示》，《经济地理》2011年第31期。

② ［澳］亚历山大·R.卡斯伯特编著：《设计城市——城市设计的批判性导读》，韩冬青等译，中国建筑工业出版社2011年版，第213页。

会的物质生产及其再生产是城市空间生产的动力。在人的基本需求中,住和行的需求在一定意义上都是空间需求,是人的第一位的需求。马克思恩格斯指出:一切人类生存的第一个前提是,人们“必须能够生活。但是为了生活,首先就需要吃喝住穿以及其他一些东西。因此第一个历史活动就是生产满足这些需要的资料,即生产物质生活本身”①。恩格斯《在马克思墓前的讲话》中说:“马克思发现了人类历史的发展规律,即历来为繁芜丛杂的意识形态所掩盖着的一个简单事实:人们首先必须吃、喝、住、穿,然后才能从事政治、科学、艺术、宗教等等”②。人类的空间消费不仅具有生存意义,而且具有存在论意义。作为宇宙的一分子,人既是时间的存在,也是空间的存在。人类通过创造一种“空间”实现世界的客观化。换句话说,人类的生存境遇取决于空间性。比如,作为一种空间生产活动,建房筑屋不仅为满足遮蔽之需,而且也是为满足人的伦理之需。正如德国哲学家包尔生所揭示的,过度拥挤的住宅条件不仅危及人的健康,而且也影响人的幸福、道德和居住者的家庭感情。也正是在这个意义上,柯布西埃说:“一切活人的原始本能就是找一个安身之所”,而“房屋是人类的必需产品”,为普通人建筑普通的住宅是恢复人道的基础。③

生产与生活永远是人类存在的两大主题,当代社会正经历着由生产逻辑向生活逻辑的深刻转变。列斐伏尔用“空间生产”范畴反思城市化浪潮,在强调空间与城市的主体性、实践性的同时,凸显了城市空间的生产逻辑这一问题。马克思明确地把生产关系视为物质资料生产中人们所结成的生产、分配、交换、消费方面的关系,从动态和静态的结合上,对生产、分配、交换、消费分别作了详尽的分析,进而揭示了它们之间的内在关系。马克思说:“我们得到的结论并不是说,生产、分配、交换、消费是同一的东西,而是说,它们构成一个总

① 《马克思恩格斯选集》第1卷,人民出版社1995年版,第78—79页。
② 《马克思恩格斯选集》第3卷,人民出版社1995年版,第776页。
③ [法]柯布西埃:《走向新建筑》,吴景祥译,中国建筑工业出版社1981年版,第202页。

体的各个环节，一个统一体内部的差别。”①正如马克思所揭示的那样，生产、分配、交换、消费是一个统一的过程。而消费的真正本质，是人的生产、劳动力与主体的再生产。这样，马克思所说的消费，在一定意义上也就是生活。20世纪后半叶以来，许多学者从不同角度界定人类正在深刻经历的生活时代。比如，丹尼尔·贝尔称此为“后工业社会”，利奥塔称之为“后现代社会”，波德里亚称之为“消费社会”。在工业文明时期，由人类亟需以规模化方式获取生存资料所决定，生产逻辑成为社会发展的主导逻辑，这有其历史的合理性。但是，生产和生活作为人类社会的两大机能，具有客观上的平衡要求，既不能片面强调生产逻辑，也不能过度强调生活逻辑，而是要对生产与生活的关系，生产逻辑与生活逻辑的关系进行平衡性确认。否则，就会引发由不平衡带来的社会问题。②

二、空间生产与幸福生活

一般而言，“幸福生活”和“生活”是两个不同的概念，前者具有明确的伦理指向和丰富的伦理意蕴，后者则更多指向“生活的真实”。费尔巴哈把生活及其目的进行统一考量，指出幸福和生活本来就是一个东西，认为“一切的追求，至少一切健全的追求都是对于幸福的追求”③。在论及城市时，费尔巴哈认为人们“之所以聚居在城市里，是为了美好的生活”④。而建筑生产活动则是实现美好生活的发源地。⑤ 然而，人们对幸福生活的追求总是遭际现实问题的羁绊。西方现代主义建筑大师柯布西耶科学预见了空间生产不足对幸福

---

① 《马克思恩格斯选集》第2卷，人民出版社1995年版，第17页。

② 陈忠：《城市社会的“生活”逻辑及其伦理实现》，《理论视野》2016年第12期。

③ ［德］路德维希·费尔巴哈：《费尔巴哈哲学著作选集》，荣震华等译，商务印书馆1984年版，第543页。

④ ［德］路德维希·费尔巴哈：《费尔巴哈哲学著作选集》，荣震华等译，商务印书馆1984年版，第517页。

⑤ ［美］罗伯特·休斯：《新艺术的震撼》，刘萍君等译，上海人民美术出版社1989年版，第138页。

生活的影响,以“建筑,抑或革命”来警示世人。柯布西耶关注住宅问题,特别是中低收入群体的住宅问题,并致力于探索一种体系,希望所有人都能在美好的住宅中生活。1924年,他在佩萨克设计了“福胡让”现代居住区,开创了成批建设住宅的范例。列斐伏尔强调了“空间的生产”与“建筑学的空间”“城市规划的空间”之间的双向启发意义。意大利马克思主义建筑学家阿尔多·罗西在其名著《城市建筑学》中则认为,城市作为研究对象甚至可以“被理解为建筑”,指出“从积极和实际的意义上看,建筑是一种创造,与文明的生活和社会有着不可分割的联系。”①哈维在《空间和时间的社会建构》中,将城市空间作为理解城市生活的窗口;塔夫里撰写《走向建筑的意识形态批判》,指出城市空间与建筑能够通过“眼花缭乱的形式,化解当代城市矛盾”②。

人不仅需要住房,还需要广场、街道、博物馆等公共空间。和住房这一私人空间不同的是,公共空间可以消弭私人空间逼仄带来的困境,在一定程度上缓解人们的压力,进而协调社会矛盾,为幸福生活提供更多的可能性。迪特·哈森普鲁格指出:“公共空间体现了社会的公正与宽容,作为共有财产平等地对所有人开放——无论他们是贫是富,来自何方,是主人还是过客”③。城市公共空间作为政治个体的公民的空间,是汇聚城市的文化特质、包容多样社会生活和体现自由精神的场所。福柯在《不同空间的文本与脉络》中认为,“空间是一切公共生活形式的基础”,“空间是一切权力运作的基础”④;哈贝马斯在《公共领域的结构转型》中,用“公共领域”概念从政治维度上分析了市民社会的“公共空间”;列斐伏尔断言在资本主义法则驱动下的空间实践,必然带

---

① [意]阿尔多·罗西:《城市建筑学》,黄士均译,中国建筑工业出版社2006年版,第23页。

② [意]曼弗雷多·塔夫里:《走向建筑的意识形态批判》,王群、胡恒译,载《社会批判理论纪事》,张一兵主编,中央编译出版社2007年版,第100页。

③ [德]迪特·哈森普鲁格主编:《走向开放的中国城市空间》,同济大学出版社2005年版,第13页。

④ Michel Foucault.Texts/Context:Of Other Spaces.*Diacritics* Vol.16,No.1,Spring,pp.22-27.

来社会空间的矛盾与分裂。所有这些正反两方面的论述都表明，空间生产是开启幸福生活的重要前提。

第二节　空间生产的资本规制

空间生产可以从微观和宏观两个视角来分析。从微观上说，空间生产是包括资本在内的各种生产要素共同作用的过程及其结果。资本在城市空间中的运行，为的是实现自身的增值力。哪里有利润，它就流向哪里；哪里有诱人的利润，它就追逐到哪里。因此，各级政府要进行合理的干预和介入以规制资本的流动，通过激发资本活力、抑制资本任性，发挥资本在空间生产中的积极作用，实现生产过程及其结果的合规律性与合目的性。

一、资本的意义和局限

资本是一种可以带来剩余价值的价值，它在资本主义生产关系中是一个特定的政治经济学范畴，体现了资本家对工人的剥削关系。从宏观经济学看，资本泛指一切投入再生产过程的有形资本、无形资本、金融资本和人力资本。资本随着人类生活的需要降临人间，作为一种“活生生的矛盾”，资本在人类文明进程中的作用呈现两面性。

（一）资本的意义

资本的积极意义表现在：第一，资本突破了旧的封建生产关系的束缚，极大解放和发展了生产力。正如马克思所说：“资产阶级争得自己的统治地位还不到一百年，它所创造的生产力却比过去世世代代总共造成的生产力还要大，还要多。”①资本以其应有的力量，为经济发展注入了无限活力。第二，资

① 《马克思恩格斯全集》第4卷，人民出版社1958年版，第471页。

本极大促进了技术创新,开拓了空前丰富的使用价值领域,如创造新产品、采用新工艺、开辟新市场、寻求新的供货来源、创建新的组织制度等。在资本主义经济体系中,基于不断追求交换价值的需要,资本主义生产必定通过种种手段开发新的使用价值领域,因而资本"就要探索整个自然界,以便发现物的新的有用属性;普遍地交换各种不同气候条件下的产品和各种不同国家的产品;采用新的方式(人工的)加工自然物,以便赋予它们以新的使用价值。……要从一切方面去探索地球,以便发现新的有用物体和原有物体的新的使用属性,如原有物体作为原料等等的新的属性;因此,要把自然科学发展到它的最高点;同样要发现、创造和满足由社会本身产生的新的需要"①。正是在此意义上,马克思提出了科学知识"变成了直接的生产力"的观点。第三,资本极大促进了人的发展,提高了人的社会化程度。在开发新产品、开拓新的使用价值的同时,资本也培养社会的人的一切属性,促使人们学习知识、掌握技能、扩大交往,完善人的知识体系、交往体系、需要体系、能力体系,把人变成具有更高文明素养的人。

(二)资本的局限

资本的内在局限在于:第一,资本逻辑就是利益最大化的逻辑。马克思说:资本来到世间,从头到脚,每个毛孔都滴着血和肮脏的东西。"资本害怕没有利润或利润太少,就像自然界害怕真空一样。一旦有适当的利润,资本就胆大起来。如果有10%的利润,它就保证到处被使用;有20%的利润,它就活跃起来;有50%的利润,它就铤而走险;为了100%的利润,它就敢践踏一切人间法律;有300%的利润,它就敢犯任何罪行,甚至冒绞首的危险。如果动乱和纷争能带来利润,它就会鼓动动乱和纷争。走私和贩卖奴隶就是证明。"②资本总是以自我为中心,不断吸附自然资源和社会财富,占有他人劳动成果,

① 《马克思恩格斯全集》第30卷,人民出版社1995年版,第389页。

② 马克思:《资本论》第1卷,人民出版社2004年版,第871页。

是财富占有不平衡和社会生产无政府的“主要推手”，甚至是一切问题和危机的总根源。第二，资本逻辑就是剥削劳动的逻辑。作为能够带来剩余价值的价值，资本尽管总是表现为一定的物，但物本身并不必然成为资本，只有当它成为资本家的私人财产，并用来成为剥削雇佣工人的手段、生产出剩余价值时才成为资本。所以，就其本质而言，资本是被物的外壳所掩盖的资本家和工人之间的剥削与被剥削的关系。马克思在《资本论》中深刻揭示了这种由资本推动的生产背后的人与人之间的关系，也即生产关系。他说：“黑人就是黑人。只有在一定的关系下，他才成为奴隶。纺纱机是纺棉花的机器。只有在一定的关系下，它才成为资本。脱离了这种关系，它也就不是资本了，就像黄金本身并不是货币，砂糖并不是砂糖的价格一样。”[①]这就是说，资本家之所以是资本家，工人之所以是工人，关键在于谁占有资本，占有资本的一方可以通过手握资本的权力，奴役剥削没有资本而只能靠出卖劳动力的雇佣工人。

虽然马克思猛烈抨击了资本主义社会的资本与劳动的关系，尤其透辟剖析了作为资本的“劳动”把人变为“单纯劳动人的抽象存在”的生存境遇，但同时也充分肯定了资本在现实生活中的建设性意义。由此，资本的持续存在就是不言而喻的。资本依然占据着现实社会的舞台，这是当代生活中人们能够感觉到的现实，也是当今的思想研究应该面对的事情本身。在当代中国城市空间生产中，激发资本的积极作用，限制资本的内在局限，是推动城市空间高质量发展的题中之义。

二、资本的空间化

增值是资本的天然本性。只要资本还存在，这一本性就会暴露出来。运动是资本的存在形式，资本要想实现增值目的，就必须在不同的生产部门持续地运动。作为一种在奴隶制条件下就已经高度发达的经济范畴，资本以近现

① 《马克思恩格斯选集》第1卷，人民出版社1995年版，第344页。

代社会生产力为基础,日益流向利润丰厚的房地产行业,获得在空间生产中的支配地位,进而成为一种居于统治地位的社会性力量。

(一)资本的空间循环

空间是资本最好的投资场所,也是资本主义得以延续的活跃力量。如果一套大户型高档住宅的利润抵得上三四套普通住宅,开发商便将资金投入大户型住宅建设。它在完成利益最大化的同时,也诱导了不切实际的奢侈性、炫耀性住宅消费。马克思在《资本论》中描述道:"随着财富的增长而实行的城市'改良'是通过下列方法进行的:拆除建筑低劣地区的房屋,建造供银行和百货商店等等用的高楼大厦,为交易往来和豪华马车而加宽街道,修建铁轨马车路等等;这种改良明目张胆地把贫民赶到越来越坏、越来越挤的角落里去。"①资本无孔不入,犹如一种化学试剂,对城市空间进行渗透和影响,导致城市的各个角落都被作为商品来开发,土地得到高度利用。哪里的土地越少,哪里的租金就越高,资本表现的增值力就越大。空间资本化的过程就是资本主义生产关系再生产的过程,"就是作为一个整体的资本主义制度借此有能力通过维系自己的规定结构延长自己的存在的诸过程"②。空间生产使居住空间由生活的"场所"变成了"商品",也使自然空间成了资本增值的载体与工具。在这里,资本通过特有的游戏规则成为最能动、最革命的力量,并借此实现地理空间和社会空间的扩张。资本逻辑占主导的世界创造了令世人惊叹的创造力,建构了庞大的空间市场,为人的发展提供了一定的物质基础。

(二)资本空间化的机理

资本的空间循环带来了资本的空间化。与资本的空间性既包含过程也包

---

① 《马克思恩格斯全集》第44卷,人民出版社2001年版,第757—758页。

② [美]爱德华·W.苏贾:《后现代地理学——重申批判社会理论中的空间》,王文斌译,商务印书馆2004年版,第139页。

含结果不同,资本的空间化则更加关注和强调社会空间的建构过程,它所指涉的是某一特定的空间是如何被创造出来的。列斐伏尔通过分析剩余价值的第一次和第二次循环,分析了资本肆意运行于空间生产的内在机理。他认为,在工业投资比例下降的同时,建筑和不动产投资的比例在增加。第二次循环对人造环境的操纵、对城市房租的榨取、对地价的调节等空间生产行为,均由地方政府和国家政府提供方便。在此领域获取的剩余价值的比例,远远超过从工业生产实现的剩余价值。① 大卫·哈维根据马克思关于资本主义生产与再生产的周期性原理,利用“资本三级循环流程”理论,深刻分析了资本主义社会中资本运动与空间生产的关系。他指出,资本的初级循环是指资本向生产资料和消费资料的利润性生产的投入,由资本主义生产的基本矛盾所决定,在这一循环过程中,必然出现商品和资本的过度积累,由此引发对次级循环的投资,即资本向城市基础设施的投资,最后是资本的第三级循环,即资本对科教、卫生等福利事业的投入。

就这样,资本通过三级循环运动生产出道路、码头、港口、工厂、住房、学校、公园、停车场、办公楼、商店、污水处理系统等城市人造环境。哈维描述说:由资本的贪婪本性所决定,资本主义竭尽全力地以其自己的肖像建立起社会和物质景观,又在日后某一个时刻削弱、破坏乃至摧毁这种景观。哈维说:“资本以一种物质景观的形式表征自身。这种物质景观以自己的形象得到创造,作为使用价值得到创造。资本在某一特定时刻建设适宜于自身条件的物质景观,在发生各种危机时,又得破坏这种物质景观,其结果是造成社会物质财富的极大浪费。”②资本主义的各种矛盾依凭各种地理景观得以表达,资本主义的历史地理学也随着这一曲调无休止地跳舞。③ 虽然“这个空间(工具

---

① ［美］爱德华·W.苏贾:《后现代地理学——重申批判社会理论中的空间》,王文斌译,商务印书馆2004年版,第147页。

② ［美］爱德华·W.苏贾:《后现代地理学——重申批判社会理论中的空间》,王文斌译,商务印书馆2004年版,第154—155页。

③ ［美］爱德华·W.苏贾:《后现代地理学——重申批判社会理论中的空间》,王文斌译,商务印书馆2004年版,第239页。

性空间)表面上是透明的、反射性的和反思性的,然而它没有任何的纯洁性。它本身也是根据'生产者'的意见和利益而被生产出来的,尽管它作出了一副要公平地取代自然的样子而出现在了自然的土地上"①。当然,这个过程也展现了当代资本主义社会的空间占有和运用作为资本主义不断扩充的生产资料而展现出的、新的生产力、生产关系以及它们之间的矛盾。②

(三) 资本空间化的实质

资本不是物,而是人类社会发展到资本主义阶段出现的一种社会生产关系。资本的增值职能是通过人的利益追逐和利益分配来体现的。马克思认为可从两个方面理解资本:一方面是作为生产资料的资本,另一方面是作为社会关系的资本。这两种资本并不是相互分离的,而是内在统一的:"资本不是物,而是一定的、社会的、属于一定历史社会形态的生产关系,后者体现在一个物上,并赋予这个物以独特的社会性质。"③按照马克思的观点,生产剩余价值(或赚钱)是资本主义生产方式的绝对规律。由此也可以说,资本是一种生产方式。作为生产方式的资本投入空间循环以后,一方面创造出可观的生产力,另一方面生产出一定的社会关系。正如苏贾所言,"资本占有空间,并生产出一种空间。"④正如生产力和生产关系不可分割一样,空间的生产力建构和社会关系建构也同步进行、相互渗透。在这里,资本不仅继承了既有生产力,而且创造出比以往社会大得多的生产力;资本不仅生产出资本主义生产关系,而且也将既有生产关系和社会关系纳入自身之中。在这里,一方面,物质空间的生产体现为空间重组或地理重构,这个过程往往伴随着

① [法]亨利·勒菲弗:《空间与政治》,李春译,上海人民出版社2008年版,第125页。

② [法]亨利·列斐伏尔:《都市革命》,刘怀玉等译,首都师范大学出版社2018年版,第193页。

③ 《马克思恩格斯文集》第7卷,人民出版社2009年版,第922页。

④ [美]爱德华·W.苏贾:《后现代地理学——重申批判社会理论中的空间》,王文斌译,商务印书馆2004年版,第196页。

社会关系的重构，即新的社会关系空间被呈现出来；另一方面，社会关系空间的生产只有通过物质空间才能实现。“资本主义生产方式需要在一条更为广大、更为多样化、更为复杂的战线上进行自我防御，即生产关系的再生产。生产关系的这种再生产不再和生产方式的再生产同步，它通过日常生活来实现，通过娱乐和文化来实现，通过学校和大学来实现，通过古老的城邑的扩张和繁殖来实现，也就是通过整个空间来实现。”①总之，资本天然地具有空间性，资本空间化在本质上就是资本根据自身的需要而生产出新的空间结构。

资本的空间化在产生巨大创造力的同时，也带来了令人恐惧的破坏力；在建构强大空间市场的同时，也将市场与道德良心的冲突扩张到极致；在给予个体能动性的同时，也孕育着使他们异化为畸形主体的可能。列斐伏尔指出，“资本主义的‘三位一体’在空间中得以确立——土地—资本—劳动力的三位一体不再抽象，它们只有在一种相同层面的组织化的空间中才能结合起来：首先，这种空间是全球性的，同时保持一种主权空间以实现约束力，进而以一种拜物教的空间来减少差异；其次，这种空间是分裂的、分离的、不连续的，包含了特定性、地方性和地区性，从而达到控制它们和使它们相互商谈的目的；最后，这种空间是等级化的，从最低贱的空间到最高贵的空间、从马前卒到统治者”②。可见，资本空间化呈现三个特点：具有全球性和同质性，资本主义生产方式几乎扩展到全球的每个角落，造就了全球的一体化；具有地方性和断裂性，空间内部的分裂、不平衡、不稳定越来越严重；具有政治性和等级性。

三、空间的资本化

空间资本化是指在人类劳动实践基础上构建出来的社会空间从商品转变

① ［法］亨利·勒菲弗：《空间与政治》，李春译，上海人民出版社2008年版，第32页。

② Henry Lefebvre，*The Productin of Space*，Oxford：Blackwell Publishers Ltd.，1991，p.282.

成资本的过程，即空间也成为一种资本，空间不仅是资本发展的结果，而且是资本发展的手段。

（一）空间资本化的形成

由资本与空间的内在关联所决定，资本的生产必然表现为空间的生产。列斐伏尔强调，由“空间中的生产”向“空间的生产”的转变，既源于生产力的增长，也源于知识对物质生产的直接介入。与“在空间中的生产”不同，“空间的生产”是指空间本身根据资本逻辑的内在规律被再造出来，表现为空间的重构和重组。空间重构是指，空间虽然没有发生位置上的变化，但由于资本的介入，空间的内在属性发生了变化，从而出现一种新的空间形态；空间重组是指，在资本流动的过程中，空间依循资本逻辑进行重新联结和组合。马克思说：“资本越发展，从而资本借以流通的市场，构成资本流通空间道路的市场越扩大，资本同时也就越是力求在空间上更加扩大市场，力求用时间去更多地消灭空间。”①所谓“用时间去消灭空间”，并非取消空间维度，而是凸显空间维度，即通过时间压缩来实现空间扩张，加快资本在空间流动的速度。

一般说来，资本的直接表现形态是作为物的生产资料，然而，在资本主义生产关系支配下，当空间本身成为生产资料时，空间也就变成了资本。马克思通过对地租的资本化问题，大工业生产过程中的空间集聚与空间协作问题，以及土地、厂房、公路等基础设施对资本主义国家的作用等问题的分析，阐明了空间所扮演的生产资料角色。在这里，空间要么是资本占用的对象，要么是资本流通的渠道，要么是资本生产的手段。对此，列斐伏尔也说：“空间是一种生产资料：构成空间的那些交换网络与原料和能源之流，本身亦被空间所决定……利用空间如同利用机器一样。”②既然空间可以作为生产资料来对待和

---

① 《马克思恩格斯全集》第30卷，人民出版社1995年版，第538页。

② 包亚明主编：《现代性与空间的生产》，上海教育出版社2003年版，第44—45页。

使用,那么在资本主义条件下,空间也就必然会转变为资本。这正是空间资本化的前提和根源。

(二) 空间资本化的消极作用

与资本总是表现为正反两方面作用一样,空间资本也处处呈现出"双刃剑"特征。一方面,资本逻辑具有创造文明的作用,空间资本化是社会化大生产发展到一定阶段的产物,是资本主义发展过程中的必要环节。因此,空间资本无疑具有进步意义。另一方面,资本逻辑毕竟是追求价值增值的逻辑,它在追求利润最大化的同时,必然会造成资本对于劳动的统治关系,空间资本也同样逃脱不了这一宿命,进而导致空间问题上的两极分化:一极是空间资本的迅速集中,另一极是大量劳动者的生存空间被剥夺。也就是说,如果资本不能实现规范运营,城市空间就内在地孕育和滋长着不平等。马克思通过对资本本性的阐释与资本内在否定性的分析指出,"资本主义生产的真正限制是资本本身",资本将最终成为它自己的"掘墓人",毁灭资本的是资本本身而不是别的什么东西。空间资本无疑也符合这一规律。

我们知道,"增值"是资本的根本属性,"资本按其本性来说,力求超越一切空间界限"[①]。西方城市学家也批评说:城市景观的破坏和建设使得许多都市穷人区的环境沉沦到"使成年人堕落、使儿童毁灭"的近乎野蛮的状态。空间资本化既是资本主义长盛不衰的动力,也是晚期资本主义的"薄弱"环节。作为弱势群体,那些被剥夺空间权益的失地农民、失业工人、学生、被无产阶级化了的小资产阶级、流浪汉将会构成新的反抗力量。争夺空间的"控制权"将会成为他们反抗的主要目标。也就是说,空间的资本化最终会遭遇自身的局限性,并必将引发危机。原因在于:其一,空间的资本化程度越高,可用来制造与使用的空间就越少。当空间差异与障碍趋于同质化时,其利润增值会逐渐

---

① 《马克思恩格斯全集》第30卷,人民出版社1995年版,第521页。

减少乃至于消失。于是,资本再也找不到它的增值母体。其二,生产过度与消费不足的矛盾一旦突破一定的界限,必将造成大量“鬼城”存在,最终引发危机。2007年美国由房地产泡沫所引发的金融危机就是如此。资本运行于城市空间,一方面完成了大量的城市空间生产,另一方面也造成了空间享有上的贫富分化加剧。也就是说,并非每个人都可因资本的入侵而受益。资本逻辑是通过竞争使自己不断增值的逻辑,由此导致的两极分化却不是它考虑的内容。

(三)空间资本化的意识形态特征

空间资本化具有意识形态性质。在看似由经济主导的空间重构和重组中,意识形态贯穿其中,时隐时现地发挥作用并实现其自身目的。资本主义的空间,究其实质是拥有资本和权力的利益集团实现意识形态、再生产自己利益和权力的工具,而普通民众则经常处于城市权利的丧失状态。不仅如此,空间资本化也会侵蚀人们生活的意义。资本投资于空间生产,在给个人带来自由的同时,也剥夺了生活的丰富内容,造成了现代人生活意义的丧失。在这里,资本逻辑是统治人们全部生活的终极的“绝对存在”和“绝对价值”,也即资本主义社会的最高原则和标准;是一种吞噬一切的“同一性”和“总体化”的控制力量;是一种试图永远维护其统治地位、使现存状态永恒化的“非历史性”的作为保守力量的资产阶级意识形态。① 苏贾分析了规划和政府在空间生产中的作用,认为一项规划方案由富人还是穷人来参与投票,其结果大不相同。他指出,在资本主义条件下,关于投票主体和投票权重方面的分配往往有利于资本特别是大资本一方,对于绝大多数无产者和中产阶级来说,其投票主体资格要么被取消,要么权重变得很低。所以,空间是一个充满社会生产和再生产斗争的场所,旨在深刻地重构并剧烈地革新诸种社会行动。苏贾控诉了资本的

① 孙正聿:《马克思主义基础理论研究》,北京师范大学出版社2011年版,第842页。

霸权地位,提出捍卫城市边缘人、未来的城市人和无产阶级空间权利的主张。需要指出的是,空间资本的正反两方面作用是同时并存的,我们既不可能撇开空间资本的弊端、只享受空间资本的收益,也不可能离开后者来获得前者。即使空间资本存在着种种不合理因素,也不能通过违背人类社会发展规律的方式随意取消,而只能在生产力的不断发展过程中加以扬弃。空间资本化现象在今天的中国并非无端倪可寻。因此,联合运用市场的"无形之手"和政府的"有形之手",激发资本的活力,抑制资本的"魔性",当是今日中国在空间生产领域的一个重要命题。面对空间资本的双重属性,理性的选择是尽最大可能使空间资本服务于城市发展、社会发展和人的发展,将资本空间转化为人类享受美好生活的空间。

第三节　空间生产的权力嵌入

权力和资本一样,也是空间生产的重要推动力量。在城市空间生产中,政府权力在空间生产中的作用,是通过政策调控、空间规划等活动来实现的。在空间生产过程中,厘清资本与权力的职能和边界,用制度伦理规范空间生产诸环节,推动实现政府善治,实现空间生产的合规律性与合目的性。

一、政府权力与空间生产

(一)政府权力

权力,意指平衡事物不同部分、要素的力量和能力,在哲学、政治学、法学、经济学等不同学科中有不同的含义。尼采把权力视为遍及一切事物的准形而上学的宇宙力;福柯通过对收容所、监狱等"异托邦"的研究,将权力界定为各种力量关系的集合;马克斯·韦伯在对权力的各种形态进行研究后,认为权力是在一定社会关系中贯彻自己意志的机会;帕森斯认为权力是一种保证组织系统中各单位履行有约束力的义务的普遍化能力;特里·R.培根在《权力的要素:领导力和影响力的经验教训》中探讨了个人力量与领导力的关系,认为权力是一个人的知识、雄辩、人际关系、人格、魅力、资源、位置、社交网络和声誉等的综合体。可以看出,上述对权力的解释无论出自哪个学科,都包含强制力、作用力等要素。政治学是研究权力最为集中和广泛的学科,它把权力界定为权力主体为实现某种利益,依靠一定的政治强制力作用于权力客体的一种社会力量,依其性质可将权力划分为强制性权力、操纵性权力、功利性权力、人格性权力等。

政府权力就是政府进行政治统治和管理社会公共事务的权力。权力的由来是政府发挥作用的依据。一般而言,权力的由来有两个:第一,权力由人民赋予,这是政府权力的根本依据。卢梭在《社会契约论》中认为,政府权力来自主权者即人民的委托,由此所决定,政府必须尊崇、表达和代表人民的意志,服务和保障人民实现幸福美好的生活。第二,权力源自法律授权,这是政府权力的法定依据。对于政府而言,法无授权不可为,法定职责必须为,只有这样才能提高行政效能和服务水平。根据世界银行发展报告,在世界各地,政府以及政府权力日益成为人们关注的焦点,它促使人们再次思考政府如何更好发挥作用的问题。

(二)政府权力的"主体理性"

政府在空间生产中扮演着协调不同利益集团之间矛盾和冲突的角色,其作用一般称之为"主体理性"作用。有西方学者通过考察北美洲四种城市原型(商业的、竞争型工业的、垄断集团的、国家控制的福特主义的),以及新出现的以洛杉矶为原型的后现代城市形式,探讨了资本主义国家政府在城市化进程中的作用,认为任何一个城市都生动描绘着历史上的社会关系,任何城市形态和城市空间都清晰地记载着关于地位和权力的信息。爱德华·苏贾说,政府还催生了"与众不同"的空间化,即一种权宜性的城市空间修补,一颗充满着包括自我毁灭在内的各种新的可能性的种子。[①] 在中国,政府主导的"制度型动力"是驱动城市化的主要力量,主要表现在:城市化政策与城市战略规划由政府管控、城市建设投资以政府为主体、人口发展模式由政府规划、城市的土地由政府掌握等。[②] 有鉴于此,强化公共理性认知,用好公共政策平台,是政府发挥积极作用的重要选择。

政府一般通过宏观调控来发挥自己的影响力,推动实现空间产品的供需平衡、增长均衡和结构合理。一是通过供给侧和需求侧改革,解决空间生产的总量性问题和结构性问题。微观经济学认为,供给和需求是市场经济内在关系的两个基本方面,二者相互依存、互为条件,是辩证统一的关系。没有需求,供给就无从实现,新的需求可以催生新的供给;没有供给,需求就无法满足,新的供给可以创造新的需求。商品总量、结构等供需要素,因单个经济主体的盲目性导致比例失衡,因"有意识的调节"实现动态平衡。这就为政府利用"有形之手"影响空间经济运行提供了必要性和可能性。二是通过健全治理体系、提升治理能力,解决空间生产的市场环境问题。深化对政府和市场关系的认识,充分利用"市场之手",在发挥市场配置资源决定性作用的同时,更好地发挥政府作用;强化政府治理体制机制创新,通过履行市场监管、公共服务、社会管理、环境保护等基本职责,推动空间生产健康有序运行。三是通过不断完善宏观调控机制,解决风险预测与应对能力不足的问题。创新监管和服务方式,提高国家发展规划之于空间规划的战略导向作用,健全经济政策协调机制,提高城市政府协调国民经济的能力,建立健全重大问题研究、民主决策机制,有效预测和应对空间生产中的种种风险。[③]

---

① ［美］爱德华·W.苏贾:《后现代地理学——重申批判社会理论中的空间》,王文斌译,商务印书馆2004年版,第276—277页。

② ［美］艾拉·卡茨纳尔逊:《马克思主义与城市》,王爱松译,江苏教育出版社2013年版,第4页。

③ 李明圣、高春花:《改革开放的能量红利》,《前线》2019年第3期。

(三)警惕资本与权力的“合谋”

资本与权力“合谋”,是空间生产中必须警惕的现象。在看似由资本主导的空间生产中,权力的影子无处不在,而且在千方百计谋求自身目的。列斐伏尔将这种现象界定为空间资本化的政治性。有国内学者分析,长时期以来单纯以经济增长为目标的发展策略,是导致资本与权力联姻进而形成一种不可抗拒的权贵资本的重要原因。无论将这种现象界定为“空间的政治性”还是“权贵资本”,其带来的深层问题都不容小觑。在西方,资本与国家的联合导致大规模郊区化,住房开发区的房屋似野草一样迅速蔓延,居住区隔离、社会分裂以及工人阶级的职业分割严重等问题。在当代中国也有类似问题出现。一段时间以来,有的城市政府为发展地方经济,大力招商引资,努力为资本提供全方位服务,乃至以是否为资本提供有效服务作为衡量政府政绩的重要指标,政府官员鲜有能有效规制资本的,这就为资本裹挟权力提供了土壤。例如,按照中国现行法律规定,房地产开发商要想开发某一地块,须先与土地所有者签约,然后由土地、规划、城建、房管等政府部门审查,再报主管县市领导审批。但在个别基层政府,竟然出现开发商直接给主要县市领导打报告,领导批示后,政府各相关部门协调办理。由之,政府变成了少数房地产开发商获利的有效工具,与公共权力机关应有的根本性质和人民群众对公共权力机关的基本要求背道而驰。

资本与权力的“合谋”有一套内在机制。其一,空间与资本发生作用,导致资本对空间的异化。在资本以空间作为获得剩余价值场域的过程中,要实现资本积累,资本必须将自身置于空间生产与空间消费的循环之中,进而推动空间生产和空间消费。根据自由市场理论,资本的终极目的就是要突破一切可能的限制,加速自身的流动,从而获取剩余价值。由资本的这种逐利本性所决定,资本一旦进入空间,就会对空间市场进行积极的“培育”和“诱导”,促使空间到处带有资本的烙印,形成特定的空间属性,包括以差异、分化为特征的政治属性。其二,权力和资本交互作用,导致权力对空间的异化。权力的边界与范围既是众多学科研究的理论问题,也是城市空间生产过程中遇到的现实问题。资本运行需要一定的空间,而权力就是要通过空间规划和管理,保证资本在空间中运行的稳定性,进而增加资本积累。权力的各种不同层级与结构张力、资本的多种构成,以及权力和资本对于空间属性不同方面的偏好和支配,共同构成一种复杂性关联。城市空间作为各种层级空间中生产效能最高的空间,成为权力与资本共同作用、相互"成就"的对象。这是资本与权力之间的正向作用。资本对权力还有负向作用,它或者扭曲权力阶层的价值观、重塑其生活方式,或者对权力拥有者进行直接的金钱腐蚀,其目的是要俘获权力,使其为之服务,当上述目标实现后,就必然开始对权力阶层的决策过程进行深度干预。在市场经济条件下这些问题更加凸显:单纯以经济增长为目标的发展策略,使得资本与权力结成实际联盟,资本就是一切,一切为了资本,为资本操纵政府决策的判断、制定和实施创造了充足的机会和条件。①

稳定统一的权力为城市发展奠定了必要的制度基础,活跃的资本也助推了城市化进程。由此,城市作为一种空间存在,就不再是一般意义上的社会生活环境,而是由权力和资本所塑造的社会历史条件。第二次世界大战后,房地产行业成为资本积累的主战场,并引领了世界的城市更新运动。20 世纪 70 年代之后,全球新自由主义实践又促使房地产成为金融投机的工具。这一系列资本运行轨迹描绘了当代城市的"创造性破坏"曲线。通过国家干预来改变这种状况,一直是城市化进程中绕不开的问题。

二、规划嵌入空间生产

资本操纵的空间生产不可能摆脱盲目性和逐利性,良性的空间生产必须接受政府的引导和规制,而空间规划则是权力影响空间生产的重要途径。

① 靳凤林:《追求阶层正义——权力、资本、劳动的制度伦理考量》,人民出版社 2016 年版,第 59 页。

马克思曾将最蹩脚的建筑师和最灵巧的蜜蜂相比较,以说明规划之于建造、生产的先在性。他说:"蜜蜂建筑蜂房的本领使人间的许多建筑师感到惭愧。但是,最蹩脚的建筑师从一开始就比最灵巧的蜜蜂高明的地方,是他在用蜂蜡建筑蜂房以前,已经在自己的头脑中把它建成了。"①这就是说,人们在生产城市空间之前,已经通过想象形成了一个希望建成的空间。由此,根据规划生产和创造城市空间,就是发挥权力影响作用的第一前提。

(一)规划的权力属性

空间规划是城市建设的蓝图,也是资源配置的依据。它以对空间生产的综合性、战略性、全局性安排,获得龙头地位,彰显伦理价值。最早的空间规划思想可以追溯到古希腊哲学家亚里士多德。他在《政治学》一书中曾提及选择基地的原则:城市选址应该有利于开展市民活动和军事活动;城市的基地要有一定的坡度;基地环境必须有利于市民健康、社会安定。这是微观层面的空间规划思想。作为一项公共政策,空间规划做得好不好,直接关涉社会公平和人民幸福。这就是自古以来无论是对幸福生活的憧憬还是对美好社会的定义,都与空间规划紧密相连的重要原因。

空间规划是政府根据经济社会发展状况进行空间环境建设,旨在促进空间秩序优化的一种公共政策。美国学者托马斯·戴易指出,公共政策实质上是政府对全社会利益所做的权威性分配。由于公共政策解决的是超过个人和集团范畴的具有广泛性、普遍性的社会公共问题,因而具有公共性内涵。然而,公共利益是一个结构复杂的系统,不同利益主体的利益诉求,往往影响着公共利益的实现。政府作为"国家或社会的代理机构",就要通过行使公共权力来协调利益关系,承担公共责任。因此,符合和体现政府意志的公共政策无疑具有政治性特征。空间规划作为一项公共政策,当然也不例外。或者说,作

① 《马克思恩格斯全集》第23卷,人民出版社1972年版,第202页。

为一个充满价值判断的政治决策过程及其结果，空间规划具有鲜明的权力属性。

（二）权力在资本主义规划中的体现

在率先开启城市化进程的资本主义国家，这种属性主要从以下三个方面得以体现。

第一，空间规划契合资本主义精神。资本主义精神兼具“正规和可以计算”“投机冒险和大胆扩张”的特点。从 17 世纪开始，资本主义把城市空间中的建筑地块、街区、街道作为可以买卖的抽象单位和物质团块。以“棋盘格”为标准进行空间规划，既满足了价值转移、加速扩张、人口剧增等城市发展要求，也符合占据统治地位的阶级、阶层、团体的利益诉求。在资本主义精神激励下，规划师对空间进行排列和归类，从而为特定的阶级效劳。奥斯曼时期的巴黎，纽梅耶尔手下的巴西利亚，就是规划师把空间的整体和局部分离、空间和人分离的典型案例。

第二，空间规划形塑了“中心—边缘”结构。边缘是理解与界定空间存在的基本参照，如同海德格尔所说，空间本质上乃是被悬置起来的东西，被释放到其边缘中的东西。边缘空间远离社会生活重心，包括各种缝隙、角落、边缘等微不足道的空间形式，它不仅在现实空间中有着特定的位置，而且总是对应着特定的社会阶层，契合一定的社会结构和社会运作机制。这就是说，边缘空间不仅表现为某种独特的空间类型，而且还体现出这个空间区域的个体、群体、活动、话语、权益、感受力等诸多特征。米歇尔·福柯就是以边缘空间为理论基石展开其空间叙事的，在他这里，边缘空间就是被规训的“他者”场域，是作为中心地带的“他者”存在的空间形式。爱德华·苏贾继承了福柯的思想，提出“在任何区域范围内，资本主义都存在着一种‘中心—边缘’的二元结构，存在着某些‘核心’国和一些‘边缘’国。那些‘核心’国是工业生产和资本积累的主要中心，而那些‘边缘’国却是从属的、依附的，而且受到极大的剥削,组成了'第三世界'"。[①] 通信、金融、交通与运输成本的低廉与便捷,致使跨越不同空间与地域所使用的时间大大缩短,即哈维所说的"时空压缩"。这样,在发达地区与欠发达地区、城市与农村、边缘与中心之间形成了诸多不平衡。勒菲弗也研究过由规划导致的"中心—边缘"结构,认为资本的力量借助政治权力切割了人类共同体,最终剥夺了弱势群体"进入城市的权利"。[②]

第三,空间规划加剧了社会不公。随着城市化进程的加速,西方许多国家面临着诸如"居住分异""蜗居蚁族""被拆迁"和交通拥堵等城市空间问题。城市空间及其建设质量向有钱有权阶层倾斜,从而形成空间"极化"现象,造成低等级社区空间强迫性"上滤",底层市民的居舍被剥夺,出现空间的不公正。"富人街区"和处于边缘化的"穷人街区"在空间规模、质量、形态和环境上存在的巨大差异,以张扬的物质形式展示着贫富差异,引发底层市民巨大的心理落差,进而造成社会分裂,"政府失灵"和"市场失灵"同时出现失控,城市空间生产成为"剧烈的社会斗争的焦点"和"社会矛盾的测量仪"。爱德华·苏贾通过研究边缘空间居民的空间权利问题——从最低生存工资运动到公共交通正义,再到社会公共服务,认为不平衡地理发展不仅构成新的资本增值来源,而且形成了阶级剥削的新花招。这种剥削表面来看以一种自愿互助的形式出现,但实质上却使社会贫富分化加剧。他举例说,资本家聚居的地区往往处于城市中心区域,这里没有高污染、高耗能产业,也排除了交通拥挤、治安混乱、相关配套生活设施及公共空间缺失所带来的生活不便。这些区域有良好的生态保护和可持续发展能力,也有足够宽松甚至是奢侈的个体空间占有率,以及穷人难以获得的金融、信息和网络资源,而穷人居住的边缘空间则与此相反。在美国,有一种病态的郊区生活模式——人们住在漂亮的房子里,但生活

---

① Edward W. Soja, *Seeking Spatial Justice*, Minneapolis: University of Minnesota Press, 2010, p.166.

② [法]亨利·勒菲弗:《空间与政治》,李春译,上海人民出版社 2008 年版,第 17 页。

质量却相当糟糕。有些人选择从中心城市迁移到棕榈谷、兰卡斯特市、莫雷诺谷,因为在这些地方他们能买到便宜的住房。开发商向人们许诺这些边缘城市的发展也将像奥兰治郡一样,无论住宅设施还是工作机会都将步入正轨,但是他们承诺的工作机会却从来没有出现过。苏贾还研究了洛杉矶地区的职住分离现象,发现有 20%的人单程花费两个小时以上。而在这 20%的人口里,离婚率和自杀率居高不下、家庭暴力频发、心理问题严重。人们在居住地和工作地之间疲于奔命,咀嚼着"中心—边缘"城市结构而酿成的苦果。

(三)倡导理性的空间规划

马克斯·韦伯说,现代社会的发展归根结底是人类理性的发展。空间规划是以理性为基础的公共政策,应该兼具工具理性与价值理性。一项好的空间规划应该遵循科学的规划理念,体现正确的价值取向,是"合规律性"与"合目的性"的有机统一。空间规划是空间控制,更是空间发展。早在 20 世纪初,英国城市学家埃比尼泽·霍华德和正帕特里克·格迪斯就提出,必须通过城市规划解决工业文明遭遇的问题。

第一,遵循科学的规划理念。人类在以自己的语言形式认识客观事物时,常常会归纳或总结出一套思想、概念、法则体系,称之为理念,它是客观事实的本质性反映,也是指导人们认识世界、改造世界的观念性工具。科学的规划理念主要包括:

其一,系统规划理念。刘易斯·芒福德说:"规划天生是个综合的过程,包括许许多多需要、目的和功能的相互影响,而私人企业家搞的规划只是为他自己有限的目的搞零敲碎打的修改。"①系统思维是以整体为思考对象以驾驭全局的"法宝",是以统筹协调实现协同推进的"重器"。系统思维方法要求统筹谋划空间的各个方面、各个层次、各个要素,推动众多因素相互促进、良性互

① [美]刘易斯·芒福德:《城市发展史——起源、演变和前景》,宋俊岭、倪文彦译,中国建筑工业出版社 2005 年版,第 440—441 页。

动、整体推进、重点突破、形成合力,提高规划的系统性。一是协调功能定位与资源环境的关系,实现二者相互适应。纵观世界许多城市存在的人口与资源的矛盾,究其实质是城市功能定位超出资源的承载能力。解决这一问题,就必须按照服务保障能力同城市战略定位相适应、人口资源环境同城市战略定位相协调、城市布局同城市战略定位相一致的系统论原则,组织实施城市空间规划,以功能调整优化解决"大城市病"问题。二是协调生产、生活、生态之间的关系,优化城市空间布局。空间规划的一个重要内容就是优化城市空间结构布局。实现这一规划目标,就必须把握好生产空间、生活空间、生态空间的内在联系,根据区域自然条件,科学设置开发强度,合理划定城市开发边界,把城市置于大自然中,把绿水青山还给城市居民,实现生产空间集约高效、生活空间宜居适度、生态空间山清水秀。三是协调不同利益群体之间的关系。空间规划既是对"物"的规划,也是对"人"的规划。后者要求全面了解不同群体的诉求,既要关注绝大多数人的利益诉求,也要关注弱势群体的特殊利益,通过利益协调和统筹安排,擘画城市居民的美好家园。

其二,协同规划理念。20 世纪 70 年代以来,德国斯图加特大学在多学科研究基础上,形成并发展了协同论这一新兴学科。作为一门综合性学科,协同论强调,在一个复杂开放的系统中,大量子系统因为相互作用而产生聚合效应和叠加效应。作为一种现代规划理念,协同规划的具体要求是:一是协同相邻城市的空间布局,以城市群作为空间规划的高级形态和系统工程,将城市特别是中心城市置于城市群中统一规划。二是统筹城市空间规划、建设与管理。好的空间规划只是绘制了蓝图,要想让蓝图变成美丽的城市,必须统筹规划、建设、管理三大环节,使其相互补充、相互促进、相得益彰。要健全城市管理体制,提高城市管理水平,尤其要加强市政设施运行管理、交通管理、环境管理、应急管理,提高城市治理体系和治理能力现代化水平。三是实行多规合一。在一级政府一级事权下,强化国民经济和社会发展规划、城乡规划、土地利用规划、环境保护、文物保护、林地与耕地保护、综合交通、水资源、文化与生态旅游资源、社会事业规划等有机衔接，确保“多规”确定的保护性空间、开发边界、城市规模等重要空间参数协调一致；在统一的空间信息平台上建立控制线体系，做到底图叠合、指标统合、政策整合，实现优化空间布局、有效配置土地资源、提高政府空间管控水平等目标。

其三，法治规划理念。法治规划是指运用法治思维方式认识、分析、处理空间问题，确保规划的科学性、严肃性和权威性。将空间规划纳入法律框架，是理解现代城市发展的关键。作为最早进行规划立法的国家，英国于 1909 年通过并实施《住房与城市规划诸法》。随后，美国和其他欧洲国家根据社会和城市发展需要，逐步建立和完善了一整套空间规划法律法规。我国自 20 世纪 90 年代以来，快速推进城市规划立法，出台《城乡规划法》《村庄和集镇规划建设管理条例》等法规、条例，自此，我国空间规划纳入法律轨道。以法治思维方式指导空间规划：一是严格规划程序。程序正义是立法科学性的前提和基础，一般应按照总结评价、提出报告、编制纲要、审查批准等程序进行。近年来，我国不断健全依法决策的体制机制，把公众参与、专家论证、风险评估等作为城市重大决策的法定程序，空间规划也不例外。二是协调主体力量。在市场经济条件下，空间规划主要由政府、市场（资本）、市民三方面主体构成，政府在空间规划中扮演重要角色，它在具体组织实施空间规划的过程中，还承担着规范市场（资本）的力量、扩大和提高公民参与的重要职责。西方学者将公民参与的程度由低到高分为操纵、治疗、通知、咨询、安抚、伙伴、代理权及市民控制等，公民的参与程度越高，规划的科学性和民主性越有保障。比如，因为有效的公民参与，“英国自由运行的市场作用所造成的扩张和凌乱开发得到了遏制，法国基础设施委托管理制度解决了公共财力不足、防范空间经营风险等问题”①。人民是历史的创造者，是推动社会前进的决定性力量。人民群众是社会历史的主体，是物质财富和精神财富的创造者，是社会变革的决定力

---

① ［美］约翰·M.利维：《现代城市规划》，张景秋等译，中国人民大学出版社 2003 年版，第 336 页。

量,是推动社会历史发展的真正动力。唯物史观要求空间规划必须汲取群众智慧,畅通各种渠道,扩大公民参与。比如,在我国首都规划问题上,“开门编规划,多方听取意见”就是很好的举措。三是强化规划执行。一张蓝图干到底。规划是用来执行的。近几年,随着我国城镇化的急剧发展,“一任领导一任规划”等尴尬问题不断出现,如何更好地、更有力地执行城市规划成为一大难题。对此,应该确保规划的严肃性和权威性,不允许任何部门和个人随意修改、违规变更。

第二,坚持正确的价值导向。人类行为的动机深受价值观的支配和制约,在同样的条件下,不同价值观引发的动机模式不同,行为方向和效度也不同。在空间规划中,正确的价值导向是确定激励机制的基础,是回答“城市为谁而建”的航向标。主要包括:

其一,以人为本导向。这是一个关涉城市发展的价值观问题。如何从以人为本出发,做好城市空间资源的分配,是规划工作的重要目标。坚持以人为本,就是坚持以市民的根本利益和美好生活为本,它与空间规划的以物为本、以“GDP”为本、以当代人为本呈现对立关系。纵观城市发展史,人与物的关系问题是贯穿着空间规划的一个核心问题。在城市化初期,由于人与资源、环境的矛盾还不是太突出,是否以人为本并未摆在优先考虑的地位。随着城市化进程的加快,空间规划的人本导向遭遇偏离,巨量楼盘挤压市民活动空间,汽车霸占人行道、自行车道的现象随处可见,城市在一定程度上变为一个“物体系”。要改变这种状况,一是坚持“人民满意”标准。将“以人民为中心”的发展思想贯穿于城市空间规划的全过程和各环节,顺应人民群众期待,代表人民群众利益,赢得人民满意,回答好空间规划“为了谁”的问题。要把握好生产空间、生活空间、生态空间的内在联系,实现生产空间集约高效、生活空间宜居适度、生态空间山清水秀,切实解决城市居民的民生问题。要把创造优良人居环境作为中心目标,抓住人民最关心最直接最现实的利益问题,不断满足人民日益增长的美好生活需要。比如,在城市道路规划上,按照行人、公共交通、骑车人、机动车的优先次序进行排列。首先要确保道路空间的各个部分对行人而言的安全性、舒适性和愉悦性;其次是公共交通,确保公共交通规划在车道、车站、换乘安全便捷高效等方面体现最大限度的人性化;再次是骑车人的道路空间设计应把安全以及非机动车与公共交通的接驳换乘考虑周全;最后才是为其他机动车而设计。二是处理好人与物的关系。中国城市空间生产一度出现违背城市建设规律、片面追求"GDP"增长的状况,甚至出现新的"圈地运动""大造新城"模式。一些地区和城市,患上了"土地财政依赖症",甚至将土地出让收入作为地方债务偿还的主要渠道。① 这种状况必须改变。三是处理好当代人与后代人的关系。坚持底线思维、可持续发展观和代际公平观,将空间规划控制在资源、环境的可持续发展范围之内,不竭泽而渔,不杀鸡取卵,不透支后代人的资源利益,确保城市发展在环境上的可承受性、在资源上的可持续性、在代际上的公平性。

其二,生态保护导向。人与自然的关系问题也是贯穿着空间规划的一个核心问题。为缓解空间规划上人与自然的冲突,西方规划学家倡导有机城市、田园城市、紧凑城市规划的理论和实践,给人类科学规划城市空间带来了许多有益启示。一是保护自然生态。2013 年中央城镇化工作会议强调,城市规划建设的每个细节都要考虑对自然的影响。2014 年习近平视察北京时也强调指出,大气污染防治是北京发展面临的突出问题,并对控制 $PM_{2.5}$提出明确要求,要求北京从压减燃煤、严格控车、调整产业、强化管理、联防联控、依法治理等方面采取重大举措。新版《北京城市总体规划》贯彻生态保护方针,通过守住"三条红线",合理控制城市规模,为人民群众创造宜居生活环境。北京把创造优良人居环境作为中心目标,寻求建立首都城市最优规模,以资源环境为硬约束,划定人口总量上限、生态控制线、城市开发边界"三条红线",解决城市无序扩张带来的职住分离严重、热岛效应凸显、生态环境恶化等问题,满足

① 刘德炳:《哪个省更依赖土地财政?》,《中国经济周刊》2014 年第 14 期。

人民群众对宜居环境的新期盼。通过协调三种空间,科学配置资源要素,提高人民群众生活质量。北京科学把握生产空间、生活空间、生态空间的内在联系,实现生产空间集约高效、生活空间宜居适度、生态空间山清水秀,满足人民群众对生活质量的新要求。二是保护文化生态。城市是从历史中走来的城市,空间规划必须处理好开发与保护、继承与发扬的关系,保护好优秀历史文化遗产和文物古迹,实现城市空间的历史文化"对话"。随着世界范围内的保护规律已从对建筑物的单体保护向整体环境的保护不断发展演进,城市文化生态保护有了制度性、法律性框架。特别是对于历史文化名城,许多国家通过推行"整体性"保护原则,留住了文物古迹、历史遗迹、城市文脉。比如,《北京城市总体规划(2016—2035)》为了保护北京历史文化这一中华文明的"金名片",构建了涵盖旧城、中心城区、市域和京津冀的历史文化名城保护体系,强调加强对"三山五园"、名村名镇、传统村落,以及优秀近现代建筑、工业遗产、非物质文化遗产的保护,凸显北京历史文化的整体价值,突出"首都风范、古都风韵、时代风貌"的城市特色。同时,从坚定人民群众文化自信、丰富人民群众文化生活的高度,着力打造具有"首都风范、古都风韵、时代风貌"的城市特色,活化利用历史文化资源,以体现时代精神、首都水准、北京特色的文化精品,强大人民群众精神力量,丰富人民群众精神世界,充实人民群众精神生活,不断增强人民群众的文化获得感。

第六章　住有所居

城市是一个财富有机体,更是一个生活有机体。人们之所以聚居到城市,是为了美好的生活,而谋求一个栖息之地是美好生活的第一需要。住房作为栖居的物质载体,既是财富的表现形式,也有其自身的居住属性。现代社会生产逻辑向生活逻辑的转化,凸显了住房这一城市空间的极端重要性。要实现住有所居的美好生活理想,既要做好国家政策上的有效安排,也要健全伦理性制度支撑。

第一节　住宅的哲学意义

从古到今,住宅扮演了非常重要的角色。一个城市或一个地区的文明程度往往通过住宅建设及相关问题的解决而体现出来。从第二次世界大战后西方发达国家推动的住宅建设,到联合国人居会议倡导的"人人皆有适当的住房",再到当代中国承诺的"住有所居",都逐步建构起住宅与幸福生活的内在关联,都在揭示住宅超出简单"遮风避雨"的意义,都在通过人的现实存在赋予住宅深刻的哲学意涵。

一、西方的场所精神

住宅与“家”具有密切关系。“家”之本义是屋内、住所。从字义上看,“家”的甲骨文字形,上面“宀”,表示与房室有关,下面“豕”即野猪,比喻最恰切的祭祀用品。在古代,人们多在屋子里养猪,房子里有猪就成了家的标志。住宅是家的物质要素,场所则是家的精神要素。一座房屋能否成为家,在于房屋是否具有场所精神。

(一)场所

场所可以从物质和精神两个方面来理解。

第一,场所是由具体现象组成的生活世界。英国社会学家安东尼·吉登斯将场所定义为借用空间来进行互动的一种场景,它可以是一个房间、一个街角,可以是车间场地、一所医院,也可以是一座监狱、一个收容所,可以是一个有界限的街道、城镇、城市、区域,还可以是地域上有明确界限的由各民族国家居住的各个地区,乃至人类居住的整个地球。场所的具体位置有不同的规模,呈现多层面等级状态,既可以被认作一种社会的构建,也可以被认作世界中存在状态的至关重要的一部分。① 比如,房屋作为一种重要的场所,既是一种物,也是一个属人空间。

第二,场所是人实现意志自由的先定存在。拥有或者占据场所,是实现意志自由的重要表征,而人格则是沟通场所与意志自由的桥梁。黑格尔指出:人格的要义在于,“我作为这个人,在一切方面(在内部任性、冲动和情欲方面,以及在直接外部的定在方面)都完全是被规定了的和有限的,毕竟我全然是纯自我相关系;因此我是在有限性中知道自己是某种无限的、普遍的、自由的

① [美]爱德华·W.苏贾:《后现代地理学——重申批判社会理论中的空间》,王文斌译,商务印书馆2004年版,第227页。

东西。”[①]当这样一个知道自己享有天赋权利、又在有限性中知晓自己的无限与自由的人,进入“某种不自由的、无人格的以及无权的”物的场所——空间时,所有的东西包括空间在内,至少在理性的层面上,或者就享有充分人格的人的发展可能性而言,都必然地成为他应该而且必须占有的东西。黑格尔说:“在这里至少有一点已经很清楚:唯有人格才能给予对物的权利,所以人格权本质上就是物权。这里所谓的物是指其一般意义上的,即一般对自由说来是外在的那些东西,甚至包括我的身体生命在内。这种物权就是人格本身的权利。”黑格尔认为,所有权之所以合乎理性,并不在于它满足我们生存的需要,而在于它扬弃人格的纯粹主观性。人有权将他的意志体现在物当中,因而使这个物为我所有。这意味着,我把某物置于我自己外部力量的支配之下,因此构成某种现实的占有。但是这种占有最首要的目的,还不在于满足人的需要,而在于我的自由一直在这种占有中成为我自己的对象,从而使这种自由一直成为现实的意志。这就是说,在我的占有物上,体现了我的自由意志。自由意志需要通过外在的占有欲支配而实现对象化、外在化,成为某种可以传达显现的东西。这一方面构成了占有的真实而合法的因素,同时也彰显了所有权的真正含义。“财产是自由最初的定在,它本身是本质的目的。”[②]人是一种自由的定在,要实现其自由,必须给予他(她)实现自由的场所。也就是说,人通过对场所等的占有实现其意志自由。

(二)场所精神

“场所精神”是特定的建成环境能够借以说明自身并获得存在的特性,是人与场所的内在关联,主要是指人在场所中的方位感、认同感、归属感。场所显然不只是抽象的区位,而是由空间形态、质感、颜色等具体的物所组

---

① [德]黑格尔:《法哲学原理》,范扬、张企泰译,商务印书馆1961年版,第50页。
② [德]黑格尔:《法哲学原理》,范扬、张企泰译,商务印书馆1961年版,第54页。

成的一个整体。这些物的组合决定了一种“环境的特性”,亦即场所精神。古罗马时期就有了“场所精神”这一意象或者概念,米开朗基罗设计的罗马卡比多广场被视为诠释场所精神的力作。建筑学家认为,“场所”和记忆相联系,是人的记忆的一种物体化和空间化,即“对一个地方的认同感和归属感”。

第一,场所精神的伦理学阐释。海德格尔以“诗意栖居”为目的、以房屋为例证、以伦理学为视角,阐释了何谓场所精神。他认为现代性引发的技术至上主义,导致实体空间观遮蔽了关系空间观,进而导致房屋与人的生活世界疏离,房屋失去场所精神,变成了外在于人的“失乐园”。因此,应该使房屋聚集天、地、神、人成为四重整体,以彰显房屋的“场所精神”。

首先,强调关注空间中人的活动。海德格尔说:“空间本质上乃是被设置的东西,被释放到其边界中的东西”。[①] 场所正是物的边界,边界不是物的停止,“正如希腊人所认识到的那样,边界乃是某物赖以开始其本质的那个东西”[②]。和笛卡儿式的静观不同,海德格尔从“人之所是”的活动中,揭示了空间的发源地。他以“逗留”为核心概念揭示了人在空间中“人之所是”的活动。他说:“当我说‘一个人’并且以这个词来思考那个以人的方式存在——也即栖居——的东西时,我用‘人’这个名称已经命名了那种在寓于物的四重整体中的逗留”;“诸空间以及与诸空间相随而来的‘这个’空间,总是已经被设置于终有一死者的逗留之中了”。在他看来,房屋首先是“作为位置而提供一个场所的那些物”,“它们为四重整体提供一个场所,这个场所一向设置出一个空间”。不过,是人的“逗留”使那些空间真正成为空间。所以,在居住乃至房屋的本质中,既包括“位置和空间的关联”,“也包含着位置与在位置那里逗留

① [德]马丁·海德格尔:《演讲与论文集》,孙周兴译,生活·读书·新知三联书店2005年版,第162页。

② [德]马丁·海德格尔:《演讲与论文集》,孙周兴译,生活·读书·新知三联书店2005年版,第162页。

的联系”。于是,房屋本质的体现,实际上就是“人与空间的关联”。因为,作为“位置”的房屋,一方面存在着位置与空间的关系,一方面又存在房屋为人而筑造的本质。海德格尔继承黑格尔“空间是人的定在”这一思想,并引用荷尔德林著名诗句“诗意栖居”,印证了房屋由于人的参与才变为栖居地的观点。

其次,强调关注“属人空间”。海德格尔说,实体空间说在涉及人与空间的关系时,“就好像人站在一边,而空间站在另一边似的。但实际上,空间决不是人的对立面。空间既不是一个外在的对象,也不是一种内在的体验。并不是有人,此外还有空间”①。在海德格尔看来,本真性的空间既不是科学对象化的物理虚空,也不是人的知觉、体验,他试图把人融入到天、地、神、人四重场域之中,从更本原的生存境遇来思考空间问题。此时的人已经不再是个体的、孤独的、具有存在主义色彩的存在,而是具有其历史命运的“终有一死者”的人类整体。“属人空间是容纳、安置,保护天、地、神、人四重整体意义上的域场,而人与位置的关联,以及通过位置而达到的人与诸空间的关系,乃基于栖居之中。人和空间的关系无非是从根本得到思考的栖居。”②海德格尔这样论证了空间的属人特征。他认为,当建筑物作为属人的筑造品时,它的空间是“属人的空间”,而人也只能以在此空间中的栖居表现自己“生存的方式”。在这里,“空间与人融一”是必然的。于是,海德格尔说:“人和空间的关系无非是从根本上得到思考的栖居”。也就是说,人在大地上的存在方式,就是在筑造中实现“空间与人融一”。他认为,“空间与人融一”构成了所谓“场所”。因为任何一个具体的建筑物均“以那种为四重整体提供一个场所的方式聚集着四重整体”。在这里,“场所”是以“四重整体”形态出现的,或者说是以“空间与人融一”形态出现的;人与空间的分离或对立不是“场所”,即使是以超人

① [德]马丁·海德格尔:《演讲与论文集》,孙周兴译,生活·读书·新知三联书店2005年版,第165页。

② [德]马丁·海德格尔:《演讲与论文集》,孙周兴译,生活·读书·新知三联书店2005年版,第166页。

尺度筑造的建筑物对人而言,也不构成“场所感”。所以,空间的最佳境界是展现自己的“场所精神”。海德格尔认为,“住居”是天—地—人—神之“四端关联”,在这些“无”的空间里,“人居留着或居住着”,正是在这些空白处,人的精神、灵魂、生活的维度,及它们的(由形而上学表现出来的)统一才首次获得其本性。尽管海德格尔反复强调四者处在齐一状态,但由他将“神”视为“一端”,可看出其西方文化倾向。

第二,场所精神的建筑现象学阐释。20 世纪 70 年代,以存在主义现象学为哲学取向的挪威建筑学家诺伯舒兹提出了“场所精神”理论,从历史的角度论述了城市空间如何具现人的“定居”观念。场所是存在所不可缺少的一部分。在论及古罗马时代的“场所精神”时,诺伯舒兹指出,包括人和空间在内的所有独立本体,都有其“守护神灵”陪伴左右,并决定其特性,场所就是这样一种“特性”,是定性的、整体的现象。诺伯舒兹以日常生活的经验告诉我们,不同的行为需求是以令人满意的方式在不同的环境中发生的,由此所决定,城镇和住宅中拥有大量的特殊场所。他批判机能主义建筑与规划理论对具体的“这里”的忽略,将城市空间进行“机能的”分布和向度化的做法,认为即使最基本的技能,如睡觉、饮食,都会以不同的方式发生,都会有对不同特质场所的需求,以符合不同的文化传统和环境条件。① 诺伯舒兹在论述了空间“特性”是场所精神的第一前提之后,又用人的“定居”为例证阐述整体的人为场所的关系,提出场所精神是指人的方向感和对环境的认同感。

首先,场所精神之基础要义是人在空间中的方向感。诺伯舒兹分析道,当人定居下来,置身于空间之中,也暴露于环境之中。人要想获得存在的立足点,就必须有辨别方向的能力,知晓自己身置何处。他赞同凯文·林奇以“节点”“路径”“区域”来表示基本的空间结构,认为这些元素是形成人的方向感的客体。他认为,从文化哲学的意义上说,任何文化体系都有自己的“方位系

① [挪]诺伯舒兹:《场所精神:迈向建筑现象学》,施植明译,华中科技大学出版社 2010 年版,第 7 页。

统”,而一个好的“方位系统”能使够使它的拥有者获得心理上的安全感。在人类定居这个问题上,人的方向感虽然与对环境的认同感相联系,但仍然具有某种独立性。这是因为,在日常生活中,经常存在这样的现象:人们虽然知晓所在的方向,却不一定有真正的认同感。

其次,场所精神之本质要义是人对空间的认同感。人对场所的满意体验不仅包括方向感,而且包括认同感。也就是说,真正的归属感是上述两种精神功能的全面发展。诺伯舒兹举例说,在原始社会,即使是环境中点点滴滴的事物也都为人所熟悉,并且充满意义,而这些点点滴滴的事物更形成了复杂的空间结构。然而在现代社会,人们大多把注意力集中于方位的实际功能上,认同感往往成了可有可无的摆设而已。其结果是,真正的住所在精神感觉上被疏离感取代。诺伯舒兹认为,“认同感”意味着“与特殊环境为友”。北欧人已和雾、冰、寒风成为朋友,当他们散步时,对脚下雪的开裂声赞不绝口。阿拉伯人则与绵延不尽的沙漠和炙热的太阳为友,这并不表示他们不必以聚落来保护自己,抵抗自然力量。事实上,沙漠聚落主要的目的就是排除沙和太阳,以弥补自然场所的不足。对此,布尔诺说得恰到好处:“所有的气氛都非常和谐”。也就是说,每个特性都有一个内外世界之间,以及肉体与精神之间的关联。德裔美籍建筑师卡尔曼的故事,清楚地表达了认同感的意义。第二次世界大战末期,当他重返离开多年的故乡柏林时,最想看的是他在那儿长大的房子。然而,那栋房子已经消失,卡尔曼极其失落。突然,他想起了人行道上典型的铺面,小时候在那地面上玩耍,于是他产生一种“回家”的强烈感受。这个故事告诉我们,有认同感的客体是有具体的环境特质的,而与这些特质的关系经常是在小时候养成。①

现实世界里,有的房屋可以构成家,有的房屋却只是由建筑元素组成的建筑体,区别就在于,家必须是一所由人参与的一个空间、一个场所。房屋究其

---

① ［挪］诺伯舒兹:《场所精神:迈向建筑现象学》,施植明译,华中科技大学出版社2010年版,第20页。

本质是一个属人空间。正如福柯所认为的那样,房屋是处于关系中的物。如今,“场所”是由许多点或元素的相邻关系加以说明的。“从形式上说,人们可以把它们描述为某些系列、某些树状、一些粗麻布……我们处于这样的时代:我们得到的空间处在场所关系的形式之中。”①

二、中国的“弥异所”观念

如果说,西方思想世界用“场所精神”界定房屋的哲学意义,那么,中国则用“弥异所”来构筑人的心灵家园。在中国古代社会,家庭是人们的交往范围,家庭关系基本就是社会关系,或者说,家庭关系是社会关系的原型。韦正通说:“在中国,简直可以说,除家族外,就没有社会生活。绝大多数的老百姓固然生活在家族的范围之内,家族就像一个个无形的人为堡垒,也是每个人最安全的避风港。”②由此,中国人更愿意将房屋和家紧密连接。

(一)“弥异所”的人性意蕴

中国古代哲学家墨子强调空间概念,用“弥异所”这个概念分析了“家”的重要性。“守(宇),弥异所也”;“宇东西家南北。”③“弥异所”虽然泛指各种各样的地点,但主要是指“东西家南北”,由此,“家”的优越地位可见一斑。在墨子这里,“家”是“我”居住的地方,东西南北方位是因“家”而定的。西方的“场所”给予人一个“存在的立足点”,墨子的“弥异所”则给家一个“存在的立足点”。可见,“场所”和“弥异所”在彰显别异的同时,也呈现出合同,即都强调“定位”。当然,中国是给“家”一个定位,西方是给“人”一个定位。方孝博指出:“墨子在说明空间概念时用一个‘家’字,尤其把‘家’字放在‘东西’和

---

① Michel Foucault, Dits et Ecrits, tome1:1954-1975(Paris:Gallimard, 1994), pp.753-754.

② 韦政通:《儒家与现代中国》,上海人民出版社 1990 年版,第 72 页。

③ 方孝博:《墨经中的数学和物理学》,中国社会科学出版社 1983 年版,第 30 页。

‘南北’的中间，非常微妙”①。在这里，“家”由空间定位转变成具有伦理意义的家。

中国传统文化重视此岸世界，忽视彼岸世界。毋宁说，在中国文化体系中，神、人是合一的，谓之“天、地、人”。由《诗经》透露的信息看，即使是祭祀神灵这样严肃的事情，人们也忘不了把自己及其家人犒劳一番。墨子的“弥异所”强调“时间记忆”，这同其对祖先的关注相关，使“弥异所”弥漫着一种独特的、带有现实伦理色彩的“人性味道”。相反，西方文化视野中的“场所”强调“人生在世”，以此呈现的“精神”仍或多或少地带有某种西方式的“神性味道”。

（二）静止和流动：两种生存方式

不同文明形态偏爱不同的居住方式。在中国人眼里，房屋使人安定，船只让人漂泊。卡尔·施米特通过分析英国文明发展历程，揭示了陆地性生存方式与海洋性生存方式对待房屋的不同态度。中国人注重住宅，与其生存方式具有密切关系。

英国由海洋文明向陆地文明转变的过程中，对房屋的认知经历了较大的改变。按照卡尔·施米特的划分，从1588年英国在海上击败西班牙无敌舰队开始，到1688年斯图亚特王朝被驱逐为止，其时上承都铎王朝时代的宗教政治斗争，下启英国工业革命的辉煌历程。英国在经历了一个世纪的角力、挣扎和反复之后，最终完成了从陆地性生存向海洋性生存的转变，引发了这个星球的空间革命。领土性主权基于坚实的陆地来部署国家疆域的空间秩序，而海洋却没有疆界。相比于法国以内部空间治理为依据的“理性帝国”，英国的海上霸权则体现为向着无远弗届的外部空间展开。在施米特看来，陆地性存在的制度核心是住宅，它建立在农耕的基础上，通过内部与外部世界的截然划

① 方孝博：《墨经中的数学和物理学》，中国社会科学出版社1983年版，第31—32页。

分,来实现对人的安置。海洋性存在的空间喻象则是船,船总是内在地要求科学技术的进步,要求协同劳动的合作分工,要求社会关系的多样化和交换性。与固着于土地的住宅所提供的安定但难免趋于静止的生活相反,船永远象征着一种召唤,使人受到离心力的驱使,无所顾忌地抛弃既有的一切投身历险;海洋性生存打开的是一个朝向未知世界无尽探索的深度空间,由此获得解放的科学技术和精神力量最终塑造了流动、自由、变幻不居的现代文明。①

对此,福柯曾经举例说,欧洲殖民者开发美洲大陆时所乘坐的海船漂浮在空间,犹如一个可以移动的"房子",海船所处的位置永远在变化中移动,在移动中变化,是一个没有位置的位置,它自足、封闭。在一望无际的大海中航行,把自己提供给无限,直到殖民者上岸开拓新的家园。由此,从16世纪至今的西方世界,海船不仅是经济发展最具革命性的工具,而且也孕育着西方人最伟大的梦想。

(三)定向和认同:两种居住观念

西方的"场所"和中国的"弥异所",代表了中西不同的住房观念。以海德格尔存在论为基础的"场所"理论,属于个体的人的存在范畴。尽管海德格尔也强调"共在",但其"共在"由一个个独立的个体组成。如果说,墨子的"弥异所"为"东西家南北",则西方的"场所"则可叫"东西人南北"。萨特的"共在"强调意识之"为",但这个"为"所建构的社会结构是以西方基督教精神"上帝面前人人平等"为前提的。墨子"弥异所"中的"家"则反映了中国封建社会的礼制结构,突出"家长",弱化"家"中其他成员的自由意志。从地域看,"弥异所"仅指华夏文明中以农耕经济为主体的家族制为单位的"家",在其之外的四周都是"蛮夷",被排除在"家"之外。费孝通指出,中国传统社会的"差序格局"区别于西方社会的"团体格局",这也是"弥异所"与萨特的"共在"(场所)

① 孙柏:《卡尔·施米特与〈哈姆雷特〉》,《读书》2016年第12期。

之间存在差异的原因。

中国现实的生存环境,既不同于西方的"场所",也有别于中国古代的"弥异所"。只有对"弥异所"进行现实性解读,才能呈现中国现实环境之"意"。在墨子那里,"弥异所"在空间上呈现为"国—城—院"之间的"自相似性",在形式上体现为对"墙"的现实关注。国有长城,城有城墙,院有院墙。就"自相似性"来看,国是一座"大城",一个"超大院";城是一个"小国",一个"大院";院子则是一座"小城",一个"微型国"。据此,我们将"弥异所"分解为"分形空间"和"特性"两种性质,并以"认同"和"定向"两种精神功能与之对应。"弥异所"之意就体现在这两种精神功能的充分实现之中。在舒尔茨的"场所"中,"认同"意味着"返家",寻找自己的"归途"。两千多年来,西方人一直"在路上",从海路的流浪到陆路的跋涉,再到"天路"的探索,西方文化有着强大的"定向"功能,这种几近"本能"的功能成为舒尔茨笔下"自然中的一部分",当然也就无"特性"可言。因此,舒尔茨在"场所"的两种精神功能中,以"认同"对应于"特性",通过强调"返家""归属感"来体现"特性"。

墨子的"弥异所"则呈现另一种清醒。和西方的"定向"功能一样,中国文化的"认同"功能很强大,人们能够"轻易"回到"家",或者说,人们从未走出过"家"。这种"认同"功能已定型成一种结构——"分形空间"所具有的"自相似性"结构。中国人对这种结构的"认同"已成了本能,它同样使人成为"自然中的一部分"。因而,"认同"功能构不成"弥异所"的"特性",它只能与"分形空间"相对应。当今中国的"弥异所"之意应在"出发"和"征途"之中得到领悟。①

韩少功用一个生动的故事描绘了房屋与家的关系,以及房屋所特有的"场所感"。他曾经是"插队知青"中最后一名没有回城的知识青年,守着一幢空空的木楼,还有冬夜冷冷的遍地月光和村子里的零星狗吠。他被这巨大的

① 朱文一:《空间·符号·城市——一种城市设计理论》,中国建筑工业出版社 2010 年版,第 158—171 页。

安静压迫得几乎要发疯,便咬咬牙,一步一滑地踏着雪中小道去了书记的家。韩少功回忆说:

"出乎我的意料,平时总是黑着一张脸的书记,在家里要和善得多。他让我凑到火塘边来取暖,给我递上一碗姜茶,他老婆还拿一条毛巾拍打我肩头的雪花。在我与他们一家数口暖融融地挤在火塘边的时候,在我嗅到了浑浊的炭灰味、烟草味、姜茶味以及湿袜子味的时候,我预感到我会成功。

"事实确实如此。书记问我还有没有柴烧,一开始就有了人情的联结。他谈了柴之后就顺理成章地同意推荐我,完全没有提及我可疑的家庭背景,也似乎忘记了我在地里踩死豆苗之类的破坏行为。我心里一热,很没出息地湿了眼眶。

"我相信书记并没有丧失他的阶级斗争觉悟,也仍然保留着以往对我的戒意,但这种戒意似乎只能在公共场合存在,而很难在他家里活跃起来。由火光、油灯、女人、姜茶、柴烟等组成的居家气氛,似乎锁定了一种家庭的亲切感,似乎给所有来客涂抹了一层金黄色的暖暖亲情。书记不得不微展笑容,不得不给我递茶,他的老婆也不得不给我拍打雪花。而有了这一切,主人当然最可能说一声'好吧'。

"很久以后我才明白,人情常常产生于特定的场景。

"在家里,没有办公桌相隔,而是餐桌前的比肩接踵;那里没有成堆的文件,而是杯盘满桌;那里一般来说也没有上司的脚步声,而有解开的领带和敞开的衣襟。于是那里最能唤起人们身处家庭时的感觉。在这个时候,餐厅和酒吧这种空间使一切公务得以仿家庭化,使一切人际关系仿血缘化。被求见的一方即使只喝一杯清茶,或者只吃几口清淡野菜,也还是比坐在办公室里要好对付十倍。"①

① 韩少功:《场景》,《读者》2016年第23期。

三、占有和寄居

无论占有住宅还是寄居于住宅,都和人对自身在空间中的定位有关。当人的身体从知觉意识的生理—心理层面走向复杂意识的身体—社会层面时,物理空间完成了向社会空间的转变。在一般感知的水平上,身体天然置于空间之中,并通过感知与活动,使身体属于空间,同时也使空间属于身体。实际上,这种身体与空间的关系仍属于某种抽象的模式,或者说属于较低层次的关系。这是因为,世界上并不存在单一的"我的身体",而是同时存在着许多有着不同关系的身体,与此相应,空间也不是某种封闭独立的空间,而是包含着各种身体生存冲突以及复杂环境因素的空间。就具有主体意识的人而言,他(她)已经进入社会化的空间;对于群体中的成员而言,他们清楚地意识到自己身在何处。空间社会化的第一步,是基于自我认识和自我认同的需要,把一个空间指认为"我的"。那么,人在空间中的存在是体现为占有,还是寄居?

(一)占有与幸福的悖论

空间与情感认知之间存在着复杂关系,物质空间并不必然带来幸福,它可能让人更不满意、更感压抑与不幸。阿兰·德波顿在《幸福的建筑》一书中说:即使生活在美丽的房子里,也难免精神沮丧,这是因为,"建筑在创造幸福的能力方面——我们之所以如此关注建筑端赖于此——也极不稳定,这又是其复杂性的表现。一幢迷人的房子有时可能会使昂扬的情绪更上层楼,可在很多情况下哪怕是最宜人的环境也无法驱散我们的悲伤或厌世"①。

幸福是人的理想存在方式,体现为物质生活与精神生活的统一。然而,人的存在恰恰是以"欠缺"为特征的,在物质和精神双重面向上,无论是哪一方

① [英]阿兰·德波顿:《幸福的建筑》,冯涛译,上海译文出版社2007年版,第11页。

有欠缺,都会削弱人的存在感和幸福感。发展伦理学认为,欠缺产生需求,人在外部生活世界或内在精神世界存在欠缺,就会引发完善自身的需求。正如德尼·古莱所说:“需求的本体论意义在于:如果人是充分完美的,他们就不必需求。而如果他们是全然不完美的,他们就无法需求某些货品。”古莱举例说,一只枯萎的手无法感受灼痛,一只健康的手感到火烧的灼痛而设法保护。“人类之所以有需求,是因为它们的存在足以寻求发展,但不足以一下子以自身资源实现所有的潜力。人类需要把其他物质吸收进自身的轨道,以维持其不稳定的存在,他们的存在如不加培育就会一无所有”①。人的物质性决定了人类要吸收外界物质,比如空气、食物、水等;人的精神性决定了人类要寻求能丰富其存在的东西,比如愿望、价值、抉择、行动等。如此,人必然为自身一无所有的存在添加丰富的内容。从归根结底的意义上,每添加一种“拥有”,人便比以前的“存在”更充分,是“拥有”而不是别的什么东西成就了人类的“存在”。

在本体论意义上,“拥有”并非法律上或经济上的占有,而是指因人的内在目的去吸收、丰富自身。法律、经济意义上的财产是衍生性的,而只有道德目的论意义上的“财产”才是自足的。在法律上,“占有诸如空气或食物这样的重要东西,如果不能加以使用和吸收,即对人没有好处。如果有需要的人可以取得并有效地使用它们,那么谁在法律上占有这些东西就没有关系”②。按照德尼·古莱的理解,人的存在意义不仅在于对物的占有或拥有,而且也在于人自身的丰富和存在方式的优化。诺贝尔奖获得者阿玛蒂亚·森对货品的拥有与人的存在的关系作出过精辟论述,他说:“多少才是足够?当应用于满足人类需要的某些物品数量的时候,‘足够’是一个相对性词语。如不说明某人的能力如何以及他发展这些能力有多重要,谁也无法说多少才是足够。”这就

① [美]德尼·古莱:《发展伦理学》,高铦等译,社会科学文献出版社2003年版,第64页。

② [美]德尼·古莱:《发展伦理学》,高铦等译,社会科学文献出版社2003年版,第64—65页。

是说,对于物质的占有只是在有益于人的内在目的层面上才显现出价值。当今社会,物质上的占有在发展中扮演着重要的角色。然而,这种占有也在一定程度上将人抛入物质化生存的陷阱,蚕食着人类真正的幸福。在住居问题上,单纯地占有物质空间,忽略空间中的丰富生活,极有可能陷入占有与幸福的悖论。

(二)寄居与灵魂的对话

《庄子·达生》曰:“生,寄也;死,归也。”在庄子这里,“寄”,就是在漫漫旅途中借宿一个空间以便寄身。“寄”的性质,断绝了任何法理和财产意义上的“我的”可能性,以及这种企图所包含的空间专断。犹如荒野中一个木屋,当里面空无一人时,尽管我们需要或者不得不在那里借住一晚,甚至就此长期安顿下来,但不能自诩为木屋的主人。我们偶然来到这个世界,但我们不能说自己就是这片土地的“所有人”。

“寄居”而不是“占有”,是对待空间的一种谨慎而明智的态度。人在寄居空间的过程中,将所有外物都视为“身外之物”,甚至人对自己的身体,都是暂时的“借用”,而不是本体意义上的占有。在中国古代社会,尽管也存在私有物的概念,但这种占有并没有在观念体系中获得像西方那样的绝对地位。一方面,中国人一向克勤克俭,小心谨慎地守护着自己的占有物,希望家财能够世代相守;另一方面,人们又相信,至少那些古老的训诫试图使人们相信,不论是土地房产,还是金银珠宝,占有物都不具有恒常性,它们会随着占有者无常的命运而发生流转。也就是说,在国人眼里,占有某物带有偶然性,人们很少有如下联想:作为“身外之物”的外物,能够承载起人的自由意志,能够作为人之存在的依据。

西方世界如何看待包括住居在内的外物呢?自柏拉图开始,思想家较少思考物的本质。原子弹的爆炸证实:物被消灭了,物之为物,究其本质是虚无。物被消灭的结果是,“不仅物不再被允许成为物,而且物根本上还决不能作为物向思想显现出来”。物之为物,在于通过人的生存或者说栖居,能够使天、地、人、神四元素集中于自身。①

海德格尔用“栖居”(保养生长)而不是“占有”来定义住居的本质。他有一个进行学术活动的空间,一个有六七平方米的山林小屋,一个天人合一的自然场域。在教堂的“钟声”里,在田野小路上,在托特瑙山间小屋中,海德格尔达到了独特深远的人生境界。他这样描述这个山林小屋:“教堂的节日、节日的前夕、一年四季的进程、每日的晨昏晌午都交融于这深奥神秘的交锋之中,以至总有一种钟声穿过年轻的心、梦想、祈祷和游戏。心中隐藏着钟楼最迷人、最有复原力、最持久的一个秘密,为的是让这钟鸣总是以转化了的和不可重复的方式将它的最后一声也送入存在的群山”②。这钟声回响在他后期对荷尔德林诗作的解释之中,那曾经“穿过年轻的心”的钟声势必“将它的最后一声也送入存在的群山”,在那里久久回荡不绝。

正是在这种田园诗般的空间里,海德格尔将“保养生长”理解为筑造及其居住活动的本质。他解释说,在爱护和保养意义上的筑造,是指爱护和保养诸如耕种的田地、种植葡萄等,或者说,它是“守护着植物从自身中结出果实的生长”,“栖居的基本特征就是这种保护”。他认为,人不是存在的主宰,而是存在的看护者。显然,海德格尔将“筑造”活动置于广阔的视野中去理解,置于系统的生态环境中去认识。海德格尔在弗莱堡以南 25 公里处的山林小屋里体验、运思、写作,这种“天与地、神与人”相交融的广阔山野,使他充分感受到天地之间的宏大气象。山林小屋形成了一个“灿烂的境域”,不失为一个富有意趣的空间。小屋、山野、农家是海德格尔人生中最生动的维度,是少年时期的“田野道路”更成熟廓大的表现。海德格尔的精

---

① [德]海德格尔:《演讲与论文集》,孙周兴译,生活·读书·新知三联书店 2005 年版,第 177—178 页。

② 张祥龙:《海德格尔思想与中国天道——终极视域的开启与交融》,生活·读书·新知三联书店 2007 年版,第 3 页。

神生命在此得以饱满舒展，化入自然天地的质朴和辉煌之中，他在“归去来兮”中实现了“工作世界”与“心灵世界”的完美交融，思想、情绪从外境的烦扰中慢慢澄净于虚无的状态，颇有“浊以止，静之徐清，安以久，动之徐生”的旨趣。

思想史表明，人类需要用一种新的融合态度来理解人与空间最基本的关系：人在空间中，即人栖居于空间，在空间中生存；占有、使用空间也仅仅是“生存”，以“在”的方式使用空间。在自由意志面前，人只具有相对的主动性。这种审慎的自我意识表明，人既要知道自身的伟大，也要了解自身在空间之中的限制；既要意识到有能力阐释、改造空间，将空间纳入“我的”之中，又要深知自然法则并没有赋予我们“在空间之中”的优先特权。正如贝尔克所说：“我们脆弱的自我感觉需要支持，而这种支持是通过拥有和占有财产获得的，因为很大程度上我们就是我们所拥有和占有的一切”，而这一切“不仅包括他的身体和心智能力，还包括他的衣物和房子、他的妻子和孩子、他的祖先和朋友、他的声誉和作品、他的土地，以及他的游艇和银行账户”①。这让我们清晰看到了人类文明的发展趋势——将人的内在规定性、社会关系、外在占有物融于一体的文化趋势。

第二节　住宅的意义与属性

住宅在不同主体那里代表着不同的东西。对大多数人而言，住宅是家的物质载体，是社会再生产的场所；对房地产商来说，住宅是投资和投机性利润；对国家而言，住宅是城市结构和功能运转的支柱。认识住宅的属性，对于建构和实现“住有所居”的美好生活具有基础性意义。

---

① 孟悦、罗钢主编：《物质文化读本》，北京大学出版社2008年版，第112页。

一、住宅的生存论意义

对生命体和有机体来说,生存一般包括个体性生存和社会性生存。由此,从生存论来理解住宅的意义,可以说,住宅既是人类生存的基础性需要,也是人的社会性培育的重要场域。

(一)人的基础性需要

人猿揖别之后,人类一直为生存而拼搏。住房和吃饭穿衣一样,是人的基本需要。马克思恩格斯在《德意志意识形态》中指出:一切人类生存的第一个前提是,人们"必须能够生活。但是为了生活,首先就需要吃喝住穿以及其他一些东西。因此第一个历史活动就是生产满足这些需要的资料,即生产物质生活本身"①。恩格斯《在马克思墓前的讲话》进一步指明:"马克思发现了人类历史的发展规律,即历来为繁芜丛杂的意识形态所掩盖着的一个简单事实:人们首先必须吃、喝、住、穿,然后才能从事政治、科学、艺术、宗教等等;所以,直接的物质的生活资料的生产,从而一个民族或一个时代的一定的经济发展阶段,便构成基础,人们的国家设施、法的观点、艺术以至宗教观念,就是从这个基础上发展起来的,因而,也必须由这个基础来解释,而不是像过去那样做得相反。"②

居住作为人的基础需要,从人们的购房意愿也可见一斑。据 2016 年 11 月 18 日参考消息网,中国新一代年轻人买房意愿排名亚洲第一。全球最大商业地产服务和投资公司世邦魏理仕发布《千禧一代:塑造房地产未来》研究报告,该报告对全球 13000 名年龄阶段在 22—29 岁的"千禧一代"进行调查,其中包括 5000 名亚太地区受访者和 1000 名中国大陆受访者。研究表明,中国的 80 后、90 后这些"千禧一代"更倾向于拥有房产,57%的被访者计划在未来

---

① 《马克思恩格斯选集》第 1 卷,人民出版社 1995 年版,第 79 页。

② 《马克思恩格斯选集》第 3 卷,人民出版社 1995 年版,第 776 页。

购房,这一比例在亚洲居首。有文章指出,俄罗斯人的购房需求日盛,甚至这一需求并不受其财产状况的影响,这一结论是俄罗斯国家保险公司在对俄罗斯50万人口以上的大城市进行调查研究后得出的。①

居住作为人的基础需要,由建筑革命得以实现。许多国家以解决住宅问题作为应对城市总体性问题的突破口,比如为解决工人的住房问题,法国的勒·柯布西耶带着“建筑,抑或革命”的审慎认知,投身并引领了一场轰轰烈烈的建造运动。柯布西耶将存在于记忆中的农庄、小棚屋、甲板等融合成新的设计语言,塑造和架构了人类生活的新蓝海——超级住宅“马赛公寓”(Marseilles Housing)。该公寓1962年建于法国马赛市,以其最大化的功用性,容纳1600名马赛工人居住。它虽然一度被讥讽为“贫民窟”,但像一艘诺亚方舟,满载着一个工人阶级的小世界。

(二)人的社会性的重要场域

社会属性是人的本质属性。任何人都是处在一定的社会关系中从事社会实践活动的人。每一个人从来到人世的那天起,就从属于一定的社会群体,同周围的人发生各种各样的社会关系,如家庭关系、地缘关系、业缘关系、经济关系、政治关系、法律关系、道德关系等。人们正是在这种客观的、不断变化的社会关系中塑造自我,成为真正现实的、具有个性特征的人。在人的社会化过程中,“住房不仅仅是一项成本;它还是一个背景,一个舞台”②。住宅作为家庭的隐喻,是人们度过绝大部分闲暇时光的地方,其质量、大小等物理要素不仅对身体健康、物质生活等产生重要影响,而且在人们的社会化过程中也起着关键作用。

首先,住宅是代际、不同性别之间社会交往的深刻背景。家庭是孩子社会

---

① 马骏杰:《俄罗斯中产阶层热衷海外置业》,《中国房地产信息》2007年第1期。

② [英]约翰·伦尼·肖特:《城市秩序:城市、文化与权力导论》,郑娟、梁捷译,上海人民出版社2011年版,第216页。

化的第一所学校,也是孩子社会化的逻辑前提。人们是在自己的家里被社会化到世界中去的。在我们的住宅里,人们观察这个世界,学会扮演家庭角色,习得人际交往的经验。在日常生活的方方面面,家庭充当了“轴心”:安居、旅途,安全、危险,内部、外部,私人、公共,家庭、社区。特别是在现代城市冲击传统社区的情况下,家庭更是承担了不同寻常的功能——对有些人来说,它是允许自己从公共世界中抽离的隐居之所。其次,住宅承载了家庭的张力,是展开家庭历史的第一个舞台。在这里,代际、不同性别之间、不同的自我和直接“他者”之间存在着深刻而重要的权力更迭甚至权力斗争,作为一种社会建构物,家庭的不断变化和日益复杂,让人们明白什么叫“社会”。也就是说,住宅及其由它隐喻的家庭,是社会发展的重要现场。①

二、住宅的存在论意义

享有住房空间不仅具有生存意义,而且具有存在论意义。作为一个哲学范畴,人的存在是标明“我之所是”的一种生命样态,主要由人的私密感、存在感、安全感组成。住宅之于人的存在的意义,也可从这三个方面来分析。

(一)住宅与人的私密感

人类的存在取决于空间性,即通过创造距离而保持自我存在的能力。空间可被视为构成人类存在的重要元素,人们通过拥有空间性而存在于世界之中,并形成清醒的自我意识和世界认识。作为一种人类活动的产物,住宅不仅满足遮蔽之需,而且满足心理之需。有人观察,在公园中找座椅,人们大都会和他人保持一种合适的距离,这是人的私密感在发挥作用。虽然由于家庭出身、受教育程度、社会地位、个性特征不同,人们对私密感的认识和喜好不一,但对私密感的需求却亘古未变。中国古代诗人陶渊明“众鸟欣有托,吾亦爱

---

① [英]约翰·伦尼·肖特:《城市秩序:城市、文化与权力导论》,郑娟、梁捷译,上海人民出版社2011年版,第216—217页。

吾庐”的诗句就表达了人的这种要求。日本人一直保持着回到家要脱掉鞋子、换上和服的传统习俗,就是在享受回到“家庐”的那种私密感。无论是单个房间还是家庭居所,无论是楼宇公寓还是城市住宅区,只有充分满足人的这种需求,才能算是宜人的处所。也正是在此意义上,德国哲学家包尔生认为,过度拥挤的住宅条件不仅危及人的健康,而且也影响人的幸福、道德和居住者的家庭感情。西方现代建筑学之父柯布西耶说:“一切活人的原始本能就是找一个安身之所”,而“房屋是人类的必需产品”,为普通人建筑普通的住宅是恢复人道的基础。①

(二)住宅与人的存在感

住宅不只是人类生活的基本需要和普遍反映,还是社会生活的重要变量。借用心灵哲学的开创者笛卡尔那句名言“我思故我在”,人固然可以通过自己的内在规定性来证明自己的存在,但生活的真实告诉我们,只有人的行为及其结果引起了外界反应,这种存在才更具有真实感。很多儿童喜欢在雪地里踩出足迹,“踩”这个动作是儿童作用于外界的信号,“痕迹”是外界对“踩”的回应,当儿童看到雪地里自己的足迹时,才更加确信自己的动作,证明自己的存在,也就获得了存在感。住宅之于个人和家庭来说,其意义远非容身之所那样简单。现实生活中,购买或者租赁一个住处是家庭最重要的开支之一,住房成本的变化会左右着一个家庭,尤其是低收入家庭的生活。所以,人们往往既通过内在规定性彰显存在,也通过住宅等物质财富彰显存在,尤其是在中国,物质匮乏曾经占据历史的大半个时空,绝大多数人都吃不饱、穿不暖、住不好,一度形成对生活资料的恐慌,衍生了对外占有物资的强烈愿望。我占有,所以我存在;因为我拥有什么,所以我才成为我。就好比一个幼年一直处于饥饿状态的孩子,长大以后会占有更多的物资以弥补缺失带来的心理黑洞。在中国的

---

①　[法]勒·柯布西埃:《走向新建筑》,吴景祥译,中国建筑工业出版社1981年版,第202页。

价值体系中,“自我”常常被解读为“自私自利”,也常常被边缘化,既然买房子是全民话题,那么参与其中便会更有存在感。

(三)住宅与人的安全感

根据马斯洛的需要层次理论,人人都有求稳定、有秩序、受保护、免恐惧等安全需要。然而,心理学表明,不安全感在每个人身上都或多或少存在,它属于个人的一种心理防御机制。随着社会的发展,人们的生活节奏加快、压力增大,孤独、焦虑等不安全感也更为突出地表现出来。几年前有一部电视连续剧《欢乐颂》,女主角是出身贫寒的“胡同公主”、外资公司资深人力资源总监樊胜美,在她的心里,唯一的愿望就是能够在上海买一套房。无论男配角王柏川怎么爱她,都抵不过上海的一套住房让她更有安全感。这样的心理在北京、上海、广州等特大城市并不鲜见。许多人对房子的理解,深深地抵达心理层面,带有心理学印记。在精神分析的体系里,房子是子宫的隐喻。子宫是人类最早的地址、最初的故乡,是一个真正的场所、空间、地理、家园。每一个人从这里出发,通过成长,到达他(她)想去的各种“远方”。中国人对母亲的依恋非常强烈,对母爱的称颂和赞美直击人心。而母亲的意象就是照顾孩子,甚而不惜牺牲自己成全孩子。在许多文学作品特别是女性主义的作品中,“房间”这个背景总是与女性密切相关,它是女性心理中一个重要的组成部分。在无意识中,回到房子里就好像回到被照顾的那种状态,这是一种安定和满足的状态。

三、住宅的居住属性

住宅是城市空间的重要物质形态,是人们最基本的生存需求和权利。“房子是用来住的,不是用来炒的”,形象地揭示了住宅的居住属性。当然,只要实行市场经济,住宅就天然地具有投资属性,但这种属性应该以有利于其居住功能发挥为限。也就是说,居住属性是住房的基本属性。

（一）由生产目的所决定

住宅建设作为空间生产的重要内容，其主要目的是满足人们日益增长的美好生活需求。住宅和其他商品一样，是使用价值和交换价值的统一体。在这里，交换价值的存在以使用价值的存在为前提，使用价值是交换价值的物质承担者，二者互相依赖、互为条件、不可分割，共处于住宅这一商品的统一体中。那么，使用价值和交换价值哪一个更具价值优先性呢？马克思曾经深刻指出，资本主义生产关系的产生须以一切前资本主义生产关系的解体为前提，“在所有这些解体的过程中，只要更详尽地考察便可发现，在发生解体的生产关系中占优势的是使用价值，是以直接使用为目的的生产。交换价值及其生产，是以另一种形式占优势为前提的；因此，在所有这些关系中，实物贡赋和劳役比货币支付和货币税占优势”①。

马克思关于使用价值优于交换价值的论断，体现了住宅居住属性的合规律性。在生产、分配、交换、消费这个统一的过程中，消费起着承上启下的作用，它是一个生产过程的结束，又是另一个生产过程的开始，其本质是基于主体再生产的人对于商品的使用。以马克思主义基本立场观点方法来分析，住宅的价值表现形式不同，住宅的属性也就不同。其使用价值决定其作为日常生活用品的居住属性，其交换价值决定其作为投资投机属性。其中，居住属性是基本属性，投资投机属性是派生属性，派生属性应该服务于基本属性。然而，在晚期资本主义社会，住宅常常被作为投资投机的重要商品来看待和处置。因此，列斐伏尔把交换价值和使用价值孰先孰后、孰轻孰重，作为区别资本主义空间生产与社会主义空间生产的主要标志，认为包括住宅在内的资本主义空间更多地表现为商业化空间、警察空间、异化空间，具有数量化、均质性、政治性等特点，他判断并期待，社会主义空间将会“完成从支配到取用、从

① 《马克思恩格斯全集》第46卷（上册），人民出版社1979年版，第505页。

交换到使用的转变”。

（二）由生活逻辑所决定

城市社会的深刻本质是生活逻辑的彰显。住宅作为生活逻辑的重要内容,其根本属性是居住属性。20世纪晚期以来人类社会发生的最大变化之一,就是现代社会由生产时代向生活时代的转换。丹尼尔·贝尔称之为后工业社会,利奥塔等称之为后现代,波德里亚则把这个新的阶段称之为消费社会,麦克高希则称之为娱乐时代。这一转换的重要表现是从以大工业为基础、以物质财富增长为目标的生产时代,进入以城市为载体,以人的需要的多重满足为目标的生活时代。在以往生产逻辑的支配下,空间生产无限追逐超额利润,谁赚的钱多,谁就是市场的赢家,住房的投资投机属性充分彰显。掌握权力与资本的主体,成为空间与城市变革的主体,并通过空间与城市生产获取更大的利益,而普通劳动者则往往成为空间生产、城市经营的工具,只能拥有相对狭小的空间,甚至没有属于自己的居住空间。

极端的生产逻辑还使得资本以住宅等物质形态表现出来,并在不断的循环和周转中,给住房所有者带来巨额利润。于是,人们便形成一种错觉,似乎住房本身就是资本,天然地具有价值增值的魔力。这种把资本视作“物”并披上神秘化外衣的错觉,在空间生产的总体运动过程中一再被强化,于是产生了空间拜物教。作为显在的“物相”,空间拜物教遮蔽了人们的眼睛和心灵;作为异化的意识形态,空间拜物教渗透于社会生活的方方面面,构成了人们的一种社会心理。当资本不仅侵入城市建设、居住生态、能源环境等物质性生存,而且也渗透到社会心理、价值信仰等精神生存之后,人们必然会产生一种存在论困惑。城市居民疏离了自己亲手建立的城市,人们找不到家园感。社会实践中创造的社会关系被采取了物化形式,人们将住房等物化东西作为世界的本质和幸福的终极根源,进而为了博取它们不惜一切代价,居住空间不可避免地成为马克斯·韦伯笔下的“铁的牢笼”。

在生活时代，空间生产在注重产值、效益的同时，理性嵌入社会公平，实现“住有所居”，是衡量生活幸福、社会进步的重要表征。改革开放以前，中国长期处于住宅短缺与匮乏状态，彼时，住宅空间生产主要追求的是使用价值。改革开放以后，中国开启了快速城镇化进程，一段时期以来，由于国内市场经济发育不够完善，市场动力和活力相对不足，“招商引资”政策的实施，将包括住宅在内的城市空间生产进入“国际大循环”体系，成为全球资本循环中的一个环节，住宅的投资投机属性日渐明显，导致城市房价虚高，“安居”成为许多城市居民的“不堪承受之重”。

另外，中国人自古就有购房置业的传统观念，加之土地是稀缺资源，很多人认为房子只会升值不会贬值。实际上，随着生产生活方式的改变，城市容量的弹性不断增大。有研究预测，即使在深圳这样的土地紧缺城市，现有建成区经过结构优化、功能转换、生活方式转变，还可以大幅扩大人口容量。从国际经验看，房地产投资风险较大。1991 年日本房地产泡沫破灭后，当年房价下跌 70%；1997 年亚洲金融危机后 5 年内，我国香港房价下跌 75%；2008 年国际金融危机爆发后，阿联酋迪拜房价下跌近 70%。房价大幅下跌，使很多中产家庭一夜之间负债累累。① 可见，房子并非最佳投资品。总之，从经济规律看，离开了居住属性，住宅的投资属性就如泡沫，迟早会破灭；从社会发展看，住宅生产的重要效能就是服务于人民群众的生活需要，促进人民群众生活质量提升；从社会治理看，住宅生产的重要目的是维护社会公平，实现“居者有其屋”，它内在蕴含价值属性，外在彰显公共福利功能。

第三节　居住空间的社会张力

在城市社会变迁的过程中，居住空间常常因为结构失调和矛盾分异，使得

① 吴思康：《坚持“房子是用来住的，不是用来炒的”》，《人民日报》2017 年 3 月 24 日。

各种社会力量呈现一种紧张对峙的状态,并由此产生种种社会冲动力量。因此,对城市社会进行居住空间治理,必须把握以空间分化和居住分异为主要形式的空间社会生态,了解居住空间里的社会张力状况。

一、空间分化

空间分化意指一种社群边界,是人类社会活动分化的表现。作为居住空间策略的重要社会背景和空间舞台,空间分化体现了在居住问题上理想与现实、正规与非正规、中心与边缘之间的结构、关系和秩序。

(一)乌托邦与异托邦

"乌托邦"的原词来自两个希腊语词根,即"ou"和"topos",前者意指"好",后者意指"地方"。这两个希腊语词根合在一起,就是"好地方"。1984年,福柯发表题为《另一空间》的文章,推出了一个与"乌托邦"不同的概念——"异托邦",从什么是"乌托邦"入手,说明什么是"异托邦"。在福柯看来,"乌托邦"是一个并不真实在场、没有真实位置的场所,是"超越现实的主张",倾向于"局部或全部打破当时占优势的事物秩序","具有革命功能的意愿",①而"异托邦"是不同的"异域",是众多"别"的场合,是存在某种冲突的空间,是一种真实的存在,兵营、监狱等地方就属于"异托邦"。

福柯认为,那些立足于物质空间生产之上的空间乌托邦试验,并未给人们带来福音,无论是在建筑学领域,还是在城市规划领域,那种基于乌托邦实验的钢筋混凝土,始终浇筑不出新鲜活泼、丰富多彩的幸福生活,而"异托邦"倒是人类正在经历的居住现实。巴西的贫民窟是福柯笔下的"异托邦"。哈维用"歹托邦"概念描绘居住问题上的阴暗图景,认为"歹托邦"集中表现了城市空间中发生的经济危机。哈维指出,一方面,在空间实践中,新自由主义经济

① [德]卡尔·曼海姆:《意识形态与乌托邦》,黎鸣、李书崇译,上海三联书店2011年版,第192—193页。

政策通过支持金融资产和资本主义精英，为资本增值营造良好的商业环境，这样不可避免地造成生产过剩；另一方面，空间生产者和普通市民的有效需求严重不足，所谓的空间生产过剩只是相对于普通大众消费能力的过剩。哈维主张要改变资本主义的生产关系和生产方式，以消除穷人无家可归的“歹托邦”世界。

异托邦可以从地理学和社会学角度来界定。前者是指居住环境恶劣的贫民窟，这里基础设施不完善，城市环境不卫生，以发展中国家居多，称为“物质性贫民窟”；后者尽管居住环境优美，城市设施完善，但邻里之间漠不关心，社会割裂严重，多见于高度发达的工业社会，称为“社会性贫民窟”。各种形式的贫民窟是阻碍社会流动与社会融合的顽瘴痼疾。因此，许多近代工业城市和经济城市，几乎都有一部“清除贫民窟”的历史。直到今天，这种清除依然是政府解决城市问题的常见方式。比如，日本大阪的釜崎（现名“爱隣”），是日本最大的一个城市贫民窟地区。作为日本大阪历史上最大的短工市场和廉价租房区，100多年来，城市政府经由一系列清除贫民窟运动和城市更新运动，将城市的贫困层进行空间上的转移和集中，造就了“釜崎”这一城市问题的历史堆积层。纵观当今世界，条件恶劣的贫民窟如同城市伤疤，刻在许多国家的城市肌体上。即便是发达国家也存在同样问题，只不过数量和程度有所不同而已。

（二）正规空间与非正规空间

从城市规划和公共管理的角度，城市可分为正规空间和非正规空间。前者是以规划为原则管理和建设的城市空间，后者是无明确规划与控制的、居民自发建设而产生的城市空间。从空间形态看，非正规空间具有如下特征：一是由于它“镶嵌状”散布在城市的职能分区内，大多位于老城中心或CBD周边，因而呈现非几何性；二是因其在城市居住形态上疏离于城市正规空间，所以其自发形成的边界具有不规则性；三是因其在城市发展过程中处于边缘化地位，不可避免地存在着某种程度的脆弱性。我国也有学者借用西方“异托邦”的概念,来指称“非正规空间”或者空间的“非正规性”,将其描述为“在规制范围之外或有悖于法律法规的空间”,以及“缺乏基础设施、低质量、缺乏安全的空间”。[1] 在快速城镇化进程中,我国虽然没有出现贫民窟蔓延并包围城市的窘况,但城市中的低收入群体、流动人口聚居的区域,“棚户区”“城中村”的某些“城市角落”,住人的地下室,等等,都是典型意义的非正规空间。

非正规空间蕴含着巨大的社会张力。其一,作为一种新的物理空间,它是城市弱势群体多样化、多元化的生存载体。近年来,随着我国城乡二元体制的逐步解体,农村人特别是郊区农民进城谋生存的现象在各大城市都有存在。“城中村”、城市“蜗居”乃至“暖气井”下,构成了正规城市之外的“空间背景”,形成了一种独特的城市形态,体现着自组织的城镇化过程,是城市弱势群体落脚之地。从物理空间上说,城市呈现为截然不同的两部分,眼前是低矮潮湿杂乱的“蜗居”,放眼是高端优渥的住宅,这种强大的物理张力是显而易见的。其二,作为一种新的社会空间,它是被裹挟于城镇化浪潮中的“边缘人”的聚居地。非正规空间的人口构成是城市弱势群体。以“城中村”为典型的非正式移民聚居区,包括“原住村落社会”与外来人口低收入聚居区,人员主要包括外来从业人员、“被城镇化”了的失地农民、大学生“蚁族”和老街区原住民。他们是合格的劳动者,但某种程度地游离于城市经济体系和社会福利体系之外,缺乏在城市安居、完成劳动力再生产的基本条件,充分享受城市文明成果就更是一个奢望。这种居住模式隐藏着很多社会问题,革除和抑制居住贫困及空间不公正,应该成为住房制度改革的题中应有之义。

作为城市社会治理的关键环节,非正规空间的治理一度成为世界性难题,也不断有学者提出这样那样的治理方案。一个普遍的共识是:作为一个同质群体的社会空间,非正规空间的内部交往通常依赖于亲缘与地缘关系,形成

---

① 参见陈映芳、伊莎白:《城市空间结构与社会融合》,《读书》2019 年第 2 期。

“熟人社会”或“半熟人社会”的基本社会结构，其活力和多样性高于城市门禁社区，对这类空间的治理不能以牺牲活力和多样性为代价。在城镇化初期，有些城市政府常常因“秩序”的考虑简单取缔非正规空间，但这种机械化处理逻辑往往阻挡不住人们对生活的向往。生动、复杂、积极的生活本身也总会有机生成一些非正规空间，如马路菜摊、弄堂菜摊等非正式的、流动的空间就属此类。据学者观察，在北京的望京地区，每当有大型菜市场被拆除或者取缔，周边都会涌现出若干个小型菜市场，或者临时菜市场。对望京南湖市场拆迁的追踪调查发现，空间治理后，大部分商户仍然选择继续在望京的其他菜市场从事个体经营，部分商户进入沿街底商实现了就业升级，但也有部分沦为街头游商。它们不受政府部门管制，表面上是规划图纸上的“无序”，实则在日常生活中发挥着重要作用。事实证明，规训逻辑并没有带来好的治理效果，相反，频繁的空间治理反而会导致城市管理成本的上升。① 按照德赛图的理论，人在特定环境中，既要服从特定规则，又要在既定规则中寻求个人生存空间，而“抵制”则意味着存在两种相互制衡的力量，一个是政府的压制性和支配性权力，另一个是弱者在非正规空间的游击战争。

斩获第 72 届戛纳国际电影节最佳影片“金棕榈”大奖的韩国电影《寄生虫》，引发韩国关于穷人居住地的讨论，促使韩国首尔市政府制定了拨款改善“半地下”家庭的政策。这是一个典型的使非正规空间合法化的政策选择。宋康昊扮演的父亲基泰和妻子没有工作，靠打小零工勉强维持生活，但支撑起了一个有爱的家庭，和一儿一女过着平凡的生活。基泰夫妇同两个孩子住在简陋的地下室，一家人在房间内搜索免费无线上网信号的场面，有趣又心酸；透过和地面平行的窗户，抬头即见的肮脏混乱，是一家人生活的日常。这一家人窘迫的生活，被意外到来的儿子的同学改变了。在后者推荐下，儿子来到富人朴社长家为其女儿补习英语，女儿也以假身份来到这个家庭，为小儿子教授

① 参见陈映芳、伊莎白：《城市空间结构与社会融合》，《读书》2019 年第 2 期。

绘画。故事的一边是豪华别墅,住着依靠高科技发家的韩国新富一代,另一边是狭小的只能看到行人双脚的“半地下室”,住着地位卑微的穷人。影片批判了阶层固化所造成的社会现实,提起了阶层鸿沟不可逾越这个古老的话题,展现了底层民众与上层精英家庭的对抗和矛盾,引发了改造“半地下室”这种非正规空间的广泛讨论。

在该片斩获奥斯卡多项大奖后,韩国“地下室一族”的生活状况受到国际舆论的广泛关注。2018 年联合国指出,尽管韩国是全球第 11 大经济体,但住房仍是许多年轻人和穷人生活中的“不可承受之重”。过去的 10 年,对于 35 岁以下的韩国民众来说,每月房租占月收入的一半左右,这种半地下室公寓成为首尔市租房市场中相对便宜的选择。英国广播公司(BBC)记者近日对韩国的“地下室一族”进行了一次深入探访,31 岁的物流行业从业人员吴基哲(音)就是被访者之一,他居住在一处类似于“防空洞”的“半地下室”里,由于其寓所高出地面的部分有限,室内缺乏阳光照射,环境阴暗潮湿,连多肉植物都难以存活。一直以来,首尔市政府不允许出租类似半地下室,但在 20 世纪 80 年代的住房危机期间,居住空间的严重缺乏,迫使政府让这些地下空间出租合法化。在住房情况趋于好转的 2010 年,市政部门叫停新楼房“半地下室”结构的建造,但这类象征着“贫穷”的居所,一直作为住房市场的“刚需”在韩国社会长期存在。直到电影《寄生虫》的上映并引发讨论,“半地下室”这类非正规空间才又一次以合法的形式存活下来,以解决“泥勺阶层”的住房问题。①

(三)中心与边缘

“中心—边缘”结构源于传统“二元论”哲学,是界定空间存在的重要参照。一般来说,“中心”在一个城市中占据最好的地理位置,有着最好的市政设施保障,在城市中居于控制或者主导地位。而“边缘”地区远离于社会生活

---

① 刘媛等:《阴冷潮湿、蟑螂乱窜……探访韩国真实版〈寄生虫〉地下室一族》,《环球时报》2020 年 2 月 11 日。

的中心,以缝隙、角落等微不足道的空间形式存在,对应着特定的社会阶层,契合一定的社会结构和社会运行机制。也就是说,边缘空间不仅表现为某种独特的空间类型,而且体现出空间区域的个体、群体、活动、话语、权益、感受力等诸多社会性特征。

纵观世界城市发展史,城市划分“中心—边缘”结构伴随着整个城市化进程。在封建社会,由封建地主阶级政治统治意志和价值观所决定,位于城市中心的住宅最为名贵,而城郊的房屋则不值一提。上流社会为了保有由“中心—边缘”结构带来的种种特权,牢牢占据城市中心区域,千方百计和草根阶层划清界限。被统治阶级则受制于僵化的社会底层,被迫迁往城郊,忍受偏僻的地理位置造成的种种不利。现代城市也不例外。资本家聚居的地区往往处于城市中心区域,这里没有高污染、高耗能产业,也排除了交通拥挤、治安混乱、相关配套生活设施及公共空间缺失所带来的生活不便。这些区域有良好的生态保护和可持续发展能力,也有足够宽松甚至是奢侈的个体空间占有率,以及穷人难以获得的金融、信息和网络资源。而穷人居住的边缘空间则与此相反。业已固化的“中心—边缘”城市图景,由国家意志、政府权力、专家规划所导演,在一定程度上切割了城市共同体,剥夺了弱势群体“进入城市的权利”。

随着逆城市化倾向的出现,“中心—边缘”结构也时常呈现逆向态势,当今在美国一些城市出现的郊区生活模式就是如此。为了能买到更便宜、更漂亮的住房,有些人选择从中心城市迁移到棕榈谷、兰卡斯特市、莫雷诺谷等边缘城市,导致工作地和居住地之间的距离加大。爱德华·苏贾通过研究美国洛杉矶地区的职住分离问题,发现有20%的人单程花费两个小时以上。而在这20%的人口里,离婚率和自杀率高居不下、家庭暴力频发、心理问题严重。人们在居住地和工作地之间疲于奔命,咀嚼着“中心—边缘”城市结构酿成的苦果。

还有一种“中心—边缘”结构带有“后现代性质”,即边缘和中心并不以

"距离"的方式呈现,甚至边缘就在中心之中。美国纽约市上西区位于曼哈顿,坐落在著名的华尔街边,据胡晴昉撰文,上西区规划建设一栋新楼,应市政府减税要求,设计了一些平价小户型住屋,以便提供给中产阶级以下的市民居住。饶有意味的是,规划建设方面要求纽约市政府准许其设计两个出入口,分别供富裕家庭和小户型住户出入。作者还披露,纽约下城区也有栋高楼,因为地段好、价格高,是富裕阶层青睐的楼盘。市政府在这栋住宅建筑中特别规划了几层楼,专门用作仆人宿舍,供未来住户的家佣、司机、保姆居住,俨然恢复了巴黎旧建筑俗称的"女佣房"。就这样,那些历史上曾经存在过的、给穷人带来巨大伤害的城市住宅建筑,在 21 世纪以后现代形式体现出来。

中心与边缘既是一种空间安排,也是一种身份认同。即使有些下层贫民跻身中产阶级乃至上层社会,这种"边缘化"身份依然会在某个时空"冒出来"。迈克尔·亚历山大在其著作《爵士时代的犹太人》里提到,那些"发达"了的犹太人,其家庭成员"依旧还带有一些和他们的社会地位不甚相符的怪异行为。他们的表现会让人误以为他们正在被急剧边缘化。此外,他们常常同一些社会地位和财富状况较低的个人和族群交际……例如仿效、保卫甚至亲身参与这些被边缘化的美国人的集体生活。局外人的身份认同……是美国犹太人心理上的悖论。犹太人一边跻身主流,一边寻找边缘"。[①] 犹太人为全世界发掘了一座由黑人生活经验积淀的金矿,他们控诉美国人:这个国家对黑人的背弃就是对自己的背弃。迈克尔·亚历山大有一个绝妙好词可以表达这种态度,那就是"浪漫的边缘化"。

二、居住分异

居住分异是居民住房的分化现象。由于经济收入、社会地位、家庭结构、居住观念等不同,在不同社会阶层中会产生居住水平和居住区位的差异,进而

① [美]马歇尔·伯曼:《城市景观:纽约时代广场百年》,杨哲译,首都师范大学出版社 2018 年版,第 42 页。

在空间形态上形成面积不同、景观各异、相互隔离的同质化居住现象。

（一）基于阶级阶层的居住分异

阶级、阶层是影响居住分布的重要因素。许多古代城市的考古发现证明，上层阶层和草根阶层在居住问题上呈现二元分布，中世纪欧洲的一些史实也可以为这种分布形态提供证据。在当今英国、法国、意大利及一些其他欧洲国家，尽管强劲的工业化助推了城市化进程，城市化率逐年提升，城市社会日益繁荣，但上层社会和草根阶层的二元分布现象依然存在。城市社会学家用文字记载了这样一种趋势：上层阶级牢牢占据城市中心，而穷人阶层则聚居于城市郊区。这种趋势既是一种社会生态学布景，也是一种每天都在上演的活剧。为了尽可能减少与底层市民的接触，上层阶级通过各种手段迫使地位低下的人迁往城郊，那些在制革业和屠宰加工业等“恶臭”行业工作的人，是被“驱逐”的主力军。美国著名城市社会学家路易斯·沃斯指出，肤色、种族遗传、经济与社会地位、品位与嗜好等固然可以造成居住分异，但资本主义社会所特有的社会关系才是根本原因。“由于城市集合体的成员的出身和经历各不相同，血缘纽带、邻里关系和共同的民间传统影响下形成的情感已不复存在，或变得非常淡薄。在这种环境中，竞争和正式的控制机器取代了俗民社会赖以存在的坚实纽带。”①于是，阶级地位相同的人倾向于居住在同一地区或社区，这就构成了资本主义的居住景观。

资本主义社会充斥着由阶级或阶层造成的居住分异。爱德华·苏贾以洛杉矶为例描绘了这种景观：蓝领工人阶级居住在较老的中心城市里，而控制劳动力的主管人员、经营人员和监督人员却静居于风景优美的山坡和海滩上。二者之间显著的居住地两极化叠加在分布相对均匀的白领职业人口之上。而且，在这两个集中性的相互对立的集团里，其内部都有进一步的居住专门化和

① 孙逊主编：《阅读城市：作为一种生活方式的都市生活》，上海三联书店2007年版，第9页。

范围划定,保证每一个人都居住在其应该住的地方。[①] 这与大卫·哈维笔下纽约的“上城”和“下城”、巴黎的“左岸”和“右岸”如出一辙。更有甚者,当时大约25万人住在改建的汽车和后院的建筑物里,有一半之多的城市人口涌到汽车旅馆或其他旅馆去居住,以期节省足够的钱支付更加稳定的但又没有能力支付的住房租金所必需的担保金。更耐人寻味的是,在极其艰苦的条件下,洛杉矶穷人发明了一种“温床”,即轮流在席子上睡觉,轮不到席子的人就只好躲到电影院享受午夜后的低收费。那些更为不幸的人只能生活在大街上、快车道底下、纸板箱里或临时帐篷里,汇集成当时美国最大的无家可归人群,它创下了别样的洛杉矶之最。[②]

一位中国记者这样描述美国纽约富人区的繁华以及纽约市布朗克斯区亨特镇居民区的破落。亨特镇与曼哈顿直线距离不过两公里,历史上以农业种植为主。1895年至1900年间,有大批纽约曼哈顿居民涌入居住。20世纪初,纽约地铁建成,地铁站修到了附近,城市功能逐渐建立起来,一些公寓楼和别墅在该地区北部拔地而起,南部则成为纽约农副产品批发市场和工业区。20世纪70年代后,亨特镇逐渐成为纽约的废品回收地和废旧汽车处理厂,大量的报废汽车堆积在这里。随着经济结构的改变,居民结构也发生巨大变化。2010年美国人口普查统计数字显示,亨特镇面积4.27平方公里,人口2.72万,白人和亚裔分别占1.3%和0.7%,黑人占22.2%,中南美洲人占74.6%。这里基础设施和公共服务衰落,有固定收入的居民纷纷搬走。2008年国际金融危机后,亨特镇经济一落千丈,曾经的一家小炼钢厂濒临倒闭,只有农副产品批发业、废品回收业和废旧汽车改装业留了下来,在经济结构上处于最低端水平。失业和教育设施的缺失,使亨特镇成为纽约吸毒、抢劫和强奸等犯罪案

---

① [美]爱德华·W.苏贾:《后现代地理学——重申批判社会理论中的空间》,王文斌译,商务印书馆2004年版,第321页。

② [美]爱德华·W.苏贾:《后现代地理学——重申批判社会理论中的空间》,王文斌译,商务印书馆2004年版,第292页。

件最多的地区之一，在此居住的人们处在极度贫困状态——一多半人口生活在联邦政府设定的贫困线以下，挣扎在被社会忽略和遗忘的角落。① 对此，以“意识形态霸权”批判著称的普兰扎斯的分析可谓一语中的：“社会的原子化和碎片化……一种规则交叉的、分离的并呈细胞状的空间，在这种空间里，每一个部分（个体）都有其位置……分离和分割就是为了统一……原子化就是为了包容；分解就是为了成为整体；闭合就是为了同质化；而个体化就是为了消除差异。”②

基于阶层而导致的居住分异，也是中国城市社会常见的现象。新中国成立之后至20世纪90年代以前，我国城市居民的居住模式基本呈“阶层混合”结构。随着1956年社会主义改造的完成，很多富人的房屋分配给无房户，富人、穷人混住的现象比较普遍；在“大院式”居住模式下，大多数国营（国有）单位职工的居住区与办公区分布在同一区域，尽管级别不同，住房待遇也不同，但彼此的差异并不大，居住区位也没有明显分化。自20世纪90年代住房政策改革以来，随着城市居民住房市场化进程的加快，居住空间生产的规模逐渐加大，各种层次的住宅小区以及商品住房急速增长，高档小区与普通小区的距离也越来越大。进入21世纪，中国城市的居住分异现象愈发凸显。一般而言，社会分层与空间分异互为因果。社会分层是空间分异的政治经济基础，空间分异则是强化巩固社会分层的重要因素。一方面，社会空间被分隔为城市空间和农村空间，生成了农民阶层和市民阶层；另一方面，城市社会也划分为富裕阶层和贫困阶层，并通过居住分异现象得以体现。

就北京而言，从空间结构上看，第六次人口普查数据表明了社会各阶层的空间分布：农民阶层集中分布在大兴区、密云区、平谷区、延庆区等北京边缘地带；企业负责人阶层集中分布在朝阳区、海淀区和大兴区；专业技术人员阶层

---

① 李秉新：《纽约旁边有个亨特镇》，《人民日报》2017年8月14日。

② ［美］爱德华·W.苏贾：《后现代地理学——重申批判社会理论中的空间》，王文斌译，商务印书馆2004年版，第321页。

和办事人员阶层集中分布在城市功能拓展区和昌平区;商业服务业人员阶层集中分布在城市功能拓展区、中心城区和通州区;国家与社会管理者阶层集中分布在城市功能拓展区和西城区;产业工人阶层的分布相对分散,主要分布在朝阳区、大兴区、通州区、顺义区、丰台区、海淀区、昌平区、房山区。① 从空间变迁看,富人区的发展走向也透露出北京的居住分异现象。以方庄地区为例,作为北京房地产市场上最早的大型商品房住宅小区,方庄地区开启了北京富裕阶层集中居住的先河,到1995年底,除一些配套设施和大型公共建筑以外,4个被誉为"古城群星"的园区总建筑面积逾300万平方米。当普通市民通过祖产继承和单位分房而"蜗居"北京时,一些富有阶层凭借强大的购买力栖居于此。又如亚运村地区,亚运村建设是北京进行现代化城市建设的开端。1990年在北京举办的第十一届亚运会,推动了亚运村富人区的形成。运动会闭幕后,亚运村的房子荒了一年,直到成立北辰集团,开始出租亚运村汇源公寓以后,北京第二个富人区宣告诞生。按照当时的住房政策,外国人和港台人租住北京需要履行繁杂的手续,但位于亚运村的华侨村、汇源公寓等因为有涉外资格,加之四居室的大户型、全天候的热水供应等优渥条件,为吸引富裕阶层入住提供了有利条件。当前,北京正处于一个豪宅遍地的城市扩张时代,从并不达标的早期富人区逃离的富人们,开始了新一轮寻觅豪宅之旅。人们惊奇地发现,从市中心到远近郊,豪宅似乎扩张到城市的每个角落,以万柳地区、燕莎商圈、中央别墅区为代表。有人预测,未来的富人区发展将更趋成熟和多样,其位置和形态将根据不同群体的需要向两极分化:商务和精英人士出于跟随城市脉搏的需要,将会更加青睐城市的核心区域,如朝阳公园板块;而明星和老板为了尽享田园风光,则更愿意选择郊外别墅,如西山别墅区。

古有"孟母三迁",现有择邻而居。选择富人区实际上就是选择和谁住在一起。《读者》2014年第12期发表《狗与穷人不准进入》的文章说,近年来,

① 李君甫、李阿琳:《北京市社会各阶层的空间分布研究》,《北京工业大学学报》(社会科学版)2006年第1期。

全球大城市几乎全受制于高房价，人们生活质量下降，一般市民苦不堪言。而对金字塔顶端的阶级来说，人稠地窄的城市房产却成了他们稳赚不赔的高报酬投资工具。都说全球经济不景气，房屋中介店铺却如雨后春笋般四处冒出，房价虚高。二手房价高，新盖楼更贵，造成城市朝两个方向移民，富人往内搬，穷人往外移。而富人对居住环境要求高度隐秘，空间独立，减少与街道的公共接触，这已经逐渐反映在新建筑的设计上，因此这一举动也微妙地改变了城市的空间配置。

纽约上西区有栋新建中的楼，应市政府减税要求，准备规划一些平价小户型让“稍微不那么有钱”的人也能搬进去住。然而，他们同时要求市政府准许他们设计两个大门，一个大门专供富豪住户出入，而那些小户型住户则由另一个大门出入。纽约的社区质量因为住户财富、种族、历史等种种因素，往往差距极大，有些人为了有机会搬进好一点的社区，居然表态完全不介意使用“狗门”，只要他们能搬进那栋豪宅，与富翁当邻居就行。下城区也有栋高楼，因为价格高，估计只有富人家才有财力入住，于是政府特别规划了几层楼，用作仆人宿舍，专供未来住户的家佣、司机、保姆等居住，俨然恢复了巴黎旧建筑俗称的“女佣房”。——一间鸽子窝挤在屋顶阁楼，天花板低，冬冷夏热，一扇连头都探不出去的小窗子，摆了一张单人床之后，仅有发育不全的女仆和营养不良的穷学生才能在里头勉强转身。那些历史上曾经存在过的社会制度所留下的城市建筑，竟然在21世纪的新建筑中一一再现，简直令人难以置信。

科幻小说《北京折叠》荣获2016年雨果奖。《北京折叠》与其说是科幻小说，不如说是披着科幻外衣的关涉居住与阶层的社会隐喻。它将22世纪的北京居住空间分为三层，分别居住着精英、中产白领、底层劳动者。这不仅是未来世纪的写照，也是今天社会生活的写照。我们看到，现在各色人等早已各就各位，住进了属于自己的区域。而且，住着住着，邻居们的脸变得陌生起来。并非因为他们全去韩国整了容，而是老邻居陆续买了更大的房子、更好的楼盘,搬走了。原本小区里普通话占主导地位,随着居民成分的变化,各式各样的方言百花齐放……一般在中档社区住上十几年,房子慢慢变成了老房子,居民结构也会渐变,从阶层角度看,很可能就会发生“沉降”。于是我们常常会被生活推着走,不得不保持奋斗的状态,寻找下一个栖息地。国人的人生旅程就像跟团旅游,总是匆匆忙忙如拉练一般,在这个景点刚看了一眼,马上就得奔赴下一站。你想“停车坐爱枫林晚”,歇一歇思考一下人生,一扭头,别人“轻舟已过万重山”,你掉队了……①

在信息时代,居住分异也造成穷人和富人在文化权利方面的不平等。根据美国2016年的一项调查,美国部分低收入群体就无法获取宽带服务,其生活和工作都受到很大影响,造成无法摆脱贫困的恶果。美国低收入地区无法接触到高速宽带服务的概率是高收入地区的5倍。网络公司铺设的宽带电缆几乎都在贫困社区门口断掉,这使得中产阶级社区和贫民区之间又多了一个分界标志。一是缺乏宽带服务拉大教育差距。在信息时代,没有网络就无法在网上获取工作、教育、保险、政府行政事务、银行服务,在教育方面的影响极为严重。在弗吉尼亚州的谷契兰县的一所公立学校一般都通过网络通信分配家庭作业、批改学生作业以及与学生交流。因为很多学生家里没有网络服务,学校即便是把一部分工作调整回传统形式,那些无法使用网络服务的学生还是会落后很多。二是网络资源差异将导致新的“种族隔离”。研究发现,有高速宽带服务地区的贫困率明显低于没有宽带服务的地区,比如,谷契兰县宽带服务中断的地方家庭收入锐减,贫困率和少数族裔比例激增,而在距离该地不远的弗吉尼亚州首府里士满,是全国网速最快的地区之一。这种因宽带服务差异导致的居住分异,在某种程度上造成了“种族隔离”。分析造成宽带服务差异的原因,在于通信、运输等基础结构在空间分布上的不平等,不同地区的精英能够调动道路、电话、电力资源能力不同,不同地区的行为者之间的统治

① 朱辉:《小区折叠》,《读者》2016年第23期。

与从属的关系不同，在统治性与依赖性的全球网络中的作用不同，在全球文化中的创造能力与发言权也就不同。①

（二）基于政治、宗教的居住分异

政治因素影响居住分布。从地理位置和象征意义看，中央政权所在地大都选择在城市，因而中央政权所在的城市也被称为“王都”或者“帝都”。雅典卫城是希腊最主要的宗教建筑群，也是雅典神圣的中心地带。中国古代紫禁城是北京的中心，也是历朝帝王的住所。“王都”或者“帝都”出于政治防御的考虑，城市外围建有围墙，城市内部各个区块和居民小区也是用一堵堵墙体来分割。有些城市，护城河替代围墙，担负着政治防御的功能。在现代兵器发展迅猛的今天，城墙、护城河之类的防御物虽已过时，但城市内部区域基于政治防御的需要，仍然根据不同的人群划分出不同的居住区域。在欧洲，权贵阶层居住在市中心的门禁社区，满足了保护隐私的需要。奢华宅邸呈封闭状，面街的黑墙成为分割权贵阶层和草根阶层的政治屏障。贫困者和无家可归者则聚居在遥远的市郊和城市的边缘。在城市边缘之外更偏远的地方，分布着权贵的夏日行宫或是他们在乡下的宅第。

宗教也是居住分异的重要因素。在欧洲，城市教堂往往位于城市的中心，辉煌的教堂建筑常常使得其他公共建筑黯然失色。是否住在“神”的近边，甚至成为虔诚与否的标志。直到今天，这种情况在欧洲南部和拉丁美洲的城市里仍然存在。在中国，有许多典型的穆斯林城市，清真寺一般坐落于城市的中心；在佛教徒众多的西藏拉萨，人们的各种活动都在佛寺周围展开。北京的牛街也是如此。作为北京历史最为悠久、规模最为宏大的清真古寺，牛街礼拜寺布局紧凑，形制完整，是穆斯林主要宗教活动场所之一。对于城市的信众而言，离宗教场所越近，就意味着离“神”越近。

---

① 张小溪：《警惕网络资源引发新“种族隔离”》，《中国社会科学报》2016 年 5 月 25 日。

(三)基于种族、血缘的居住分异

种族、血缘等关系影响居住分布。在前工业城市中,西方很多街区按照居民种族不同划分为不同的聚居点。据统计,在19世纪和20世纪之交,乌兹别克斯坦的布哈拉市共有217个不同的种族聚居区。前工业城市延续下来的欧洲犹太人就一直居住在特定的聚居区,直至今天也是如此。在中东地区,犹太人聚居区长期以来都是一个城市现象,人们在经济、社会、文化等方面与其他地区相互隔绝,自给自足是最常见的生活方式。北京的牛街是因回族聚居而形成,因经营清真食品生意而闻名。如今的牛街居住着回族、满族、朝鲜族、维吾尔族、蒙古族、汉族等20多个民族。当然,在聚居区内部,不同人所属的"阶级"差异也会造成生态学意义上的不同。在这里,马克思主义关于居住问题的阶级分析方法依然有效。

在美国,非洲裔人口与白人之间的种族居住隔离是一个普遍现象,通常人们将其归因于个人偏见、收入差距、非洲裔自我隔离、银行和房屋中介公司等私人机构的行为。在这些因素中,联邦、州和地方政府的政策是"罪魁祸首"。种族居住隔离不仅损害非洲裔的权益,也阻碍美国国家整体发展。美国社会的许多问题都源于种族居住隔离。[①] 第二次世界大战以来,美国的白人阶级逐渐向郊区转移,许多非洲裔及其他贫困人口拥向城市,填补白人留下的空缺,集中居住在城市中心地带,加剧了黑人区与白人区的社会隔绝状态。黑人聚居区被称为"隔都区",房屋破败、人口拥挤、经济萧条,各种社会问题层出不穷。近十多年来,美国很多大城市中心又出现了"富绅化"现象,很多开发商翻修城区中心的厂房和居民区,增建高消费零售店和餐饮店,提高房租和房价,吸引富人和高薪收入人群搬入城市中心区。改建后的富人区排挤了大批长期生活在该地区的穷人,非洲裔首当其冲。甚至有人担心纽约曼哈顿著名

---

① 王悠然:《政府政策导致种族居住隔离》,《中国社会科学报》2017年6月21日。

的非裔聚居点哈莱姆区，过不多久也会彻底“变白”。

虽然美国1968年《民权法》从法律上给予非洲裔居民自由挑选住宅的机会，但住房问题上的种族歧视依然是活生生的现实。比如，美国黑人作家贝尔·胡克斯住进一座公寓不久，同楼一位居住了多年的非裔女性告诉她，在房主们开会表决是否让她入住时，就曾因她是非裔而表示犹疑。若非那位老住户替她力争，她可能有钱也买不了自己看中的公寓。贝尔·胡克斯在寻找公寓的过程中也多次被售房公司和房主告知，她个人因有固定职业被允许入住，但来访的亲戚和客人则不受欢迎。他们认为，贝尔·胡克斯的亲戚朋友必然都是黑人，楼里黑人增加，将有可能导致楼盘跌价。

居住分异也和家族谱系有关。某个人特定的家族或者数代同堂的大家庭住在一条街道，于是，这个家族或大家庭就成为一个界限分明的社会中的子系统，如果该家族颇具名望，那么此街道也许就以这个家族的名字命名。街道的名字一旦确定下来就不太会改变，哪怕若干年后家族所有的后裔都离开人世或者迁居他乡——如今欧洲和拉丁美洲的一些城市里的街道就是这样。

（四）基于安全感的居住分异

城市社会的空间区隔与特定的社会心理具有密切关系。按照西方社会学家马斯洛的理论，安全感在人的需要层次中占据重要位置。在传统意义上，人们大都通过建构空间边界以保障安全，从而获得安全感。从古至今，古代城镇的城墙、城堡，工业城市的围墙，现代城市的院墙，都承担着通过空间隔离实现安全感的职能。历史和现实表明，在一个仍然存在不平等、仍有暴力可能的社会，获得安全感的理性选择就是建构围墙。也就是说，在一个无法提供本体性安全的世界，围墙等空间区隔的存在具有某种程度的必然性。

传统城市从两个方面呈现出一种边界性存在。一方面，人们将城市视为一个统一的共同体，它以城市为边界原型，将一个城市和另一个城市分开，同城外的其他群体相隔离；另一方面，城市以群体为边界原型，将这一群体与那一群体分开。前者使同一城市中的所有人因为共处一个空间共同体而获得安全感,从而提高人的交往可能性,促进城市与空间认同的生成;后者则往往同社会分工、社会阶层甚至阶级的分化相关。不同分工、阶层的人往往会选择聚集在一起,甚至建构相对封闭的空间,以保障安全、增长财富、维护认同。但在同一城市中,富人街区和穷人街区在空间规模、质量、形态和环境上的巨大差异,以张扬的物质形式展示着贫富差异,容易引发底层市民的心理落差和不满,进而造成社会分裂。从总体上看,这种边界形成的安全感仍然呈现为一种外部性。

安东尼·吉登斯提出了“本体性安全”这一概念,认为空间隔离只能提供暂时的、有限的、外在的安全,而人类更需要一种本体性安全,社会默契则是这种本体性安全的重要来源。吉登斯认为,社会默契不仅能够使人产生具有连续性的自我认同,从而在人际交往中获得自信,而且能够对社会生活产生安全的情感体验,借此克服现代社会生活给人们带来的各种焦虑与不安,郁闷与恐惧,从而获取积极生活的信心和力量,抵御现代社会的各种风险。从空间社会学的视角来分析,如果没有财富、权力、阶层等差异的不断缩小,没有社会平等、城市正义的不断建构,依靠空间区隔来实现安全感就永远是人们不得已而为之的选择。

第四节　住有所居的伦理建构

住宅问题,既是民生问题,也是发展问题。实现住有所居,关系千家万户的基本生活保障,关系经济社会发展全局、社会和谐稳定和社会公平正义。然而,纵观世界城市史,从来没有存在过一个绝对稳定与和谐的社会,社会矛盾和社会张力的存在,从来都是一种社会常态。社会稳定的重要指标,是指政府知道如何去管理、应对这些社会矛盾和冲突,而不是完全消灭这类社会矛盾,或通过禁止的手段来压制社会冲突。在我国,要直面并回应当代中国日益复杂的住房问题,必须遵循马克思主义城市住宅理论,依凭马克思主义住宅批判的方法论启示,分析国内外在居住问题上的社会生态学分布状态,厘清居住观念和现实问题的矛盾冲突及其原因,寻求基于国家公共政策的伦理解决方案。

一、马克思主义的住宅批判

住宅作为一种空间,是社会关系的产物。在林林总总的居住表象中,隐藏着各种各样的社会关系。马克思恩格斯运用唯物史观,探讨了资本主义条件下城镇与乡村之间的关系,形成了社会—空间辩证关系的基本问题框架,认为社会关系既“形塑”空间,又“偶遇”于空间,具有同存性和冲突性。[①] 其伟大贡献在于,通过对资本主义城市住宅问题的研究,揭示出资本主义生产力和生产关系的本质,为分析和解决中国的住宅问题提供了方法论遵循。

(一)住宅是城市的特定空间形式

马克思和恩格斯曾经长期居住在柏林、巴黎等大城市,亲历了资本主义工业化在工业城镇快速发展的历程,深刻揭示了资本主义发展与城市崛起的关系,认为,城市既是社会进步力量充分发展的空间,也是资本主义罪恶最生动体现的空间。资本主义生产方式对城市发展的积极贡献表现在:城市空间日益扩大,农村人口大量涌入,城市的金融、商业、公共设施建设以及市政管理等得到很大发展,城市的经济社会地位迅速提高,日益成为支配乡村的力量。正如马克思恩格斯所揭示的那样:“资产阶级使农村屈服于城市的统治。它创立了巨大的城市,使城市人口比农村人口大大增加起来,因而使很大一部分居民脱离了农村生活的愚昧状态。正像它使农村从属于城市一样,它使未开化和半开化的国家从属于文明的国家,使农民的民族从属于资产阶级的民族,使

---

① [美]爱德华·W.苏贾:《后现代地理学——重申批判社会理论中的空间》,王文斌译,商务印书馆2004年版,第192页。

东方从属于西方。”①

资本主义的发展瓦解了原有社会的封建纽带,改变了旧有的社会关系。“生产的不断变革,一切社会状况不停的动荡,永远的不安定和变动,这就是资产阶级时代不同于过去一切时代的地方。一切固定的僵化的关系以及与之相适应的素被尊崇的观念和见解都被消除了,一切新形成的关系等不到固定下来就陈旧了。一切等级的和固定的东西都烟消云散了,一切神圣的东西都被亵渎了。”②在生产方式促进城市发展的过程中,住宅作为城市的特定空间形式,对资本主义的建立和扩张起到了巨大推动作用。或者可以说,城市发展成为资本主义生产方式成熟的基本成果和独特标志。同时,马克思恩格斯也深刻揭露了资本主义生产方式给工人带来的悲惨境遇,居住贫困就是这种境遇的重要体现。其时,蒲鲁东主义者提出了解决工人住房问题的种种方案,恩格斯连续撰写《蒲鲁东怎样解决住宅问题》《资产阶级怎样解决住宅问题》以及《再论蒲鲁东和住宅问题》三篇文章予以反驳。恩格斯通过论战的形式指出了以阿·米尔伯格为代表的蒲鲁东主义者在解决住房问题上的空想性质,全面系统地论述了资本主义城市空间中的最重要问题——住房问题。

和其他商品不同的是,住宅的使用价值具有特殊性。恩格斯指出:“各种商品的使用价值所以各不相同,其中也在于消费它们所用的时间不同。一个圆面包一天就吃完了,一条裤子一年就穿破了,一所房屋依我看要 100 年才住得坏。因此,使用期限很长的商品就有可能每次按一定的期限零星出卖其使用价值,即将使用价值出租。因此,零星出卖只是逐渐地实现交换价值;卖主由于不把他预付的资本和由此应得的利润立刻收回,就要靠加价即收取利息来获得补偿,加价即利息的高低并不是任意决定的,而是由政治经济学的规律

① 《马克思恩格斯选集》第 1 卷,人民出版社 1995 年版,第 276—277 页。

② 《马克思恩格斯选集》第 1 卷,人民出版社 2012 年版,第 403 页。

决定的。在 100 年终了之后，这所房屋就用坏了，消耗掉了，不能再住人了。”①可见，住房这种特殊商品的最大特点是，其使用价值和交换价值通过分期分批逐步实现，而且其周期比一般商品长得多。

（二）资本主义社会住宅短缺的必然性

住房短缺是资本主义工业化和城市化发展中的必然现象。恩格斯从德国住宅短缺的大背景入手，对 19 世纪 70 年代德国资产阶级和小资产阶级解决住宅问题的主张及其错误观点展开了较为系统的分析，同资产阶级和小资产阶级关于解决住宅问题的改良主义主张及其实质展开论战，并在论战过程中阐明了关于住宅商品经济的理论原理。普法战争之后，得到法国几十亿战争赔款的德国迎来了一个经济高速发展的时期，就在 GDP 高速增长的同时，由资本主义发展造成的社会矛盾也随之激化，表现之一就是创造了社会财富的工人在社会繁荣场景下，并没有分享到经济发展的成果，反而面临严重的住宅缺乏问题。恩格斯指出：“一个老的文明国家像这样从工场手工业和小生产向大工业过渡，并且这个过渡还由于情况极其顺利而加速的时期，多半也就是‘住房短缺’的时期。一方面，大批农村工人突然被吸引到发展为工业中心的大城市里来；另一方面，这些老城市的布局已经不适合新的大工业的条件和与此相应的交通；街道在加宽，新的街道在开辟，铁路穿过市内。正当工人成群涌入城市的时候，工人住房却在大批拆除。于是就突然出现了工人以及以工人为主顾的小商人和小手工业者的住房短缺。”②

住宅短缺的外在表现是居住分异。在《英国工人阶级状况》中，恩格斯描述道：“每一个大城市都有一个或几个挤满了工人阶级的贫民窟……穷人常常是住在紧靠着富人府邸的狭窄的小胡同里。可是通常总给他们划定一块完

① 《马克思恩格斯文集》第 3 卷，人民出版社 2009 年版，第 315 页。
② 《马克思恩格斯文集》第 3 卷，人民出版社 2009 年版，第 239 页。

全孤立的地区,他们必须在比较幸福的阶级所看不到的这个地方尽力挣扎着活下去。英国一切城市中的这些贫民窟大体上都是一样的;这是城市中最糟糕的地区的最糟糕的房屋,最常见的是一排排的两层或一层的砖房,几乎总是排列得乱七八糟,有许多还有住人的地下室。这些房屋每所仅有三四个房间和一个厨房,叫做小宅子,在全英国(除了伦敦的某些地区),这是普通的个人住宅。这里的街道通常是没有铺砌过的,肮脏的,坑坑洼洼的,到处是垃圾,没有排水沟,也没有污水沟,有的只是臭气熏天的死水洼。城市中这些地区的不合理的杂乱无章的建筑形式妨碍了空气的流通,由于很多人住在这一个不大的空间里,所以这些工人区的空气如何,是容易想像的。此外,在天气好的时候街道还用来晒衣服:从一幢房子到另一幢房子,横过街心,拉起绳子,挂满了湿漉漉的破衣服。"①恩格斯不仅描绘了城市的居住结构,还关注其中的社会关系。"所有这些人愈是聚集在一个小小的空间里,每一个人在追逐私人利益时的这种可怕的冷淡、这种不近人情的孤僻就愈是使人难堪……每一个人的这种孤僻、这种目光短浅的利己主义是我们现代社会的基本的和普遍的原则"②。

资本是住房短缺的强劲推手。恩格斯指出,资本在社会生产、生活中居于统治和支配地位。"如果有10%的利润,资本就会保证到处被使用;有20%的利润,资本就能活跃起来;有50%的利润,资本就会铤而走险;为了100%的利润,资本就敢践踏一切人间法律;有300%以上的利润,资本就敢犯任何罪行,甚至去冒绞首的危险。如果动乱和纷争能带来利润,它就会鼓励动乱和纷争。走私和贩卖奴隶就是证明。"③资本要服从价值增值的根本目的,作为重要商品的住宅也必须服从这一根本目的。即使在当代资本主义社会,资本的魔力也无时无刻不在发挥作用,"人们住得越拥挤,房地产主的收益就越大,而房

---

① 《马克思恩格斯全集》第2卷,人民出版社1957年版,第306—307页。
② 《马克思恩格斯全集》第2卷,人民出版社1957年版,第304页。
③ 《马克思恩格斯选集》第2卷,人民出版社1995年版,第266页。

地产主的收益越大,土地的资本价值也越高,如此恶性循环下去”[1]。另外,住房的辅助设施,如城市道路等的“拆”和“建”,也绝对服从资本的增值逻辑。大卫·哈维就认为,对城市基础设施持续不断地投资,是城市空间获取剩余价值的必要条件,如果不具备必要的基础设施条件,那么住房作为资本主义生产核心的复合增长率就无从实现。作为既有环境的构成要素,与住房相关的基础设施是资本主义生产、循环、积累得以进行的必要物质基础,获得高额的投资回报无疑是最为强劲的动力。[2]

阶级剥削是住宅短缺的实质。住宅短缺与资本主义制度是一对“孪生体”,没有工人住宅的缺乏,也就没有资本主义制度的存在。其时,资产阶级的社会主义不敢用现存条件来说明住宅缺乏现象,而是把这一现象归之于人们德行败坏和无知,也就是原罪。但就算是原罪,资本家的“原罪”已经消散在无知之中,而工人的无知却只是被用来作为确认他们有罪的理由。恩格斯强调指出,住房短缺既是社会的必然产物,也是维系资本主义社会存在的重要条件。因为“这样一种社会没有住房短缺就不可能存在,在这种社会中,广大的劳动群众不得不专靠工资来过活,也就是靠为维持生命和延续后代所必需的那些生活资料来过活;在这种社会中,机器等等的不断改善经常使大量工人失业;在这种社会中,工业的剧烈的周期波动一方面决定着大量失业工人后备军的存在,另一方面又不时地造成大批工人失业并把他们抛上街头;在这种社会中,工人大批地涌进大城市,而且涌入的速度比在现有条件下为他们修造住房的速度更快;所以,在这种社会中,最污秽的猪圈也经常能找到租赁者;最后,在这种社会中,身为资本家的房主不仅有权,而且由于竞争,在某种程度上

---

① [美]刘易斯·芒福德:《城市发展史——起源、演变和前景》,宋俊岭、倪文彦译,中国建筑工业出版社 2005 年版,第 435 页。

② [美]大卫·哈维:《资本之谜:人人需要知道的资本主义真相》,陈静译,电子工业出版社 2011 年版,第 87 页。

还有责任从自己的房产中无情地榨取最高额的租金"①。住房缺乏的实质是资本主义剥削制度造成的分配不均衡。恩格斯说:"现在各大城市中有足够的住房,只要合理使用,就可以立即解决现实的'住房缺乏'问题。当然,要实现这一点,就必须剥夺现在的房主,或者让没有房子住或现在住得很挤的工人搬进这些房主的房子中去住。只要无产阶级取得了政权,这种具有公共福利形式的措施就会象现代国家剥夺其他东西和征用民宅那样容易实现了。"解决住房问题,必须废除资本主义生产方式,因为,"当资本主义生产方式还存在的时候,企图单独解决住宅问题或其他任何同工人命运有关的社会问题都是愚蠢的。解决办法在于消灭资本主义生产方式,由工人阶级自己占有全部生活资料和劳动资料。"②

(三)如何解决住宅问题

资本家不愿意解决住房问题,工人阶级没有能力解决住房问题。恩格斯批判了关于解决住宅问题的三种不切实际的方案,阐明了关于住宅问题的科学设想。三种方案是:一是增加住宅供应量以满足社会需求;二是寄希望于资本家的良心和仁慈;三是依靠国家对资本的限制和调控来解决住宅问题。恩格斯对此一一进行了驳斥。他认为,第一种方案不能从长远和根本上解决问题,充其量起到暂时缓解住房问题的作用,所以不能期望单方面通过改变供求关系来解决住宅问题。第二种方案是典型的空想社会主义方案,资本家"在金钱问题上是没有温情可言的",因为"谁宣称资本主义生产方式即现代资产阶级社会的'铁的规律'不可侵犯,同时又想消除它的种种令人不快的但却是必然的后果,他就别无他法,只好向资本家作道德说教,而这种说教的动人作用一碰到私人利益,必要时一碰到竞争,就又会立刻烟消云散。

① 《马克思恩格斯选集》第3卷,人民出版社2012年版,第216页。
② 《马克思恩格斯文集》第3卷,人民出版社2009年版,第307页。

这种说教同站在水池边的老母鸡向它孵出的在池中欢快地游来游去的小鸭所作的说教是一样的。虽然水里容易淹死,小鸭还是下了水;虽然利润不讲温情,资本家还是趋求利润"。第三种方案也靠不住。因为"现代的国家不能够也不愿意消除住房灾难。国家无非是有产阶级即土地所有者和资本家用来反对被剥削阶级即农民和工人的有组织的总权力。个别资本家(这里与问题有关的只是资本家,因为参加这种事业的土地所有者首先也是以资本家资格出现的)不愿意做的事情,他们的国家也不愿意做。因此,如果说个别资本家对住房短缺虽然也感到遗憾,却未必会受触动而去从表面上掩饰由此产生的极其可怕的后果,那么,总资本家,即国家,也并不会做出更多的事情。国家顶多也只是会设法在各地均衡地推行已经成为通例的表面掩饰工作"①。总之,资本主义社会就是一个对资本盲目崇拜的社会,是一个资本占据支配地位的社会,幻想依靠资本主义国家和政府来控制约束资本是不切实际的。

恩格斯对资本主义社会住宅问题的分析表明,社会形态的阶梯性存在、资产阶级对工人阶级的剥削是住宅问题的关键之所在。用阶级分析的方法透视住宅的不平衡发展,无疑有助于对资本主义与空间关系的理解。资本主义无法依靠自身解决其住宅问题。第二次世界大战以后,西方思想界掀起了一波重建城市潮流,为医治战争创伤、追求幸福生活、推动社会发展起到了一定作用。但是,由居住空间正义缺失导致的城市化运动,也导致了一定的负面效应,20 世纪 60 年代在西方社会爆发的都市危机就是鲜明的例证。

住宅问题的最终解决有赖于城乡对立的消除。城乡关系是生产力发展和社会大分工的产物。恩格斯科学分析了城乡关系由同一到分异,再到融合的路径,认为城乡融合是城乡关系发展的理想状态。在资本主义社会,只要城乡关系还呈现为一种对立状态,住房问题就不能够彻底解决。"在这里我们接

---

① 《马克思恩格斯文集》第 3 卷,人民出版社 2009 年版,第 299 页。

触到了问题的核心。住宅问题,只有当社会已经得到充分改造,从而可能着手消灭在现代资本主义社会里已达到极其尖锐程度的城乡对立时,才能获得解决。资本主义社会不能消灭这种对立,相反,它必然使这种对立日益尖锐化。"①如何消灭城乡对立呢?恩格斯说:"只有使人口尽可能地平均分布于全国,只有使工业生产和农业生产发生紧密的联系,并适应这一要求使交通工具也扩充起来——同时这要以废除资本主义生产方式为前提——才能使农村人口从他们数千年来几乎一成不变地在其中受煎熬的那种与世隔绝的和愚昧无知的状态中挣脱出来。"②居住空间中的矛盾在市场运行中尤其突出,解决这一深层次矛盾,是实现住有所居的重要路径。

二、住宅问题的伦理学解析

马克思主义具有强大的真理性、人民性、实践性、开放性。它以辩证唯物主义和历史唯物主义的世界观和方法论,创造性地揭示人类社会发展规律,准确把握历史运动的本质和时代发展的方向,为我们认识世界、把握规律、追求真理、改造世界提供了强大思想武器。在我国日益进入城市社会的背景下,恩格斯对资本主义社会住宅问题的批判,对于我们深刻认识住宅对美好生活的意义、系统反思当代中国的住房问题,具有重要的方法论启示。

(一)住宅问题与幸福生活

在马克思主义看来,人作为生命的存在,既是生物学意义上的个体存在,又是社会学意义上的社会存在。因此,人既要满足基本物质需求,也会产生超越性社会需求,如爱与友情、社会交往、能力表现、自我实现等。从本源上看,包括住房在内的物质生活条件如果极度缺失,永远就不会有人的幸福生活。正如德国著名伦理学家包尔生所认为的那样,过度拥挤的住宅条件危及了人

① 《马克思恩格斯文集》第3卷,人民出版社2009年版,第283页。

② 《马克思恩格斯文集》第3卷,人民出版社2009年版,第326页。

们的生命与健康、幸福、道德和居住者的家庭感情。当一家人与别的转租人和寄宿者合住时，真正的人的生活是不可能的。住房具有对人的身体和精神双重庇护功能，它维系家庭生活，联结家庭亲情，关系人生幸福，住房条件的好坏在相当程度上决定生活质量的好坏。从功能层面看，住房作为一种特殊商品，带给人们的好处远远超过居住功能本身。作为民生必需品的住房不仅是个人遮风避雨的物理空间，而且具有实现家庭组建、后代抚养、生活关照、情感交流和心灵慰藉的社会意义。恩格斯正是遵循劳动人民的生活逻辑，在呼吁改善工人阶级的住房条件中讨论住宅问题的。虽然说，人们来到城市，是为了更幸福的生活，但是，当现代自然科学证明，挤满了工人的所谓“恶劣的街区”是周期性光顾城市的一切流行病的发源地时，为工人阶级争取较好的住房条件，就是实现幸福生活的基础性要求。

住有所居是美好生活的题中之义，社会主义的住房空间生产就是要满足人们对幸福生活的期待。作为一种服务综合体，住房直接影响着人们对其他社会资源的获取。例如，住房与邻里社会关系、社会地位、就业机会以及教育、医疗和休闲娱乐设施等社会资源的获取有关。正因如此，“安其居”一直是中国人最基本的生活追求，也是新时代党和政府对人民的庄严承诺。党的十九大报告强调指出，要在幼有所育、学有所教、劳有所得、病有所医、老有所养、住有所居、弱有所扶上不断取得新进展，保证全体人民在共建共享发展中有更多获得感、幸福感、安全感。具体说来，就是坚持“房子是用来住的，不是用来炒的”定位，加快建立多主体供给、多渠道保障、租购并举的住房制度，稳定房地产市场，加大保障房供给，使城乡居民的居住设施设备更方便、更齐全、更宜居，到21世纪中叶，实现居住环境、居住条件达到当时的世界先进水平。

（二）住宅问题与社会公平

公平是幸福的重要参数，住房问题关乎社会公平大事。许多幸福学研究者认为,幸福是通过客观比较而来的一种主观体验。社会正义是继经济因素之外另一个影响幸福的重要因子。马克思说:“一座房子不管怎样小,在周围的房屋都是这样小的时候,它是能满足社会对住房的一切要求的。但是,一旦在这座小房子近旁耸立起一座宫殿,这座小房子就缩成茅舍模样了。这时,狭小的房子证明它的居住者不能讲究或者只能有很低的要求;并且,不管小房子的规模怎样随着文明的进步而扩大起来,只要近旁的宫殿以同样的或更大的程度扩大起来,那座较小房子的居住者就会在那四壁之内越发觉得不舒适,越发不满意,越发感到受压抑。”①在住宅问题上,以贫富分化悬殊、穷人无家可归为代表的公平缺失,日益成为一个世界性难题。据 2018 年美国住房和城市发展部的数据显示,每晚至少 50 万美国人无家可归。美国儿童保护基金会宣称:“在全球最富有的国家,居然还有超过 1/5 的儿童每天都不得不面对无比残酷的现实——下顿吃什么,今晚睡哪里?”②发达国家如此,发展中国家亦是如此。

从社会伦理层面和公共政策层面加以审视,不难发现,住房建设与保障问题确实是一个社会公平问题。从社会伦理的角度看,住房资源是城市居民最基本的生活条件和最重要的财富表现形式,应当进行平等合理的机会分配。从公共政策的角度看,必须以公平为价值依托构建住房保障制度,保障市场经济运行机制下城市弱势群体的基本居住权,确保他们有机会获得负担得起的适当住房,实现“住有所居”的“国家承诺”。实际上,当住房被推向市场经济的汪洋大海之后,城镇居民的生活空间在不断改善;但在资本逻辑主导下,主体之间的生活空间并不平等,主体之间生活空间的差异有拉大的趋势。空间生活及至生活本身趋于异化。当住房不能公平地被享有和分配时,城市主体特别是穷人群体因为生活差距被不断拉大而冲淡对幸福生活的感受。因此,人们对于住房的需要和享受是由社会产生的,在衡量需要和享受时应是以社

① 《马克思恩格斯选集》第 1 卷,人民出版社 2012 年版,第 345 页。

② 钟声:《美国贫富分化现实如此冷酷》,《人民日报》2020 年 3 月 16 日。

会公平为尺度的，而不是以满足它们的实际物品为尺度的。

（三）住宅问题与价值观念

住宅问题与价值观念密切相关。正如苏格拉底所说的，未经过反思的生活是不值得过的。伦理反思就是对什么是理想的生活、何以可能过上理想的生活等问题，进行合理性厘清和规范性把握。以此为前提预设思考住房市场引发的问题，笔者认为，当前急需建构一套合目的性的住房价值观念体系，对物质生活的欲望及其必要限度进行伦理反思。一段时期以来，人们习惯于用无限性思维来理解现代城市生活，认为城市既然“让生活更美好”，其“美好”天然地包括生活的改善和提升，且这种改善和提升不受约束，永无止境。从理论上看，这种对无限的理解是片面的、形而上学的；从实践上看，这种对物欲的无限追求造成了人性扭曲、社会断裂、生态恶化等后果。我们知道，虽然人是一种必须首先满足“衣食住行”然后才谈得上其他一切的“物质动物”，所以从“唯物”的立场理解和阐释人，才是真正抓住了人的根本，也才是真正接近人。从这个意义上说，住房作为不可缺少的生活必需品，它所具有的居住属性使住房成为百姓生活的基础。居住需要的满足是一种底线性的价值诉求，涉及大众衣、食、住、行等生活基本需求中“住”的要求。对于城市居民而言，住房是“天大的事”。人作为一种自然有机体、社会有机体等的统一，虽然具有无限发展的可能，但这种无限的可能需要限定在一定的自然、机体、社会边界之内。也就是说，人作为处于特定有利环境下的幸运性、机遇性存在，可以在思维中无限扩展自身的欲望，但在现实中，人的欲望的实现和拓展都受到外在与内在双重尺度的制约。这双重尺度的制约提醒我们，需要以有限性思维、有限性伦理为基础来重构城市生活逻辑。

从人的全面发展的角度理解城市生活，某种程度上存在的“见物不见人”的价值认知是导致住房市场疯狂投机的“罪魁祸首”。这与早期资本主义社会发展历程相关，与极度放任资本的逐利本性相关，与人们奉行“物本价值观”相关。资产阶级经济学家李嘉图就认为:“人是微不足道的,而产品则是一切。”①这在刺激早期资本主义生长方面无疑具有积极意义,但是这种“见物不见人”的价值观念渗透在一切生活领域中,导致包括人本身在内的一切都被物化。人们为了获得赖以生存的物品,不惜把自己当作物来出卖,于是造就了一个物化的世界。马克思深刻地批评道,钱财异化为一种凌驾于人之上的完全异己的力量而牢牢地控制了人本身,人成了金钱的奴隶,并对它顶礼膜拜,“表现出异化的物对人的全面统治”②。当今中国,住房作为生活必需品,本来是为人服务的,是人们生存与生活的基本条件,但在资本与权力现代性语境下,住房日益成为一种商品,带有深刻的价值增值属性。正如皮凯蒂在《21世纪资本论》所说,资产对人们收入的影响日益扩大。“资本一旦形成,其收益率将高于产出的增长率。这样一来,过去积累的财富要远比未来的收入所得重要得多。”③住房的商品化不仅改变了人们的空间认知,也冲击了包括生活观念在内的一整套社会既有价值观念体系。它刺激了人们的投资投机欲望,甚至使投机成为生活的目标与内容,使生活日益走向异化;它不断挑战自然的承载力,使生活本身日益处于增大的风险之中。在这里,城市作为一种综合性的聚集过程,也成为一种综合风险的聚集过程。城市在强大的同时,也日益脆弱,随时可能发生始料未及的灾难。城市日益表现出“人为的不确定性”。在这里,“个人生活经历和世界政治都在变为‘有风险的’”④。过分强调住房的投资投机属性,缺乏对城市生活内涵的伦理自觉,人性的异化不可避免,由此带来的城市化的综合风险将日益增大。

从需要和需求的关系上理解城市生活,“需要泛化”的价值认知是导致住房市场疯狂投机的观念性因素。需要和需求是两个不同的概念。为了物质财

① 《马克思恩格斯全集》第42卷,人民出版社1979年版,第72页。

② 《马克思恩格斯全集》第42卷,人民出版社1979年版,第29页。

③ [法]托马斯·皮凯蒂:《21世纪资本论》,巴曙松译,中信出版社2014年版,第590页。

④ [德]乌尔里希·贝克:《世界风险社会》,吴英姿、孙淑敏译,南京大学出版社2004年版,第6页。

富的生产和人类自身的再生产，人人都需要某种形式的容身之所，一个排除外在干扰、开启个人生活的地方。但是需要并不能自动转化为需求。需要是一种人性特征，更多地强调"需"的方面，需求则追求需要的满足，强调"需"的实现，是一个经济和政治权力的函数。实际上，需要与消费联姻，才能形成有效需求。法国哲学家让·鲍德里亚以物品的消费为例，指出人们被消费的东西永远不是物品，而是关系本身。他说："消费的对象，并非物质性的物品和产品：它们只是需要和满足的对象。我们过去只是在购买、拥有、享受、花费——然而那时我们并不是在'消费'。原始的节庆、封建领主的浪费、19世纪布尔乔亚的奢华，都不是消费……财富的数量和需要的满足，皆不足以定义消费的概念：它们只是一种事先的必要条件。消费并不是一种物质性的实践，也不是'丰产'的现象学。它的定义，不在于我们所消化的食物、不在于我们身上穿的衣服、不在于我们使用的汽车、也不在于影像和讯息的口腔或视觉实质，而是在于，把所有以上这些元素组织为有表达意义功能的实质；它是一个虚拟的全体，其中所有的物品和讯息，由这时开始，构成了一个多少逻辑一致的论述。如果消费这个字眼要有意义，那么它便是一种符号的系统化操控活动。"①因而，消费行为应该被看成是一种非物质性的实践。这种消费行为已经不是一种单纯的和满足需求的"被动"程序，而是一种"主动"的关系模式。这不仅仅是人与物品的关系，也是人与集体、与世界之间的关系，是一种系统性的活动和全面性的回应。正是在这一消费认知和行为之上，整体的居住文化体系才得以建立起来。

三、住宅问题的价值论思考

（一）强化保障导向

保障是指用保护、保证等手段与起保护作用的事物构成某种可持续发展

---

① ［法］尚·布希亚：《物体系》，林志明译，上海人民出版社2001年版，第222—223页。

支撑体系。住房政策是政府以实现“住有所居”为目标、以解决市场失灵和保障居民基本居住需求而推行的一项公共政策。有效发挥其保障作用,是解决我国住房问题的关键。新中国成立以来,我国城市住房经历了从配给制、福利分房到住房市场化的曲折过程,城市住房的保障性作用也呈现出一系列变化。国家在一定程度上保障并满足了城镇居民的基本住房需求,但受制于资金不足和资源配置效率低等因素,城镇居民住房水平未能实现很大程度的提高。后来,我国实行社会主义市场经济,政府主要依靠市场来解决城镇居民的住房问题。在住宅商品化过程中,住房的社会福利性质日趋衰减,追求利润的成分日益上升,引发了住房市场的深层次矛盾。一是结构性过剩与结构性短缺并存。城市发展规律表明,城市越来越朝着区域化方向、以城市群的高级形态发展。在区域和城市群范围内,大城市对于中小城市具有天然的“虹吸”效应。大城市有着良好的发展条件,在居民收入和就业机会等方面优于中小城市,人口向大城市流动,从而造成特大城市和大城市住房短缺局面。而对于中小城市而言,地方政府过度依赖于土地财政,资本更青睐于房地产开发。土地财政与资本的联姻,制造了大量“空置房”,造成住房总体供大于求的局面。二是商品房价格畸高与市民购买力不足之间的矛盾。城市是各种资源高度集聚的产物,房价高低在一定程度上可以作为城市价值的度量衡。在我国,由于住房建设用地实行地方政府独家出让的管理模式,土地市场高度集中,加之市场恶意炒作等因素,导致房价连年“疯涨”。2016 年 11 月,均价显示,北京、上海、深圳新房每平方米价格超过日本东京、韩国首尔,紧逼美国纽约曼哈顿。专家认为,国际上房价与收入之比的合理范围是 3—6,但在我国有些城市,尤其是特大城市,房价与收入之比已经飙升到 37,远远超出正常范围。超高房价使城镇居民家庭负担过重,消费增长乏力,幸福指数下降。因此,需要强化住房公共政策的保障导向,不断完善住房保障体系,稳步推进我国保障性住房建设,持续增强住房保障能力,不断满足人民“住有所居”的美好生活目标。

强化住房公共政策的保障导向，需要持续推进政府善治。中国城市是在以农为本的文明框架内兴起的，这就决定了中国的城市化进程具有某种特殊性，再加之当今中国的复杂社会环境，使得政府在中国城市化进程中居于主导地位。然而，政府并不是天使。孟德斯鸠曾告诫人们，一切有权力的人都容易滥用权力。这是一条万古不易的真理。政府是城市社会的主体，由人性的不完满所决定，政治道德或者政府道德常常在人性的自私、自利、自保面前颜面扫地。也就是说，人为自我立法的道德能力，进而言之，政府为权力立法的道德能力，并不具有现实普遍性。这就要求我们，在培育城市社会多元主体力量的同时，客观地评价“政府主导型城市化”之于当代中国的历史意义。具体地说，就是要有效发挥政府组织国民经济、弥补市场固有缺陷的重大制度优势，推动国家治理体系和治理能力现代化。

一是推动政府治理体制机制创新，不断完善宏观调控机制，着力创新监管和服务方式，不断提高城市发展规划的导向作用；健全经济政策协调机制，不断提高政府协调国民经济的能力；建立健全重大问题研究、民主决策机制，不断提高有效预测和应对风险的能力。二是充分把握房地产市场特点，综合运用金融、土地、财税、投资、立法等手段，加快建立符合国情、适应市场规律的基础性制度和长效机制，引导投资行为，合理引导预期，调整和优化中长期供给体系，实现房地产市场动态均衡。三是摒弃土地财政的城市发展方式，树立建设现代化经济体系的观念。将城镇化视为一个自然历史过程，遵循规律、因势利导，既要积极，又要稳妥，更要扎实，使城镇化成为一个顺势而为、水到渠成的发展过程。根据我国经济已经由高速增长阶段转向高质量发展阶段这一最大实际，发挥科技和人才优势，转变发展方式、优化经济结构、转换增长动力。四是完善住房保障制度，推动配套措施完善的共有产权房建设，杜绝政策性保障房封闭式运转，强化合理的供需管理，细化持有、使用、退出、转让等各环节流程，真正从制度层面革除保障性住房存在的痼疾，为共有产权房的实施创建公平环境，实现“房子是用来住的，不是用来炒的”目标。

强化住房公共政策的保障导向,需要有效抑制资本的“任性”。以住房为表现形态的空间危机,究其实质是资本内部的危机。资本与生俱来具有两面性,一是资本的逐利性,二是资本的进步性。主要表现在:资本对利益的追逐,可以促进生产力的发展;资本的自由流动,能够增强社会活力。工业化初期,在众多生产要素中,资本对财富增长贡献巨大,因其“自带魔力”被大加赞赏,相反,劳动用来完成与资本、土地、原材料等要素的生产函数组合,其作用常常被忽视,甚至被贬低,至于拥有劳动要素的主体——劳动者,则更是被配置在一个扭曲的交易环境中,不会被关注。然而,资本从来就不是“天然正确”。马克思主义政治经济学深刻揭示,资本在发挥进步作用的同时,无法解决由扩张带来的经济悖论、生态悖论、人的发展悖论。因此,顺应资本的天性,抑制资本的“任性”,就必须请出资本的“他者”——政府(权力),用政府之手抓牢资本“缰绳”,“将资本循环和资本积累的逻辑从新自由主义的锁链中解放出来,沿着更具干涉主义和重新分配的路线重新部署国家权力,限制金融资本的投机力量,对寡头和垄断集团所掌握的压倒性力量进行分散化和民主化管理”①。要深化对政府与市场关系的认识,充分利用“市场之手”,在更大程度、更广范围内发挥市场配置资源决定性作用的同时,更好地发挥政府作用。通过履行宏观调控、市场监管、公共服务、社会管理、保护环境等基本职责,确保国民经济健康有序运行。作为市场的监管者,政府必须调动其“善治”的政治智慧,积极推进市场化改革,推动资本实现增值功能。盘活资本要素,提升有形资本的活跃度,提高无形资本的贡献率,集聚发展的强大新动能;深化资本市场改革,规范发展股票市场,有序发展债券市场,稳步发展期货及衍生品市场,促进多层次资本市场健康发展;优化资本市场结构,保持政府投资合理力度,激发民间投资活力,形成政府和社会资本的有效衔接,推动资本从自发走向自觉,为实现资本在房地产市场的良性运行提供广阔空间。

---

① Barney Warf, Santa Arias, *The Spatial Turn: Interdisciplinary Perspectives*, New York: Routledge, 2009, pp.1-10.

（二）强化公平导向

“治天下也，必先公，公则天下平矣。”住房公平问题，既是一个世界性难题，也是当代中国正在着力解决的问题。普适性做法就是由政府向城市中低收入阶层提供公共住房。美、英等发达国家均通过住房立法为该类群体提供货币或实物补贴，使其可以从市场上购买或租赁可负担的住房。在我国，政府作为公共住房政策的制定者和执行者，除了有效提供住房机会公平、规则公平的公共政策之外，还需要在社会公平的范围内，既要解决好进城务工人员住有所居的问题，也要解决好城市贫富两大阶层因居住产生的社会问题。

第一，完善对进城务工人员的住房政策保障。城市是一个异质性存在，农民工参与城市建设和管理，是城市主体异质性的重要表现。从需要看，农民工需要在工作的城市里有栖身之地，但客观上受政策等因素影响，这种需要并不能转化为有效需求，于是产生了需要与需求之间的落差。近年来，中国政府相继出台了宏观层面的农民工住房政策，但是，地方政府却鲜有提出将农民工纳入城镇住房保障体系的实际举措。比如，在公共住房政策上，鉴于各种考虑，公共住房的申请人必须具备相应的条件，而这些条件却大都将农民工排除在外，公共住房政策在一定意义上失去了其“公共性”。另外，农民工对“居住权益”表现出一种“集体无意识”，面对城市公共住房的“不可得”，大都采取漠视和顺从的态度，表现出在居住权利上的话语缺失。现实来看，相对于“领不到工资”，“白干了一年”，农民工在居住问题上的受排斥和被边缘化更为隐蔽。因此，农民工住房问题，不能简单归咎于住房市场的乱象，而是关涉住房公共政策的导向问题。因此，政府应该以空间公平为价值导向，进一步制定切实可行的公共政策，从住房机会平等、住房价格的可负担性等方面，着力保障城市弱势群体的基本住房权。

第二，解决城市混合居住产生的社会排斥问题。解决穷人的住房问题，目前世界上有两种模式。一种是以美国为代表的独立建设模式，一种是以法国为代表的混合居住模式。近年来大多数国家采取第二种模式。美国的公租房是独建社区,高楼为主,相对独立,集中建设。这些独建社区改善了低收入群体的住房条件,但由于租户在受教育水平、就业能力等方面的限制,加之周边中产阶层逃离等因素,经过十几年、二十几年的发展,这些独建社区会快速破败,其后果是公租房演变成贫民窟。为解决贫富两大阶层的社会隔离问题,有些国家探索总结了一套商品房和公租房混合居住的模式,这对于有效防止公租房沦为城市边缘、避免低收入群体被过度边缘化、营造和谐的空间战略具有积极意义。比如法国推行的城市更新计划就规定:政府要在普通住宅区建设廉租房,具体为每个普通社区须提供占总面积20%的社会福利住房。我国近年来也高度重视混合居住小区建设,倡导保障房和普通商品住房搭配建设、混合居住。2007年,《国务院关于解决城市低收入家庭住房困难的若干意见》出台,新建廉租住房"主要在经济适用住房以及普通商品住房小区中配建"。各地政府也相继按照要求下发配建令,规定新建商品房项目必须按一定比例配建保障性住房(公租房、经济适用房、自住房)。在北京、广州等城市,类似的小区不在少数。公租房和商品房建在同一个社区里,既可以避免贫民窟化,也可以节约政府成本。但是这种配建社区也容易产生新的问题。它把最缺房子、最困难的群体,集中在一栋楼里,而这栋楼旁边百十米就是价值数千万的豪宅,公租房居民与商品房居民之间,往往会出现许多细碎但又不容忽视的差异甚至冲突,从而在商品房与公租房之间,或明或暗,或显或隐地存在着一条"住房鄙视链"。

"住房鄙视链"的产生原因至少包括两个:其一,经济利益使然。商品房业主认为,自己在买房的同时,就"买"进了小区的公共配套设施,而只付少量租金的公租房租户瓜分了这些有限资源,不仅自己享受不到与付出相匹配的配套设施和公共空间,而且由于公租户的加入,使得本小区房价上涨的预期被拉低,缩小了商品房的增值空间。于是,在商品房业主与公租房租户之间就形成了一种权利张力:前者要求公租房租户禁入小区花园、禁用停车位;后者认为保障房是政府的民生项目，租户依法入住，理应平等享受小区公共设施和公共空间权益。其二，权利观念使然。公租房成本低、空间小，屋内往往没有晒台。晾晒衣物、置放杂物容易挤占公共绿地、公共空间，甚至还有人在楼外搭个狗棚。公租房租户的行为，既是因为房子太小，也与住惯杂院，形成的独特“公域”“私域”观念有直接关系。他们认为，邻居关系就是“我的私域直到你的家门之外”，这与产权明晰的“我的私域只到我的家门之内”截然不同。要避免矛盾冲突，就必须强化居住问题上的社会公平导向。一方面，通过完善空间规划，做好利益协调，加强城市管理，拆除商品房和公租房之间的物理围墙；另一方面，要改变和优化城市居民的居住观念、空间意识，拆除富裕群体和贫困群体之间的心理围墙，促进居住权利在两大阶层之间进行符合规律性与符合目的性的公平流动。

（三）强化民生导向

治国有常，以厚民生为本。民生愿景承载着人民的殷切期待和幸福未来。住有所居作为城镇居民最大的民生问题之一，不仅要求有更舒适的居住环境，还要求更好地解决长期困扰人们的职住分离问题。职住是城市空间的核心功能，决定了城市结构、空间绩效和运行成本。通勤是城市生活的重要组成部分，影响着城市宜居性，而严重的职住分离足以拉低幸福指数。有一项关于通勤距离与幸福体验关系的研究表明，5 公里的可慢行距离，使居民具有合理可控的通勤时间和多样的交通方式选择，更容易具有好的通勤体验。① 但现实生活中，受房价、就业机会、家庭、教育等各种因素影响，居民往往难以选择最小通勤的居住和就业。职住分离度是现实中城市职住供给失衡状况的反映。随着城市化进程的加快，人的总体性存在空间被分割为不同的区域性空间，人们需要在不同的空间扮演不同的角色，进行不同的活动。由于工作

① 中国城市规划设计研究院：《全国主要城市通勤时耗监测报告》，2020 年 12 月 15 日，https://www.sohu.com/a/436796733_162758。

和生活占据了人生的几乎全部内容,所以,工作空间和生活空间就成了最重要的空间。城市的根本特征在于集聚性,它“导致了资源……尤其是行政管理资源的集中,从而带来了比部落社会中更广泛的时空距离化”①。这种时空距离化在大城市或者超大型城市的一个重要表现就是严重的职住分离。受不正确的空间规划观念的影响,城市建设犹如“摊大饼”,城市住宅围绕城市的边缘建设,致使许多城市边缘地带的住宅区成了名副其实的“卧城”“睡城”。人们在居住空间到工作空间长时间奔波,时间和空间被打碎,失去了传统意义上的总体性,人们日益成为一种被不同时段与区域分割的孤独个体。职住分离使得“何处安居”成为当今社会的重要问题。一个无情的事实是:许多城市居民的生活的趣味常常被路途上的劳累取代,生活的幸福感被无情剥夺。

有研究提出“幸福通勤”的概念,以距离小于5公里的通勤人口比重作为衡量城市职住平衡和通勤幸福的指标。公里通勤的比重越高,说明该城市越能够就近职住、绿色出行,拥有幸福通勤体验的人口比重也越高。2020年5月20日,中国住房和城乡建设部城市交通基础设施监测与治理实验室、中国城市规划设计研究院,联合百度地图慧眼发布《2020年度全国主要城市通勤监测报告》,选取36个中国主要城市,借助百度地图位置服务和移动通信运营商数据,从通勤范围、空间匹配、通勤距离、幸福通勤、公交服务、轨道覆盖等方面,描绘出城市通勤画像,以期为政策制定、城市规划、交通组织、学术研究提供素材与启示。研究表明,北京、上海、重庆、成都通勤距离超过9公里,通勤时耗40分钟,是中国城市中通勤距离最远、时耗最长的4个城市。其中,北京通勤时耗47分钟,是全国唯一单程平均通勤时耗超过45分钟的城市。长时间通勤占用了人的休闲、运动、睡眠等生活时间,严重损害身心健康。瑞典于默奥大学社会地理学教授 Erika Sandow 研究指出,上下班耗时超过45分

① [英]德里克·格利高里:《社会关系与空间结构》,谢礼圣、吕增奎等译,北京师范大学出版社2011年版,第290页。

钟,离婚率将增加40%。剑桥大学联合其他机构的一项研究(样本量3.4万名职场人士)指出,上下班单程通勤时间超过1小时的人,得抑郁症的概率高出平均水平33%。美国《上班族》杂志上的一项调查(样本量约1000名职场人士)指出,上下班单程通勤时间超90分钟的人,会出现脖子疼、背疼等健康问题。①

缩短通勤时耗是营造美好人居环境、解决城市民生问题的重要途径。应该积极探索以幸福指数为关键指标的民生福利综合评价系统,加强对城镇居民民生福利的科学动态评价,提出以谋求职住平衡为目标的规划标准,实现科学合理的居住与就业空间配置。比如,《纽约2040——规划一个强大公正的城市》提出45分钟以内通勤人口比重达90%,作为城市繁荣、公平、可持续发展的目标;上海、南京等城市也提出"45分钟通勤覆盖80%—90%",以此作为城市运行效率和居民生活品质的衡量标准与发展目标。在当代中国大城市的职住空间关系发生深刻嬗变的背景下,应不断强化民生导向,秉持以人为本的规划理念,综合考虑就业机会、通勤成本、住房机会、城市公共服务可达性等要素,形成科学的职住平衡机制,构建合理的职住关系,以完善的公共政策体系,切实解决居住与工作分离这一重要的民生问题。

① 中国城市规划设计研究院:《全国主要城市通勤时耗监测报告》,https://www.sohu.com/a/436796733_162758。

第七章　空间共享

公共空间是社会公共生活的载体，既指以街道、广场等为主要形态的物质空间，也指以互联网为主要载体的信息空间，其本质特征是共享性。有形的街道、广场等实体空间与无形的网络、论坛等赛博空间，共同构成城市公共生活的舞台。在人与空间的互动中，市民通过空间参与、交流和互动，实现多元利益的最大化连接、城市文明素质的最优化提升。空间也因为人的介入，完成城市意象和城市文明的最丰富展现。

第一节　公共空间的主要形态

公共空间有很多类型。以实与虚为坐标系，主要分为广场、街道等实体空间和以网络为载体的赛博空间。无论是实体空间还是虚拟空间，都有着各自的发展历史，展现着特定的空间样貌，承担着重要的社会功能。

一、公共空间释义

在西方文化语境中，"公共"最早的用法是和社会共同利益相联系的。1470 年，马洛礼曾说过"卢奇乌斯皇帝……罗马公共福利的独裁者或者获取者"。英国历史学家霍尔在《1542 年纪事》中写道："他们无法约束内心的恶毒念头，而是在公共场合，也在私人场合发泄出来。”在这里，“私人”意指特权，意味着在政府中拥有很高的地位。17 世纪末期，“公共”在和“私人”相对称的意义上已经接近于现在的用法，前者意味着向任何人开放，后者则意指由家人和朋友构成的、受到遮蔽的生活区域。英国哲学家和神学家巴特勒在《传道书》中说：“每个人都应该具备两种能力，私人的能力和公共的能力。”“到公共场合去”这个短语意味着社会认可“公共”的空间含义。

文艺复兴时期，“公共”主要指称共同利益和政治群体，之后也指社会交往领域。17 世纪中叶，法国开始使用具有现代意味的“公共”概念，最初是指那些欣赏戏剧的公共人物。德国文字学家奥尔巴赫在研究中发现，剧院中的公共人物实际上由社会精英组成，其中宫廷中的人比较多，城市的人比较少。在 17 世纪的巴黎，“城市人”是一个非常小的群体，这些人并非贵族出身，而是靠生意起家，为了更好地和宫廷打交道。这些“城市人”在其言谈举止中尽力掩盖“生意起家”这个事实。18 世纪初期，不管是在伦敦还是在巴黎，“公共人物”和“公共场合”的含义都得到拓展。现代意义的“公共”概念，不仅是指一个处于家人和好友之外的社会生活领域，还意味着这个由熟人和陌生人构成的公共领域包括一群相互之间差异比较大的人。有人用“大都会”这一概念来指称这个差异性很大的城市公共领域。在法语中，生活在大都会中的人，能够自如地出入各种不同场合，甚至能够出席那些和他熟悉的东西没有关系或者相似之处的场合。或者说，居住在大都会的人是完美的“公共人”。①总之，“公共”是复杂的社会群体发生相互联系之意，而城市则是公共生活最为丰富的地方，是承载公共生活最常见的空间。

城市公共空间是一个多学科概念，既涉及建筑学、城市规划学，也涉及社会学和政治学。狭义上的城市公共空间单指那些供城市居民活动的室外空间，如街道、广场、公园等。根据居民的生活需求，人们可以在此进行交通、商

① ［美］理查德·桑内特：《公共人的衰落》，李继宏译，上海译文出版社 2008 年版，第 16 页。

业贸易、表演、展览、体育竞赛、运动健身、消闲、观光游览、节日集会及人际交往活动。这种意义上的公共空间又分开放空间和专用空间。开放空间有街道、广场、停车场、居住区绿地、街道绿地及公园等,专用公共空间有图书馆、运动场等,以街道和广场为主要形态。[①] 广义上的城市公共空间还包括赛博空间,这是一种随着数字电子媒介兴起、计算机和互联网日益普及而产生的公共空间。作为一个哲学和计算机领域中的抽象概念,赛博空间意指在计算机以及计算机网络里的虚拟现实。

城市公共空间连接历史和未来,关注现实和当下。它承载城市历史文化,见证城市重大历史事件,又是城市居民日常生活的物质载体和精神家园。它以其无可替代的"公共性",将不同种族、阶级、阶层、身份、年龄、性别和倾向的人集聚在一起,为重塑城市社会关系提供了空间场地,也为界定个人身份提供了现实可能。

二、街道空间

街道空间也称街道,原意指两边有房屋的比较宽阔的道路,是与人类生活最紧密的城市元素之一,在城市发展史中占有重要地位,对人类生活具有重要意义。街道既是一个社区的象征,也代表着一段公共的记忆。它们既是一个用以躲避世事的场所,也是一个浪漫传奇的所在;既是一个表演的舞台,也是一个梦想的空间。其形态从自由到规整,从封闭到开放,从分散到绵延,经历着从无到有、从发展到成熟的过程。随着社会的发展和城市的兴盛,街道逐渐成形,经过"人"的街道、"马车"的街道,至 19 世纪末 20 世纪初,随着现代主义设计思潮的兴起,受勒·柯布西埃"无街道"思想的影响,大马路逐渐取代小街道,传统城市结构逐渐消失,街道空间日益减少。20 世纪中后期,以简·雅各布斯为先锋,新城市主义倡导街道的人性化,提出以人为中心,在充满多

① 李德华主编:《城市规划原理》,中国建筑工业出版社 2001 年版,第 409 页。

样性、人性化、社区感的街道生活中诗意栖居。

（一）街道空间的社会功能

第一，调节社区结构。街道在城市中占据着可观的体量。一般来说，一个城市中25%到35%的已开发土地属于公共道路设施，而街道又占据了其中绝大部分。一般认为，倘若设计开发的街道具有公共社区感且对所有人来说都充满着魅力，那么就相当于成功地设计好了三分之一的城市。① 街道不仅仅是活动与进出的场所，其尺度与布局可以为路人提供遮蔽、调节光线与阴影，有效地将人的注意力与活动集中在一些中心节点、一些角落或街道沿线，引导人们浏览和意会城市的意象。许多都市人没有封闭的私人花园，更无法快捷地到达郊外以及公园，对他们来说，街道就成为一种户外活动的场所，一种可以停留的户外环境。人们在此四处观望、穿行其间，完成某种特有的运动。虽然街道最主要的用途是交通，但20世纪后半叶以来，它日益被理解为尽显民主和平等的公共资产。

第二，承担商业运营。有些街道存在的目的是为了交换商品与服务，这样的街道作为一种公共生活的橱窗，用以展示社会所提供的诱人商品。从产生看，街道是随着交换的产生与贸易的发展而逐渐生长的，它是由人们的生活需要而产生的一种商业形态。商业性的街道发展到今天，有一种典型的提法叫"商业街"，承担着重要的商品交换功能，比如北京的王府井大街、西单大街、前门大街、中关村大街、朝阳门外大街、西直门外大街，上海的南京路、淮海路、徐家汇、豫园等商业街等。

第三，开展政治活动。对许多城市而言，街道是一个发布政治宣言、举办政治庆典的地方。1967年，在美国的旧金山，超过三分之二的投票人赞同政府花费2450万美元改造市场街，将其塑造成能够容纳庆典游行队伍的伟大街

① ［美］阿兰·B.雅各布斯：《伟大的街道》，王又佳、金秋野译，中国建筑工业出版社2009年版，第5页。

道。马歇尔·伯曼在谈及涅夫斯基大道时说:政府可以监视街道,但是它无法促成该地区的活动与人之间互动的发生。当涅夫斯基大道以一种自由区域的姿态出现时,各种社会与政治力量则会自发地展开……转瞬之间,彼得斯堡人就可以在街道上感受到政治冲突的气息。这些街道也就成了政治空间。无论是作为激发想象或交换看法与愿望的会面场所,还是作为游行示威或表达公众意志的舞台,街道都是一个特别的政治空间,能表达出人们最珍贵的理想。20 世纪 80 年代末期发生在东欧的示威、抗议与游行,就大多发生在街道空间里。①

第四,丰富街头文化。街道是城市最耀眼的文化明星,街头文化是在街道上演的最烂漫的活剧。早在古罗马时代,一些艺人就在城邦街头演出公众戏剧,庆祝重要节庆。到了欧洲中世纪,一些无拘无束的流浪艺人,在法兰西、英格兰、日耳曼及意大利随处游荡,演奏着他们的音乐,为城市街头增添了无穷活力。至中世纪晚期和近代以来,随着流浪艺人规模和影响的扩大,以及社会历史环境的进步与发展,这些街头艺人逐步进入文学家和史学家的视野,其对西方音乐以及城市生活的贡献逐渐被诉诸笔端,被历史所记载。许多现当代西方音乐形式都蕴含着街头音乐的影子。古典主义音乐的始祖——海顿的音乐就直接获益于他的街头经历。他经常在民间巡游,参与街头艺人们的演奏,其音乐中包含的具有德国、波希米亚、克罗地亚、匈牙利、吉卜赛等风格的曲调,大都由其街头经验得来。街头音乐并不是某个国家所独有,也并非现代社会才出现。作为一种音乐活动的存在方式,它是一种广泛存在的城市文化符号。在现代城市,除了街头音乐之外,街头文化的表现形式更加丰富,包括街舞、滑板族、滑旱冰、街头服饰、街头涂鸦等。这些文化形式在 20 世纪 70 年代得到极大发展,尤以欧美国家为甚。至 20 世纪 90 年代后期,街头文化随着“哈韩”“哈日”之潮进入中国城市街头。21 世纪,街头文化逐渐传播到

---

① [美]阿兰·B.雅各布斯:《伟大的街道》,王又佳、金秋野译,中国建筑工业出版社 2009 年版,第 4 页。

中国的各大城市,作为型酷和时尚的象征,街头文化已然是城市文化生活的一大景观。

(二)街道设计的模式与标准

街道设计的模式。工业化时代,许多城市的街道设计采取了汽车主导型模式,以至于人们将“阔马路、多汽车”视为城市现代化的象征。近年来,人们在反思以往的街道设计理念,推动街道设计模式更新。一种是兴盛于西方的“多模式化”街道设计,即通过合理分配各种通行模式,增加街道单位时间的承载量,创造休息娱乐区、种植区等丰富的空间形式,提倡多元化出行方式,减少私家汽车使用量,打造高品质、多功能的城市公共空间。另一种是中国倡导的“窄马路、密路网”的街道设计模式。站在平面的角度来解决行车问题,反对用高架路给城市交通做“心脏搭桥”手术。在充分考虑既有路网格局的前提下,对街道的存量和增量区别对待、分步实施,结合其他交通管理措施,改善城市道路交通通行效率,为人的步行、自行车的骑行、各种车辆的通行提供基本空间,加强街道的交通设计和运行管理,协调人、车、路的时空关系,发挥城市街道“安全阀”和“活力源”作用。

街道设计的技术标准。人们对“好街道”“坏街道”的判断,既受社会政治经济状况的影响,也与个人的愿望、价值观、记忆、印象以及瞬间感触等密切相关。但是,好街道总是有其特定的技术标准。阿兰·B.雅各布斯在《伟大的街道》中这样描述好街道的技术要求:街道的高宽比介于1∶1.1之间,房子与房子之间的距离要紧致,这样才能有连续的街道的感觉;因为街道上最重要的活动是步行,所以即使取消路侧石以便实现车辆与行人混行,也必须确保让行人主宰街道;街道及其周围的环境要舒适,比如植入落叶的树木,以便能在夏日提供阴凉遮风避雨,冬天则能够让行人沐浴阳光,最佳的树距控制在4.5米至7.6米之间,这样树枝交叉可以形成笼盖;街道的路边要能停车,店面越多越好,店面的窗户要让人感受到生活的气息,那些探出墙头的枝干、树叶、藤蔓也很重要，可以让人联想另一边的花园世界；要有赏心悦目的动感元素，比如飘落的树叶、亮起的招牌、从树荫中倾泻而下的阳光、街道上行走的人们、慢速行驶的汽车、在建筑外表游走的光线，当然还有灯光、招牌及橱窗烘托之下的美丽夜晚。

（三）街道设计的价值导则

第一，公共性。街道属于我们大家吗？对这个问题的回答可以转换为：街道是否具有公共性。众所周知，街道是组成公共领域的主要载体，其他任何城市空间都望尘莫及。除了车匪路霸、街头黑帮，没人会叫嚷“这条街是我的！”街道应该向所有人开放，陌生人可以在此相逢，熟人也可以在此偶遇。阿兰·B.雅各布斯在《伟大的街道》一书中列举了 9 条伟大的街道，它们分别是：美国匹兹堡的罗斯林街、意大利罗马的朱伯纳里大街、法国普罗旺斯地区艾克斯的米拉博林荫大道、作为伟大街道而存在的中国大运河、意大利罗马的科索大街、西班牙巴塞罗那的兰布拉斯大街、美国弗吉尼亚州里士满的纪念碑大街、意大利罗马的卡拉卡拉浴场大街、意大利博洛尼亚的伟大街道。该书分析了这些伟大街道的公共性特质，指出，就如罗斯林街从来都不是一条富人居住的街道、哥本哈根步行街两旁没有一座宫殿一样，这些城市街道是城市公共财产的重要组成部分，并接受公共机构的直接管辖。雅各布斯描述道，在最近整整十几年的时间里，巴西的库里蒂巴斯市的主要街道上，每逢周六的早晨都会在路面上铺设很长的纸，每隔一米的距离用木棍压住，创造出数以百计的独立的白纸画卷。来到这里的孩子都会得到画笔与颜料，他们在白纸上作画，父母和朋友们则在一旁观看。这项活动没有任何社会和经济地位的要求，只要有愿望就可以参加。雅各布斯得出结论：与参与活动相伴产生的是居民对于街道、对于城市乃至对于国家的责任感。①

---

① ［美］阿兰·B.雅各布斯：《伟大的街道》，王又佳、金秋野译，中国建筑工业出版社 2009 年版，第 8 页。

第二,社会性。街道是社交的空间,是邻里关系形成的载体,也是人的社会化得以发展的平台。城市之所以令人们向往,是因为它集聚了大量的信息和能量。街道之所以吸引居民,是因为它能满足人们的社交功能。“人们被吸引到那些最好的街道上,不是因为必须去那里,而是因为希望去那里。”①街道是母体,是城市的房间,是丰沃的土壤,也是培育的温床。马歇尔·伯曼在现代性研究中发现,社交是优秀街道的性格特征:人们来到这里看人,同时也被看,来到这里与其他的人交流自己的观点,没有任何隐秘的目的,没有任何贪欲与竞争,交流本身就是最终的目的。② 在西方发达国家,无论是富人区还是穷人区,人们无一例外地青睐街道,并通过参与活动塑造街道文化。好的街道将人们聚在一起,协助社区建立,增进彼此交流,发挥着社会容器的功能。

第三,多样性。好的街道是多要素协调的空间,呈现连续性和韵律感,这就是街道的多样性。它既包括周围建筑及其元素的多样性,也包括随之而来的社会的多样性。一个好的街道,周围的建筑之间常常有一条垂直的线条上下贯穿,意指一栋建筑的结束和下一栋建筑的开始。这些线条具有丰富的内涵,提供一种解读城市的线索,也具有精确的刻度,赋予街道一种尺度感。街道两旁的建筑越多,垂直线条就越多,街道就越丰富多样。同时,建筑的数量越多,参与进来的建筑师、设计师、投资人、建设者等就越多,街道的样式以及街道生活的趣味性就越多。雅各布斯认为,正是街道邻里琐碎日常中隐含的多元和杂乱,才保证了城市内部劳动分工的演进,在种种不经意间促成新的经济活动的诞生;相反,街道邻里消失的时刻,日常生活痕迹被抹去的时刻,就是街道活力随之消失的时刻。

---

① ［美］阿兰·B.雅各布斯:《伟大的街道》,王又佳、金秋野译,中国建筑工业出版社2009年版,第7—10页。

② ［美］阿兰·B.雅各布斯:《伟大的街道》,王又佳、金秋野译,中国建筑工业出版社2009年版,第268页。

第四,安全性。安全是人们对街道的底线要求。简·雅各布斯在《美国大城市的死与生》一书中认为,以不安全为主要表现的"社会性贫民窟"的存在,一个重要原因就是街道缺乏多样性,造成了"街道死角"。故此,她发明了"街道眼"概念,认为街道眼是安全之眼、公共生活之眼、城市乐趣之眼。在街道尺度上,简·雅各布斯反对大尺度、倡导小尺度,认为前者常常带给人疏离感,当街道变成了大而无当的公路,人们行走于此,会产生不安全之感;小尺度、多样化的街道会自发形成一种自我防卫的机制,人们可以沐浴到从窗口或阳台上探出头的注视目光,观赏到因人流密集而形成的"街道芭蕾",而潜在的"要做坏事的人"则会感到来自邻居的目光监督。美国著名电影《杀手之吻》,对空旷街道的"夜魇"进行了精彩绝伦的展现。这部发行于1955年的经典黑色电影的主人公是一对渴望走出小镇的恋人,他们约定某天晚上九点时分在百老汇西侧碰面。这时,本该行人如织的百老汇万籁俱静、一片虚空,广场上唯一的生命力来自闪亮的广告牌,这虚空是如此骇人,帕斯卡尔"无垠空间里的寂静让我害怕",在导演库布里克的镜头下得到了诗化表达。电影透露的是,拳击手在遭遇袭击后能够快速逃跑、躲过一劫,而其经纪人则没那么幸运,就在拳击手遇袭的位置——办公大楼后边一条黑暗的巷子里被杀害。库布里克发掘了一个需要展现的城市街道噩梦,并告诫人们:危险来自人际稀少的"寂静街道"。①

第五,历史性。街道由历史的砖瓦砌成,随着时光的推移发生变化。好的街道是社会历史背景和建筑艺术成就的集中反映,是自然历史环境与社会人文环境的完美结合。通常人们在阅读和感受街道时,总是喜欢追问和探究该街道是如何历史地"产生"并参与历史进程进而"生产"新的社会关系的。也就是说,只有把街道纳入城市史、社会史的框架中,并将其视为社会史的同一过程,才能把握街道的本质。凯文·林奇与阿尔文·鲁卡肖克进行过一项关

---

① [美]马歇尔·伯曼:《城市景观:纽约时代广场百年》,杨哲译,首都师范大学出版社2018年版,第22页。

于“街道记忆”的调查，并撰文《关于城市的儿时记忆》。根据测验卡片调查结果，他们发现，街道的铺装面，街道周围的围墙、树木之类东西，常常会留在记忆中，保留这些物质元素，其实就是保留了历史记忆，留住了城市乡愁。凯文·林奇还同麦考姆·里夫金一道，以波士顿市中心波依鲁斯顿大街和纽贝利大街所围成的街区为目标，向过往的成年人开展调查，得出了相同的结论。[①] 也就是说，街道因织补了时间的碎片而呈现出一种历史性。因此，街道建设不能过度依赖于大规模的公共开发、高度集中的产权和专擅的规划设计模式，而应该珍视逐步积累的物质环境和人文环境，让街道这一城市的骨架成为解读历史的一把“金钥匙”。

（四）中西方对待街道的态度

文化传统不同，人们对待街道的态度也有不同。受礼制传统的影响，街道空间在中国的重要性远不及西方。北宋以前，由于里坊生活的封闭性、社会情绪的内敛性、夜禁制度的控制性等原因，街道空间并未得到应有重视。其时，虽然街道作为公共空间对信息传播和交流起到了一定推动作用，但从根本上说，中国古时街道的典型特征仍然是公共活动乏力、公共活力不足。从伦理视角看，礼制传统对中国街道空间具有重要的影响。自西周开始，这一传统长期占据着统治地位，深深影响着体现统治阶级意志的城市建设。主要表现在：以血缘关系为轴心和纽带的人际观念，具有将家族内部统一起来的强大力量，家庭或者家族的建筑群呈围合内聚形态，人们更加注重内院空间建设，而街道空间因更多地供血缘以外的人际交流，被置于次要地位。唐代，礼制传统发挥到极致。直到北宋中期，城市对外的水运、陆运和内部街道相结合，出现了交通枢纽点，商业也随之兴盛起来。商业街的出现使原本单调乏味的旧街道景观发生了一些变化，即增加了场所感和生活性，但终

---

① ［日］芦原义信：《街道的美学》，尹培桐译，百花文艺出版社2006年版，第107—108页。

究不能改变以家族为中心的礼制文化的影响,街道的冷清状况并未得到根本改观。宋代以后,中国出现了较为典型的以街道为特征的城市空间形态。据记载,清末民初的北京大街上,可以并行10辆汽车。自清末入民国,北京的大街一直在缩减,诸如东四、西单等商业发达地区,大街的窄化速度就更快。和中国相比,西方对街道的理解没有明确的内外之分,他们尊重、喜欢、建设、美化街道空间,认为提供公共活动的街道是家庭生活的延伸,也是城市秩序的延续。芦原信义在《街道的美学》中就称意大利街道是"没有屋顶的室内空间"。

三、广场空间

广场是城市的客厅,是公共空间的重要类型。它聚集了城市最缤纷绚丽的艺术设计,汇聚了城市最生机勃勃、丰富多彩的生活内涵。

(一)广场界说

第一,广场的概念。城市广场即为城市中由建筑物、道路或绿化地带围绕而成的开放空间,是城市公众社会生活的中心,是集中反映城市历史文化和艺术面貌的公共空间。凯文·林奇认为,广场位于一些高度城市化区域的核心部位,被有意识地作为活动焦点。它应具有吸引人群和便于聚会的要素。在地理形态上,不论广场的形状如何,总要有一个中心,一般由独具意蕴的建筑小品来表现,如罗马市政广场的雕像、协和广场的方尖碑和喷泉、圣马可广场的钟塔、天安门广场的人民英雄纪念碑等。广场周围一般布置着重要建筑物,以集中表现城市的艺术面貌和特点。从建筑学上说,城市广场以建筑、道路、山水、地形等围合起来,由多种物质景观所构成的结点型城市户外公共活动空间组成,它以步行为交通手段,常常表达一定的主题思想。就其重要性而言,"没有什么比一个广场更为简单,它是一个城市的建设与城市、中心与间断相互融合的顶点——正如作为一个元音,一个清晰而完整的意大利语元音,它是语言的中心与间断”①。作为城市肌体的重要元素，广场的概念和意义来源于西方，起源于公元前五世纪的古希腊。人类最早的城市广场当属古希腊城市广场和古罗马的城市广场，它是市民进行宗教、商业、政治活动的场所。“广场政治”这一政治学概念就来源于此。这些广场起初是作为市场和公众集会场所，后来也用于发布公告、进行审判、欢度节庆等活动。广场周围通常集中大量宗教性和纪念性的建筑物，比如罗马的图拉真广场中心有图拉真皇帝的骑马铜像，广场边上巴西利卡（长方形会堂）后面的小院中，矗立着图拉真纪念柱，柱顶耸立着皇帝铜像，以此炫耀皇权的威严。

第二，广场的类型。以功能和作用为参照系，城市广场主要有以下类型：一是市政广场。大都设立在城市中心，是城市形象的代表和最具魅力的公共空间。广场上大多布置有公共建筑，平时为城市交通服务，同时也供旅游及一般活动，需要时可进行集会游行。这类广场一般面积较大，与城市主干道相连，可以合理地组织交通，满足人流集散需要。北京天安门广场、上海市人民广场、俄罗斯莫斯科红场就是这类广场的典型代表。二是纪念广场。以纪念性建筑物为主体，结合地形布置绿化与供瞻仰、游览活动的铺装场地，是人们用事物或行动纪念某人某事某物以表达怀念的城市公共空间，是能够引发人类回忆及联想的、具有历史文化价值的广场。其功能是回忆过去、表现当下、展望未来。如北京天安门广场、美国芒特弗农广场、俄罗斯的红场等。三是交通广场。旨在疏导多条道路交会所产生的不同流向的车流、人流交通，以及解决人流、车流的交通集散，如影剧院前的广场、体育场、展览馆前的广场、工矿企业的厂前广场、交通枢纽站站前广场等。

第三，广场的特征。其一，公共性。通过各种空间元素，城市广场以一种微妙且具体的方式吸引公众，昭示人们自己并非个体的存在，而是作为一个共同体而存在。卡斯腾·哈里斯认为，由公共性特点所决定，城市广场比私人建

① ［英］埃蒙·坎尼夫：《城市伦理——当代城市设计》，秦红岭、赵文通译，中国建筑工业出版社2013年版，第147页。

筑更具内涵和价值。“从古希腊的‘阿戈拉’开始,虽然受到使其存在的政治体制的制约,但城市空间所具有的交错重叠的宗教、市民和纪念功能,催生了空间对公共意义的表达形式。空间的模糊性体现了个人与集体之间的一种关系,而通过市民的共享行为产生的空间挪用,则巩固了社会结构。”①其二,集聚性。这一特征表示城市对各种物质流能量的高度容纳和聚集,人流的暂时性和相对“静态”活动是其社会表现,以此区别于街道型公共空间。其三,围合性。相比于街道这一线性城市公共空间(线性决定了它不能独立存在),广场的静态性决定了它能够相对自成一体,保持独立完整性。

(二)雄伟壮丽的天安门广场

每一座历史文化名城都有代表自己特色与形象的城市广场,以铭刻历史记忆、凝聚民族文化、弘扬民族精神而著称。有的城市广场经过规划和设计而形成,但更多的是,因发生过对民族、国家有重要意义的历史事件,在长期的历史演变中逐渐形成,中国北京天安门广场就是历史形成的产物。作为世界著名广场,天安门广场占地面积 40 公顷,是俄罗斯莫斯科红场的 8.1 倍,是法国巴黎凯旋门戴高乐广场的 8.5 倍,是梵蒂冈圣彼得大教堂广场的 11 倍,是美国纽约时代广场的 23 倍,是巴黎旺多姆广场的 23 倍,是威尼斯圣马可大广场的 35.4 倍,是意大利西耶纳坎波广场的 36 倍。② 以天安门广场为例,分析其承载的政治文化意义,对于从普遍意义上理解城市广场,具有“窥一斑而见全豹”的作用。天安门广场的特点主要包括以下几个方面。

第一,历史性。天安门广场由皇家私有到公共空间,经历了长期的社会历史过程。其原本是明清政府举办重大庆典的重要场所,为“T”形封闭的宫廷广场,北面为天安门,南边为大清门(中华门),两侧为长安街左右门。天安门

① [英]埃蒙·坎尼夫:《城市伦理——当代城市设计》,秦红岭、赵文通译,中国建筑工业出版社 2013 年版,第 147 页。

② 王丽方等:《城市广场:形与势的艺术》,中国建筑工业出版社 2018 年版,第 181 页。

是明清两代北京皇城的正门，位于北京城南北中轴线上，始建于明朝永乐十五年（1417 年），最初名“承天门”，寓意“承天启运，受命于天”。明英宗天顺元年（1457 年），承天门被焚毁，明宪宗成化元年（1465 年）重建。清顺治八年（1651 年）改建后，更名为天安门。明清时期，天安门广场是北京紫禁城正门外的一个宫廷广场，东、西、南三面合围，是普通百姓不可进入的禁地。1914 年 5 月，朱启钤任北洋政府交通总长期间，启动改造旧都城计划，拆除了天安门前的千步廊，打通东西长安街，开放南北长街、南北池子，修筑沥青路。自此，天安门广场的封闭格局被打破，威严神秘的皇权被消融，天安门变成可自由穿行、逗留的公共空间。1915 年，正阳门城楼经过改造，拆除了瓮城城墙，改善交通，拓展道路。之后，随着空间范围的扩大，交通设施逐步改善，以天安门为中心的城市广场开始形成。新中国成立后，遵循“古为今用、推陈出新”、体现“民族传统、地方特色、时代精神”的原则，对天安门广场进行了三次大的扩建和改造，围绕着广场的天安门、正阳门、箭楼这三座老建筑和国旗旗杆、人民英雄纪念碑、人民大会堂、中国革命历史博物馆、毛主席纪念堂等五座新建筑物融为一体，一个形态气势磅礴、可容纳百万人集会的宽阔广场展现在世人面前。天安门广场承载了中国古代建筑与现代建筑的空间意象，记录了由旧中国到新中国的沧桑巨变。

第二，政治性。天安门广场是一个政治性公共空间，许多影响历史、震惊中外的政治事件在此发生。1916 年，封建军阀张勋复辟帝制，率领辫子军开进天安门广场，试图拥戴已经退位的溥仪复位。全国人民奋起声讨，历时 12 天的复辟美梦一朝破碎。同年 7 月，北京市民在天安门广场举行首次群众集会，庆祝共和胜利。之后，各种政治团体、党派组织、社会机构把天安门广场作为举办活动的中心，广场的政治意义愈益明显。[①] 俄国十月革命胜利后，一批先进知识分子在天安门广场传播新思想、宣传新主张，启发广大民众的觉悟，

---

① 王宏志：《天安门广场革命简史》，上海人民出版社 1979 年版，第 15 页。

1919 年的“五四运动”、1925 年的“五卅运动”、1935 年的“一二·九运动”、1948 年的“反饥饿、反内战、反迫害运动”就爆发在这里。天安门广场不断燃起反帝反封建的革命风暴,成为争取民族独立、抵抗侵略和推翻腐朽统治的政治舞台。在中国人民的心目中,天安门广场不仅仅是一个历史建筑,更是一个民族不屈不挠、英勇抗争的精神象征。1949 年 9 月,中央人民政府决定在天安门广场修建人民英雄纪念碑,天安门广场作为国家纪念性政治广场的定位得以确立。① 1949 年 10 月 1 日,中华人民共和国开国大典在天安门广场举行,向世人宣告新中国的诞生。自此,天安门广场成了中华人民共和国举行重大庆典、盛大集会和外事迎宾的神圣重地。

第三,人民性。天安门广场是一个人民性公共空间,以其鲜明的人民性载入史册。从地理方位看,天安门广场两侧分别是“人民大会堂”和“历史博物馆”,寓意人民群众创造历史,彰显了天安门广场的人民性特点。从功能看,新中国成立后,天安门城楼以及天安门广场成为中国人民接受检阅和举行游行庆祝活动的重要场所。改革开放以来,天安门广场历经多次改造、修缮和整理,目前成为世界最大的人民广场,可容纳百万人集会,年接待国内外游客 2000 万人次。1984 年 10 月 1 日,在庆祝新中国成立 35 周年的游行活动中,北京大学学生打出“小平您好”的横幅,表达对改革开放峥嵘岁月的最重要的人民记忆。2019 年 10 月 1 日,天安门广场上举行庆祝新中国成立 70 周年联欢活动,3000 多名联欢群众手持“光影屏”构成一条璀璨的长河,十大群众联欢区分布长安街沿线,整场联欢活动体现自由、生动、欢愉、活泼,为全球观众奉献了一场极具震撼力的人民盛宴。天安门广场已然成为一个能够让人民自由表达对党和国家的热爱、表达中国人民的梦想与激情的人民广场。

(三)被誉为“世界的十字路口”的纽约时代广场

“时代广场”,原名“朗埃克广场”,1904 年 4 月 8 日,《纽约时报》总部迁

① 王建柱:《天安门广场:时代的记忆》,《文史春秋》2017 年第 10 期。

入该地,由时任纽约市市长乔治·麦克莱伦签署宣言,正式将"朗埃克广场"更名为"时代广场"。一百多年来,时代广场以"永不停歇的狂欢"和"世界的十字路口"而久负盛名。作为美国纽约市曼哈顿的一块街区,时代广场中心位于西 42 街与百老汇大道交会处,东西向分别至第六大道与第九大道,南北向分别至西 39 街与西 52 街。纳斯达克大屏、百老汇、第五大道、时代大厦等著名地标,共同组成了时代广场的建筑形态,充分表现了丰富多彩的美国文化。时代广场既炫耀着财富和权力,又历经过颓废与无望;既是美国白人的游乐场,又是黑人浪子的栖息地……和其他广场空间相比,时代广场有着丰富的社会文化意义。

第一,"世界的十字路口":广场的包容性。时代广场具有极强的包容性,被誉为"世界的十字路口"。广场上的广告牌上写着:"欢迎来到世界的十字路口——时代广场"。的确,时代广场不仅是美国国内各个阶层观念和价值观的"十字路口",而且是世界不同肤色、国家、民族的人的"十字路口"。它展示的是一个不用谢幕的舞台,一个可以容纳所有人的空间。时代广场的包容性经历了一个过程。第二次世界大战以前,当人们说时代广场是一个"容纳所有人的空间"时,在很大程度上是说它是"所有白人的空间"。然而,战争改变了这种说法。随着美国不断丰满其帝国强权的羽翼,受美国影响的异域地区、异域文化和异域人群,以特有的方式融入时代广场。至此,时代广场不仅是白人的广场,也是黑人的广场,甚至是世界上所有愿意来这里的人的广场。纽约霍华德·格林伯格画廊里有一幅威廉·克莱因拍摄的照片,题为《1955 年时代广场跨年夜》。照片中,一个拉丁裔男孩衣衫破旧,嘴里叼着糖果雪茄,虽看上去有点冷,却坚定地站在那里。照片将孩子们嘴里的糖果雪茄和身体站立的位置做了一个类比:无论是糖果雪茄,还是时代广场,都是孩子成长进程中的重要元素。[①] 这表征着,时代广场能够包容每个人,任何人都可以自

① [美]马歇尔·伯曼:《城市景观:纽约时代广场百年》,杨哲译,首都师范大学出版社 2018 年版,第 20 页。

由地走在时代广场上。今天,越来越多来自更广阔地域范围的新元素渐次出现,所有元素的“混合”也正在形成。这种“混合”不仅意味着不同的人“在一起”,而且意味着某种更多元素的整合与交流。置身于这场“混合”中,沐浴在广场绚丽的灯光下,自我与他人的界限逐渐消融,个体身份变得日益模糊,人们越来越像是一个“世界人”或者“地球人”。

第二,“胜利之吻”:广场的政治性。时代广场具有鲜明的政治性,以照片“胜利之吻”为证。1945 年 8 月 15 日,对全世界而言,是一个具有纪念性的日子,对美国而言也是如此。那一天,日本宣布投降,第二次世界大战宣告结束。由美国公共电视台出品、里克·伯恩斯制作的《纽约的历史》节目,以新闻摄影的方式记录了这历史性的一刻。临近黄昏,时任纽约市长拉瓜迪亚宣布日本投降。随即,信号灯点亮了暗淡了 4 年的时代广场,声震寰宇的欢呼声直冲云霄。附近的舞台上,一支大型乐队开始尽情演奏,成千上万的人随之舞蹈、相互拥抱。狂欢持续了一整夜,直到第二天天亮才结束。镜头记录了这样一个片段:照片的主角是一个水手和一名护士。他们站在广场的中心,沉浸在全神贯注的拥吻之中。这幅经典之作由流亡美国的德裔犹太摄影师艾尔弗雷德·艾森施塔德拍摄,随即刊登在《生活》杂志封面上。几乎在同一时刻,美国海军随军摄影师维克多·约根森从另一个视角记录了同一个场景,照片于第二天发表在《纽约时报》上。水手、护士、人群、广场,共同构成了 20 世纪美国和美国人的经典影像。艾森施塔德记录下的陌生人的拥抱,见证了总体性的“自由之爱”,以及公民之间的普遍共享,他用街头摄影记录了一种独特的民主形式,将时代广场升华为一个现代的聚所、一个民主的公共空间。① 今天,时代广场不仅能够包容异见,而且能够鼓励和孕育反对声音,这是新广场的新气象。

第三,“炫目的广告”:广场的商业性。时代广场具有独特的商业性,由“炫目的广告”表现出来。在 19 世纪的大半个时空,时代广场都是作为与纽

① [美]马歇尔·伯曼:《城市景观:纽约时代广场百年》,杨哲译,首都师范大学出版社 2018 年版,第 68 页。

约生活区的界标而存在的。19 世纪 70 年代,广场的主要用途是分隔住宅区与非住宅区。随着 1879 年电灯的发明,时代广场迅速变成城市的娱乐区。大量剧院、餐馆和卡巴莱(一种歌厅式音乐剧)相继出现,成为一道闪亮的景观。19 世纪 90 年代,整片区域都沐浴在灯光之中,灯光秀衍生出 20 世纪美国两个最显著的画面:一个是"无眠的城市",一个是"名字出现灯箱广告"上的明星。广场南段迪克的橙色酒吧、广场中心的自动售货机、广场北侧的霍华德·约翰逊酒店,代替了有过 10 年辉煌期的高级餐厅,广告成了时代广场的重要符号。无论白天还是黑夜,人们都被巨幅电子广告牌所吸引,平均每天 7 万人次的高密度人流,摩肩接踵进入这块三角地,感受无限的缤纷世界。半圆柱形的巨幅广告,不停地变幻着黑色、蓝色、红色面孔,记录着世界金融中心的股市风云。自 20 世纪 80 年代起,中国的服装服饰企业来到这里安营扎寨,海尔电器的巨幅广告也跻身于此,后者与索尼、三星同列,闪烁于曼哈顿的广告海洋中。美国纽约时代广场告诉世人:商机就在这里。

四、赛博空间

"赛博"一词源自古希腊,意为控制、掌舵,最初运用于控制论。"赛博空间"一词由美国科幻作家威廉·吉布森丁 1982 年首次提出。1984 年,吉布森出版名为《神经漫游者》的长篇离奇故事,描写了由计算机及计算机联网产生的高度交互的信息媒介,并将这一媒介称之为"赛博空间"。在这个广袤空间里,既没有高山荒野,又没有城镇乡村,只有庞大的三维信息库和各种信息在高速流动。赛博空间嵌入人类真实的社会文化系统之中,带来人类社会关系和生活方式变革。

(一)赛博空间的特征

一是虚拟性。赛博空间是一个虚拟空间,也即非物理空间。2011 年,美国东西方研究所和莫斯科国立大学信息安全研究所联合发布《关键术语基础报告》,将赛博空间定义为产生、传输、接收、储存和删除信息的电子媒介。E.M.福斯特曾经虚构过一个拥有亿万人的未来世界,人们生活在相互连接的多媒体密室,这些密室自动照料人们生活所需,并把每个人与极富刺激性的思想网相链接,形成信息城、有线城、电视城、虚构城、网络城等。二是实时互动性。和传统媒介相比,赛博空间的传播具有无延迟性,即使现实中出现延迟现象,也都是人为因素所导致,如没有及时查看邮箱、没有及时回复邮件,或者外卖小哥因交通等原因未按时交付外卖等。三是全息性。和实体空间相比,虚拟现实系统所提供给人类的感觉通道,以及获取信息的广度和深度是空前的。正如吉布森所描述的:"赛博空间意味着把日常生活排斥在外的一种极端的延伸状况。有了这样一个我所描述的赛博空间,你可以从理论上完全把自己包裹在媒体中,可以不必再去关心周围实际上发生着什么。"①四是超时空性。在自然媒介中,要想完成大量的信息传播,必须保证交流双方在同一时空范围之内,也就是说,前赛博空间时代,任何媒介都无法和单个的受众分别进行实时互动,这样的工作必须由计算机的"人工智能体"来完成。在赛博空间,强大的信息处理能力自成体系,构建了一个在现实世界之外且具有无限可能性的、超越时空的信息世界。

(二)赛博空间的伦理效应

赛博空间作为一种可视的、自由的、时空压缩的数据景观,是人类现代性的必然产物,它深刻影响了社会生活,也重塑了城市社会的道德样貌。

第一,赛博空间具有积极的伦理效应。一是提高城市价值认知。随着经济发展、政治行动、社会文化等嵌入网络空间,城市的组织方式将经历深刻变化,城市价值可以通过高新技术手段得以再现。对于城市规划师而言,如果说21世纪的主要任务就是构造一个全球性电子传媒的空间环境,那么对于普通

① 熊澄宇编选:《新媒介与创新思维》,清华大学出版社2001年版,第300页。

市民来说,人们可以借助于计算机视景仿真系统,阅读城市的古与今,流连于城市的虚与实。二是更新生活方式。互联网铸造了柔软却又牢固的平台,它无所不能、无所不包,几乎能够满足人们的各种需要。美团外卖、网上购物、线上工作、网上娱乐……传统的工作方式、饮食方式、购物方式、娱乐方式被消解,"宅"在家里日渐成为一种时尚。三是重塑关系性身份。赛博空间里的"扫一扫""摇一摇""附近的人"等,给人们提供了便捷的交往平台,只要使用者愿意,陌生而相近的人可以即刻产生交往互动和交易互动,"远亲不如近邻"这句中国人普遍信奉的人际关系理念,被赛博空间重新诠释,拥有了新的意涵,居民的交往极具新奇性,拥有熟人社会所不具备的冒险色彩。如今,使用 App 客户端进行多形态人际互动已成为风潮,传统交往在一定程度上被智能手机和平板电脑等移动终端设备取代,降低了交往费用与时间成本,促进了瞬时性人际互动,社会进入了"一刻也不能离开信息"的时代。"单子通过自己的终端,起到社会节点的作用,为那些变动不居的单子培育多重可以随意选择的亲和关系。事实上,日常的城市几乎不支持这种亲和关系。"[①]在虚拟的世界里,"一场游戏一场梦"可能成为每天都会遇到的现实,个体周遭生活的多种可能性将全方位展开。从论坛、博客,到豆瓣、饭否、推特(Twitter)……人们在网络上的互动极其活跃,各种网友聚会打破了年龄、职业和地域的界限,消解了外在的身份识别,产生了更多的精神认同,在一定程度上推动了现实中公共空间的成长。

第二,赛博空间带来消极的伦理后果。一是引发社会焦虑。社会焦虑是指社会成员当中普遍存在的紧张不安的心理状态。一般来说,当一个社会经历重大转型变革,社会整体利益获得重新分配,社会群体的经济和社会地位面临结构性调整时,容易引发人们的社会焦虑。当前,在信息量急剧膨胀的信息社会里,"快节奏"成为社会生活的常态。若有一天没有浏览网络和朋友圈,

---

① [美]戴维·哈维:《正义、自然和差异地理学》,胡大平译,上海人民出版社 2010 年版,第 319 页。

人们便会产生“不知今夕何夕”的心理压力。中国古代典籍《礼记·大学》里所讲的“静而后能安,安而后能虑,虑而后能得”成了生活的稀缺之物,人们沉浸、迷失于海量信息里无法自拔,无暇停下来等一等“走丢了的灵魂”,更遑论品尝人生的“过程美”。二是动摇传统价值。20世纪90年代以来,赛博空间日益成为人类生活的重要组成部分。到今天,赛博空间疯狂成长,其带来的效应可谓喜忧参半。一方面,它具有言说的便捷性,每个人都是信息生产者和传播者、思想者和演说家,人们不再需要思想的代言人,而是可以直接进入赛博空间的舆论场。另一方面,网络的开放性、隐匿性在赋予民众更多言论自由权、推动民主化进程的同时,也带来了一定程度的“言论失度”。各类信息良莠不齐、各种思想互相碰撞,直接冲击着人们的价值取向和社会风尚,社会的核心价值面临复杂形势和严峻挑战。三是消解社会道德。网络既充当表达意见的平台,又时常沦为发泄不满、进行人身攻击的场所。网络用户的隐匿性使信息传播者的身份、信息来源及可信度难以认证,大量垃圾信息充斥赛博空间,金融诈骗猖獗,社会诚信体系和安全体系遭到一定程度破坏。人们在赛博空间徜徉,但常常找不到回家的路。于是,“我是谁”“我信谁”就成了赛博时代一个本真性哲学问题。

第二节　公共空间的伦理功能

公共空间既是活动的载体,又是活动的内容。它和伦理道德相互作用、相互促进。作为构筑道德家园的物质和精神地基,公共空间在创造美好生活、提升公民素质、塑造城市文明等方面发挥着重要的伦理功能,在个人道德和社会道德的园地里培育出了丰硕的道德成果。

一、公共空间与人生幸福

在伦理学视域中,人生的终极目的是追求幸福。如果亚里士多德所说

"人们来到城市是为了更美好的生活"是一个真理,那么公共空间这一"城市的客厅"理应在营造人们的幸福生活中扮演重要角色。

(一)弥补私人空间不足

在价值论意义上,城市空间之于美好生活,既是有效工具,又具有目的意义。健康的城市公共空间体系可以弥补私人空间的逼仄,拓展人们的活动空间,充盈人们的精神生活。马克思恩格斯在比利时的布鲁塞尔和英国伦敦的生活经历,深刻诠释了公共空间的重要意义。

1845年2月至4月,马克思和恩格斯分别从异地迁居至布鲁塞尔,开始了共同革命的道路。在布鲁塞尔大广场一侧,有一座名为"天鹅咖啡馆"的五层建筑物。这里与市政厅相邻,是马克思恩格斯共同创建共产主义通讯委员会和德意志工人协会的重要活动地点。在此期间,马克思写出了著名的《哲学的贫困》和《共产党宣言》等作品。马克思没有足够大的住房,但作为革命家,他在天鹅咖啡馆这一公共空间中,找到了灵魂的释放地和思想的栖息地。马克思在英国的经历也是如此。1849年,31岁的马克思在经历欧洲革命失败后,辗转于德国、比利时、法国,在遭到法国政府的驱逐后,举家流亡到英国伦敦,租住在国王路旁的一所房子里。1850年4月,因欠房东5英镑租金,房屋家具被查封,马克思一家被迫在一个寒冷、阴暗的雨夜离开租住的房子,找到了一个临时栖身的旅馆。在索荷区第恩街64号暂居一段时间以后,于1851年初搬到第恩街28号的一套只有两个小房间的房子里,度过了数年贫困潦倒的日子。① 幸运的是,1850年6月,马克思获得了一张大英博物馆图书馆的出入证。在随后的三十多年中,马克思风雨无阻,几乎每天都要步行半个多小时穿越伦敦的街道,来到大英博物馆,在图书馆宏大的圆穹形阅览室大厅里,马克思完成了包括《资本论》在内的多项研究计划,"从早晨九点钟到晚上七点

---

① [英]戴维·麦克莱伦:《马克思传》,王珍译,中国人民大学出版社2008年版,第217—229页。

钟坐在大英博物馆里面”,“在科学研究中找到了无穷的安慰”。[①] 显然,马克思在大英博物馆内享受的这种“无穷的安慰”,不仅极大缓解了居住空间的窘迫,而且获得了思维的乐趣和思想的力量。

(二)提升精神幸福指数

第一,为精神幸福提供空间载体。马克思主义认为,一切发展活动的前提是满足人的物质需要,使人体验到物质幸福。但是,历史发展的最终目的是通过物质的丰富来实现人的精神幸福和全面发展。人作为生命的存在,既是生物学意义上的个体存在,又是社会学意义上的社会存在,因此人在满足个人的基本生理需求和对物的欲望的同时,就会产生个体超越性的社会性需求,如爱与友情、社会交往、能力表现、自我实现等。当这类需要得到满足时,人就会体验到精神幸福。人们对美好生活的追求包括衣食住行等物质层面,也有休闲娱乐读书看展览等精神需要,对于后者而言,健康的公共空间体系起着中介和桥梁作用。列斐伏尔用“幸福意识形态”这一概念,论证了公共空间与精神幸福的密切关系。他指出,幸福是“生活空间、构想空间和感知空间的统一体”,城市市民与公共空间的关系可以通过“幸福意识形态”这一中介进行再生产。于是,城市公共空间就成了塑造幸福社会、实现幸福生活的积极领域。一方面,以幸福意识形态为深层欲望的城市公共空间的生产与再生产,可以成为调节社会矛盾、平衡贫富差异、创建和谐社会、提升幸福指数的重要手段,它有效补偿市民对居住分异等城市问题的失望与不满,通过公共空间的生产来超越现实,追逐完美生活的乌托邦之梦;另一方面,以幸福意识形态为引领,将矛盾、冲突、挤压的多元空间融入有机和谐的公共空间之中,通过城市公共空间的再生产超越现实,展现幸福意识形态的无限潜能。

第二,消灭私有制以促进空间共享。城市花园是幸福乌托邦的重要形态。

---

① [德]弗·梅林:《马克思传》,樊集译,生活·读书·新知三联书店1965年版,第267页。

1516年,空想社会主义者托马斯·莫尔在《乌托邦》一书中,根据古希腊语创造出"乌托邦"一词,把人们对城市幸福生活的渴望全部寄托于乌托邦之中,表达了人们对幸福的无限追求。莫尔详细描绘了乌托邦的城市空间及其结构,以及花园这一乌托邦城市的公共空间,指出乌托邦人酷爱自己的花园并从中得到享乐。① 莫尔的乌托邦思想受到了马克思的高度关注,为揭露与批判资产阶级"羊吃人"般的"原始积累",曾经两次引用《乌托邦》中的内容。② 大卫·哈维在《希望的空间》一书中对莫尔的乌托邦方案进行分析,认为这些乌托邦可以被描述为"空间形态的乌托邦",因为在这种"空间形态的乌托邦"中,社会的稳定性是通过不变的空间形式来保证的,而真正的历史——社会过程的实践性、社会变革的辩证法——被排除了。③ 莫尔认为,"舒适的亦即快乐的生活"是"我们全部行为的目标",④但是,只要"私有制存在一天,人类中绝大的一部分也是最优秀的一部分将始终背上沉重而甩不掉的贫困灾难担子"⑤。所以,只有"彻底废除私有制",人类才可能获得普遍的幸福。

恩格斯在《英国工人阶级状况》中,深刻揭示了资本主义大城市在创造现代城市文明的同时,残酷剥夺市民幸福生活的悲惨状况,多次引用"乌托邦"这一带有理想性和革命性的空间概念,强调了要实现无产阶级的幸福生活,必须进行彻底革命的道理。实际上,乌托邦作为一个空间概念,历来和幸福、幸福生活相联系。马克思和恩格斯猛烈地抨击了"企图削弱阶级斗争,调和对立"的不同版本的"空间形态乌托邦"方案。⑥ 在他们看来,无论是欧文的共产主义模范社会、傅立叶的"社会宫",还是贝卡的共产主义乌托邦幻想国,都不可能引领人们通向幸福生活。因为空想社会主义乌托邦的"发明家"们,既

① [英]托马斯·莫尔:《乌托邦》,戴镏龄译,商务印书馆1982年版,第53页。
② 见《马克思恩格斯文集》第5卷,人民出版社2009年版,第827—845页。
③ David Harvey, *Space of Hope*, London: Edinburgh University Press, 2000, p.160.
④ [英]托马斯·莫尔:《乌托邦》,戴镏龄译,商务印书馆1982年版,第74页。
⑤ [英]托马斯·莫尔:《乌托邦》,戴镏龄译,商务印书馆1982年版,第44页。
⑥ 《马克思恩格斯文集》第2卷,人民出版社2009年版,第64页。

“看不到无产阶级方面的任何历史主动性,看不到它所特有的任何政治运动”,又“不可能看到无产阶级解放的物质条件”。[①] 空间形态的乌托邦把城市空间当作实施社会计划的被动容器与物质载体,忽视了社会实践过程中城市空间生产与再生产的历史能动性。尽管如此,列斐伏尔仍然将乌托邦视为全球空间生产的破晓曙光,认为:“作为日常生活转型的社会基础,全球性空间的创造(或生产)展现了无限的可能性。傅立叶和马克思、恩格斯瞥见了伟大乌托邦的黎明之光所展现出的真正可能性,他们的梦想和想象刺激了对乌托邦概念的理论思考”[②]。笔者认为,无论是空想社会主义者对乌托邦的建构,还是马克思主义对乌托邦的批判,都从不同侧面反映了这样一个事实:在城市居住空间差异显著的情况下,不同阶层的人们如果能够共享城市公共空间,并在其中获得相互理解、增加交往机会、提高生活质量、激发发展潜能,则能有效降低因居住空间的悬殊差异而产生的不幸和压抑。

第三,提高女性的幸福感受。公共空间必定是为“受众”而生的,而受众的复杂性和城市的复杂性一样古老、执着和鲜明。以男女两性作简单分类,就可以说明同样的公共空间在不同个体中的感受是不同的。比如,朱丽娜·布鲁诺就通过电影院这一公共空间,展现了公共空间之于女性幸福感的贡献。布鲁诺用“街头漫步”这一比拟手法,集中研究了女性的观赏概念,她说:“处于拱廊中的影院坐落在一个人物不停流转的精彩画面中,坐落在一个由不同社会阶层构成的都市背景之中——从社会精英和知识分子到下层社会的角色,这儿都能看到。”[③]坐落在拱廊里,四周铁路环绕,动画艺术在城市景观里找到了适合自身的家园。拱廊也被称为“闲逛者的雨伞”。这与本雅明的观点相类似。拱廊与电影对于女性的解放来说至关重要,女性闲逛者将重心从

① 《马克思恩格斯文集》第2卷,人民出版社2009年版,第62页。

② Henri Lefebvre, *The Production of Space*, Trans. Donald Nicholson-Smith, Oxford: Blackwell, 1991, pp.422-423.

③ Giuliana Bruno, *Streetwalking on a Ruined Map: Cultural Theory and the City Films of Elvira Notaria*, Princeton: Princeton University Press, 1992, p.43.

男性观赏品位转向女性观赏品位和空间背反的实践。布鲁诺强调:潜意识的东西虽然可以被收纳起来,但它仍然在变动。电影院为新都市女性描绘出了一张全新的“多个主题的地形图”。这些观察让人想起德·赛图的空间故事:“叙述性结构同样拥有空间结构这一身份……每个故事都是一个进行中的故事,是一项在空间内的实践……是行为的地理图形。”[①]她们共同阐发了从电影到城市,又从城市到日常生活之间的极大相似性,演绎了有异于男性的空间故事,体味了作为女性群体的空间感受。有研究认为,当人们进入公共空间的时候,会不由自主地产生对空间的划分。一个无论多大的公共空间都会被划分成不同的区域,我们称之为“领域”,它隐含着一种“占有”的关系。在你的领域中,你有使用这一空间的最高权力,这种不被干涉的权力激发使用者的空间改造欲望,这个空间就会因为使用者不同而变得魅力无穷:女性总是把自己的领域收拾干净,贴上贴画,置入摆件;男性的领域总是略显凌乱单调。每个“领域”都会打上受众的烙印,显现受众的空间参与水平。

(三)缓解阶层冲突

第一,通过空间共享以缓解阶层冲突。在某种意义上说,公共空间有聚集城市人群和突破社会障碍的能力,它通过为所有成员提供使用和享受的空间,来提升社会包容度。罗伯特·赖克通过观察美国社区生活发现,共享公共空间可以消弭富人与穷人之间的不平等感。他分析说,在当前美国社会,由于身份、工作等原因,同一社区中居住的成员之间缺乏联系,社区缺乏凝聚力。赖克举例说,人们虽然居住在同一个城市里,但在充满活力的部门工作的人,与在一个衰退的部门工作的人,其生活经验就可能迥然不同,两者难免存在隔阂。但这种差异在一定程度上可以被公共空间所冲抵。你可能比我钱少,但我们的孩子仍然上着同一所学校,我们从同一个图书馆借书,享受同一个公

---

① Michel de Certeau, *The Writing of History*, translated by Tom Conley, New York: Columbia University Press, 1992, pp.115-116.

园。相反,如果公共空间被削减,或者其影响受到限制,群体间的不平等就会加剧;人们虽然住在同一个城市里,但彼此的差异会越来越大,而这些差异会被富人的选择进一步扩大:把孩子送到私立学校,雇佣私家保安来保卫他们的封闭社区,在私人乡村俱乐部休闲娱乐,等等。也就是说,当经济快速增长而公共空间的角色越来越不重要时,这些不平等就会随之加剧。① 因此,强化公共空间的共享性质,加大公共空间的生产力度,促进不同阶层的人共同使用、消费公共空间,是消弭富人和穷人界限、促进社区共同体良性发育和健康成长的重要途径。

第二,通过容纳差异以促进社会包容。社会包容是现代社会的优秀品质,起初表现为一般性的社会政策性价值,现今已经内化为现代国家的社会伦理规则,即"社会德性"。在现代国家中,社会包容在社会维度上主要体现为利益的共享、权利的平等、多元身份的尊重。在共时性视域内,城市社会的公共空间以"柔性"与"韧性"接纳不同的人及其不同人的习性,这是由公共空间的功能定位所决定的。扬·盖尔指出,尽管不同的人喜好不一,但公共空间的多功能性足以满足这些喜好。他通过近50年的空间研究得出结论:每个人都被一个气泡包围,这就是与他人的距离。因文化和习惯不同,这个气泡大小也不同。比方说,欧洲人的气泡是3米,亚洲人可能要稍微小一点。如果广场的气泡足够大,就能够容纳大大小小的气泡。根据扬·盖尔的调查结论,公共空间可以协调不同的利益需求、各异的空间喜好。比如,街道上会有很多不同的活动,有人走路,有人坐小火车,公共空间在功能设计上就要把对应的空间"交给"对应的人。在历时性视域内,城市社会的公共空间以其特有的"时空转换"接纳不同的人及其不同人的习性,这是由公共空间的管理定位所决定的。扬·盖尔通过观察希腊北部约安宁那城广场上传统的晚间散步,揭示出公共空间在不同时段承载不同的人和活动:在下午结束时分,散步的人主要是带孩

① [英]约翰·伦尼·肖特:《城市秩序:城市、文化与权力导论》,郑娟、梁捷译,上海人民出版社2011年版,第240页。

子的父母和老人。随着夜幕降临,小孩和老人先后离去,饭后散步的中年人逐渐增多;深夜的广场,则是年轻人娱乐的天堂。笔者也观察过北京展览馆前的广场,不同时段容纳着不同的人,春天和秋天的深夜,广场常常成为拾荒老人、流浪汉的栖息之地。

二、公共空间与公民素质

公共空间作为表达个体意见并以达成共识为依归的重要交往载体,具有重要的公民教育功能。在一定意义上,公共空间是一个教给人们如何做一个好公民的课堂。

(一)培育公民意识

汉娜·阿伦特在1958年出版的《人之境况》中,以人之活动之生命的范畴区分为解释构架,对于人的公共言行之实践提出了"剧场式"阐释,她以古希腊公民参与政治活动的广场为意象,阐释了公共空间对于培育公民意识的重要性。她认为,对古希腊人来说,城邦的兴起意味着他们除了自己的私人生活以外,还存在着另一种生活,即政治生活。而这种政治生活对于人们的公民意识无疑具有生发和催化作用。

在古希腊城邦时代,雅典城的公共领域是雅典政治文明的载体。这些领域包括:宗教性公共空间,如神庙、圣殿、公共墓地;市政性公共空间,如市政广场、议事大厅、公民大会会场、法庭;文化性公共空间,如露天剧场、体育馆、运动场、摔跤场。这些公共空间在公民意识培养方面起着重要作用。雅典公民的公共生活主要是政治生活。在公元前6—5世纪,雅典历经梭伦、克里斯提尼、阿比泰德、伯里克利等改革后,逐渐形成了公民本位的民主制。公民大会享有很大的权力,一切决策大事都必须在公民大会上讨论通过。古希腊的伯里克利在阵亡将士的国葬演说中曾这样描述公民的公共生活,他说:"在我们这里,每一个人所关心的,不仅是他自己的事务,而且也关心国家的事务……

一个不关心政治的人,我们不说他是一个注意自己事务的人,而说他根本没有事务。”①理查德·罗杰斯也说:“古希腊的雅典人公认他们的城市的重要性以及城市在鼓励他们时代的道德和智慧的民主方面所起的作用。广场、神庙、竞技场、剧场和它们之间的公共空间既是古希腊文化的壮观的艺术表现,也是它的丰富的人文发展的促进因素。”②据说,苏格拉底曾告诫陪审法官,要到市政广场的公共空间去,在那里,自由而充满活力的政治讨论为希腊人注入了民主的因子,培养了人们的公民意识。“以城市公共空间为中心的政治、经济和社会文化活动,使人们逐渐获得的是一种集体的认同感和对雅典城市作为城邦中心的归属感。在潜移默化中培养了公民的自我觉醒意识和爱国情操。从这个意义上说,基于城市公共空间而迸发出的文化创造力是古典时期雅典城邦对外争霸扩张,维系城邦活力的强大精神支柱。”③

城市空间与人们的政治观念有着不解之缘。以古希腊为例,其民主概念在城市空间里得到了最纯粹的表达。普里安尼城或许代表着迄今所能找到的单一设计概念支配整个城市的最佳范例。中央运动系统——主要街道,从城市的西门逐步引上坡,到坡度急变处边通广场,一个沿路的、平整开阔的、经过整理并呈几何的被限定的空间。市场活动受到雅典娜神庙的支配,这座神庙坐落在广场西北的显要位置。人们在这里讨论国家事务,民主意识由此养成。

希腊人利用公共空间培养公民意识的做法对欧洲国家的影响极为深远。在18世纪,伦敦市每晚至少有两万人汇集在各种社团聚会聊天,在爱丁堡市,律师、牧师、中产地主乃至医师、现实感较强的农人、生意人等,经常汇集在各种民间社团、俱乐部、咖啡馆或沙龙等,讨论他们的生活福利等问题。这些讨论活动本身无疑就是公民意识的重要体现。伴随近现代资本主义市场经济的

---

① [古希腊]修昔底德:《伯罗奔尼撒战争史》,谢德风译,商务印书馆1960年版,第132页。

② [英]理查德·罗杰斯、菲利普·古姆齐德简:《小小地球上的城市》,仲德崑译,中国建筑工业出版社2004年版,第16页。

③ 解光云:《述论古典时期雅典城市的公共空间》,《安徽史学》2005年第3期。

不断发展，西方社会孕育出数量众多的行业协会、慈善机构、民间社团等，它们既是公民从事自我管理的有效组织，又是培养公民意识的土壤。

英国也是如此。1851 年，当整个欧洲大陆醉心于革命的时候，英国资产阶级以令人赞赏的冷静宣布举办伦敦世界博览会。时年 31 岁的马克思深刻揭示了英国资产阶级试图通过博览会抑制政治革命的企图，并敏锐地指出伦敦世界博览会的意义与“君主会议”和“民主主义者大会”相比，其意义更加重要。[①] 在马克思看来，伦敦世界博览会强有力地证明了现代大工业集中起来的力量的意义，在这种强大集中力量的影响下，民族的藩篱被打破，民族的民族性和地方性特点被消除。资产阶级在自己建立起来的现代罗马“百神庙”中，通过展示“建设新社会的物质”使“遭到破坏”的现代资产阶级和“动荡不定的社会的深层”看到了“现代运动”的巨大力量，能够消除“公民的无力和不满”。[②]

1852 年初，马克思在《路易·波拿巴的雾月十八日》中指出：“1849 年和 1850 年是物质大繁荣和生产过剩的两个年头，这种生产过剩本身直到 1851 年才显露出来。这年年初，生产过剩因工业博览会即将举行而特别加重了”，但 1851 年的危机只不过是“表面上的危机”，“在 1848—1851 年间，只有旧革命的幽灵在游荡”。[③] 马克思早在 1850 年已经意识到，在资本主义社会普遍繁荣和社会生产力蓬勃发展的时候不可能发生真正的革命：“新的革命，只有在新的危机之后才可能发生。”[④]

伦敦世博会的策划者维多利亚女王和她的丈夫阿尔伯特亲王决心将大英博览会办成“一个国际性的机器、科学和审美的展览会”，“证明英国不仅有超级的机器制造技术，还有它在多难世界中的和平与繁荣”。伦敦世博会展览

---

① 《马克思恩格斯全集》第 10 卷，人民出版社 1998 年版，第 585 页。
② 《马克思恩格斯全集》第 10 卷，人民出版社 1998 年版，第 586 页。
③ 《马克思恩格斯文集》第 2 卷，人民出版社 2009 年版，第 551—552、472 页。
④ 《马克思恩格斯全集》第 10 卷，人民出版社 1998 年版，第 229 页。

馆“水晶宫”位于伦敦海德公园内,一改维多利亚时代石头建筑的笨重风格,通体透明的巨大玻璃建筑,在内部看来就像是一个无边无际的世界。马克思将水晶宫喻为资产阶级的“百神庙”,指出“世界资产阶级以这个博览会在现代的罗马建立起自己的百神庙,洋洋自得地把它自己创造的众神供奉在这里”,“密密麻麻地展出现代工业积累起来的全部生产力”。[①] 马克思的这段精彩评论,堪称世界建筑批评史上的神来之笔。马克思对于伦敦世界博览会的评论引发的当代思考是,既然伦敦世界博览会能够通过展示“建设新社会的物质”来消解“动荡不定的社会”的革命意识,那么,遍及中国城市的大型购物商场和商业街所展示出的物质财富和连绵不断的“狂欢般”的盛大庆典,能否消除社会底层的压抑和不幸,感受未来生活的希望与幸福呢?

美国学者罗伯特·普特南在《使民主运转起来》一书中,对意大利南方和北方公民意识的强弱进行比较。他认为,历史上长期实行城市共和制的意大利北方,比长期实行君主专制的意大利南方的“公民性”更强,民主制度的绩效也更明显。普特南发现,公民意识较强的那些地区,社团组织众多,人们关心公共事务,遵纪守法,相互信任,社会的组织和参与方式是横向的、水平的。相反,公民意识较弱的那些地区,社团组织寥寥无几,人们极少参与公共生活,在他们眼里,公共事务就是别人的事务,社会生活按照垂直的等级组织起来。作者的结论是:公民意识与公共生活呈正相关关系。

世界伦理史表明,公民道德建设起源于人类文明的黎明时分——古希腊的城邦公民时代和罗马帝国时代。古希腊哲学家柏拉图、亚里士多德曾对希腊城邦公民文化、公民思维方式、公民价值取向进行过深入分析。法学家西赛罗也对罗马帝国共和时期公民集团的发展历史及公民权问题进行了仔细梳理。1789 年的法国大革命开启了现代意义上的公民道德建设历程,在这场轰轰烈烈的革命运动中,法国人第一次喊出“公民”口号,将存在于自己身上的

① 《马克思恩格斯全集》第 10 卷,人民出版社 1998 年版,第 586 页。

主仆关系、地缘关系、血缘关系完全置于“现代公民”身份下予以仔细检查。从道德发生学的视角看,法国的公民道德是伴随近现代资本主义市场经济的出现而逐步生成的一种道德类型。1845 年 2 月,马克思从巴黎迁居布鲁塞尔,就住在咖啡馆中。同年 4 月,恩格斯也从巴黎赶来,咖啡馆成为两位革命导师的重要活动场所。“共产主义通讯委员会”“德意志工人协会”在此诞生。《关于费尔巴哈的提纲》《德意志意识形态》《哲学的贫困》《共产党宣言》等伟大的著作也在此问世。一个“共产主义幽灵”从此遨游于世界的西方,并很快影响了整个世界。

我国公民道德建设的历史可以追溯到孙中山领导的旨在推翻清政府的“天下为公”的资产阶级民主革命时期,但我国真正意义上的公民道德建设是在启动社会主义市场经济之后,特别是 2001 年我国《公民道德建设实施纲要》和 2019 年《新时代公民道德建设实施纲要》的颁布实施,进一步明确了我国公民道德建设的指导思想、主要内容、方针政策、工作着力点等具体问题,为总体上提升我国公民道德水平奠定了重要基础、开展了生动实践。纵观国内外公民道德生成的历史,可以看出,如果不对我国社会主义市场经济以及基于其上建立的社会转型期的政治制度予以深入研究,就无法充分认识现代公民道德的本质特征及其实现路径。无论是从历史传统还是从近代社会现实看,中国民众都不曾实际经历过“公共生活”,缺乏现代公民意识。社会主义市场经济的实践和对公民社会的逐步认同,在广大民众面前展示了一个无比广阔的“公共生活空间”,它对城市居民的最大好处就是自由度的扩展和个性的充分张扬。

(二) 提升交往能力

交往是人的存在方式与生活样式。人的社会性决定了人不能没有交往行为,不能脱离各种交往关系而存在。在人类社会产生之初,人们生活在混沌一体的状态中,不存在典型意义上的公共领域,也就谈不上有成熟的公共领域里的交往实践。资本主义的发展使得过去那种以地方性和民族性为特征的闭关自守状态被各民族、各方面的互相往来所代替。在这种社会结构中,生产方式的扩大决定了人与人之间的社会交往也日益广阔和频繁,各式各样的社会联系也日益增加。在这里,个人所面对的问题,已经由一对一的偶然交往扩展到了一对多的普遍交往,公共领域获得了长足的发展,在公共生活中调整人与人间关系的社会交往也日趋完善。特别是近代文艺复兴以来,工业文明的发展在很大程度上促进了主体间自由、平等、自觉的交往。然而,在资本主义发展到中期以后,现代性的异化现象使得交往沦落到非人性化的境地,在一定程度上导致了人的主体性与创造性能力的丧失,导致了人的交往生活的严重异化,导致了自由的人性化关系的丧失。

为了改变这种交往异化现象,以德国哲学家哈贝马斯为主要代表的一批学者创建了"协和式"公共空间概念。哈贝马斯认为,作为公民交往的客观基础和物质载体,公共领域是由自由的个人组成并通过"交往活动"形成公众意见的社会生活领域,它介于国家与社会之间,是个人结社、理性讨论、争辩与沟通的场域。在这里,公共空间的主要功能是"漫谈式地形成意志",即由拥有自由权利的公民通过平等、公开的讨论,以形成公众舆论来捍卫自己的正当权益。在公共领域里,调节交往行为的不仅有长期以来形成的风俗习惯、道德原则,还有在公共交往活动中形成的契约规范等。哈贝马斯从18世纪市民社会的"非官方"制度(如沙龙、咖啡厅、俱乐部等)以及文字媒体(如报纸杂志、期刊以及各种文艺刊物等)的形成,说明了这些制度和文字媒体(公共领域)是被称为"资产阶级"群体的集会以及言谈、沟通的场所,更是他们人际交往的重要媒介。通过这种"漫谈式"沟通,人的交往异化现象得以遏制。

美国学者托马斯·雅诺斯基认为,在一个和私人领域没有绝对疆界的公共空间里,赖以维系家庭成员关系的亲昵情感渗透到公共交往领域,使得公共交往的理性原则披上情感的面纱,这时的交往摆脱了"原子式"的个人碰撞,而成了成员发展其个性、学习人际基本礼节的地方。哈贝马斯则用“交互主体性”理论作为药方来医治现代性交往异化的病症。他认为，沟通行动是交流得以成功的前提条件，而沟通行动是一种交互主体的努力，是把对方当成一个“你”而不是“他”的行为。只有这样，沟通才有可能是真诚无欺的，人们才能够认真地对待对方，尝试理解并进入对方的心灵和问题域，从而在对方的意见里找到真理或意义。反之，如果参与讨论的人都固执己见，这时的个人无异于是封闭的个体，没有任何沟通性的行动，人们的交流就不会成功。因此，只有以“交互主体性”为交往原则，才有助于改变交往的异化现象，真正使交往成为人的一种理想存在方式。

交往的主体间性，使人们在交往实践中得以完成主体间思想品德知识的传递、生命内涵的领悟、行为规范的习得。它的动态性使得人们在对象化活动基础上寻求自己的意义和生存方式，也就是说，人们在活动中“去自我更新，去成长，去不断地生成，去爱，去超越孤独的内心自我之牢笼，去关心，去倾听，去给予”①。这种方法呈现出自觉性、启发性、激励性、民主性、实践性等特征，同传统灌输不同，道德萌生于人与人的思想、情感、体验的交叉回合及理解对话和精神共享之中。交往与灌输不是绝对对立的，交往有时需要灌输，灌输亦可以通过交往来实现。利用社团等公共空间的活动培养和提升人们的交往能力就显得尤为重要。

（三）滋养道德宽容

公共空间是不同意见相互碰撞的场域，是在冲突中寻求共识的场域。在这个场域中，意见冲突是绝对的，意见共识是相对的。基于公共领域的冲突的不可避免性，人们必须制定种种讨论规则以保证公共领域成为宽松、开放的讨论空间。因此，以理解和隐忍为主要内容的道德宽容精神得以滋养。

---

①　［美］艾利希·弗罗姆：《占有还是生存》，关山译，生活·读书·新知三联书店1988年版，第77页。

公共空间以主体间的理解为基本要求,寻求主体间的意见共识以理解为前提。哈贝马斯说:“理解……它最狭窄的意义是表示两个主体以同样的方式理解一个语言学表达;而最宽泛的意义则是表示与彼此认可的规范性背景相关的话语的正确性上,两个主体之间存在着某种协调;此外还表示两个交往过程的参与者能对世界上的某种东西达成理解,并且彼此能使自己的意向为对方所理解。”①广义的理解包括对客观事物的事实性理解、对价值规范的正当性理解、对交往主体的意向性理解。而无论狭义还是广义,哈贝马斯都把理解看作是于主体间展开的交互性的意识活动,即参与主体之间的信任、默契与合作。道德宽容的另一个重要内容是隐忍。美国政治学家罗尔斯在思考公私领域的分界时,特别提出“隐忍”的道德原则,他认为,在民主社会中,任何公民都应当学习哪些事物是可以带进公共领域的讨论,并借此讨论达成某种程度的共识,以及哪些事物是必须隐匿于私人领域的。美国哲学家托马斯·内格尔提出了如下观点:人既是复杂又个别分歧。一个人若要求他的感情、心思与要求悉数为公共空间所接纳,那么,势必带来人彼此的侵犯与冲突。公共空间乃是复杂且彼此有分歧的个体交会互动的地方,它是单一而且有限度的。每一个人的言行表达必须是公共空间里的人们可以面对处理的。若非如此,个人言行的表达必会带来人际的混乱与纷扰。诚然,是有不同的空间以及各种团体,它们各有其可容受冲突的限度。但是所有公共空间的运作均如同某种交通管制的形式,必须调适个别差异的人们,他们个个都复杂万端,而且潜在的冲突与斗争也是漫无止境的。同样地,我们为了彼此的调适,在处事为人方面,必须学习通融、谦恭、忍让,处处为人留余地,顾及他人的面子,以及不计较他人无心的过失。这些态度不是虚伪,而是我们可以体会的人际交往的常规习惯。我们在公共交往的过程中,如果毫无节制地表现出欲望、贪念、蛮横霸道、焦虑不安与妄自尊大,那么,我们就不可能有公共生活。同样地,如果我

① [德]哈贝马斯:《交往与社会进化》,张博树译,重庆出版社 1989 年版,第 3 页。

们毫无顾忌地表达个人的心思、情感与隐私于公共空间，而成为公共舆论的焦点，以为如此才能造成坦荡荡的人格，那么，我们就毫无私人生活可言。①

内格尔认为，公共空间是一个复杂且彼此有分歧的个体交合互动的地方，是一个言行公开表达的空间。在这里，既要求有彰显，又必须有遮掩。换句话说，必须有公私的分界。这种公与私之彰显和隐忍，是公共空间的道德前提和条件。然而，我们是否可能对公私做一个明确的界说？对此，雷蒙·格尔斯认为，在公私的区分上，“我们并没有必要去发现何谓公与私的区分，然后决定我们应该以什么价值态度去面对。相反地，在我们既定的价值与知识下，决定何种事物为我们认为需要规约的或者必须观照的——然后在它们身上印上‘公共性’的标识”②。这就是说，处于公共空间里的人应该以理解和隐忍的方式来对待不同的意见，这是公共空间之所以能够存在的伦理基础。

在我国，城市居民既具有群体特征，也具有个性差异。城市公共空间就是这样一个场所：在这里，人们可以通过各种公共活动，在不消弭个性的同时加强彼此之间的理解和隐忍，以宽容的精神对待他人，这对于塑造公民人格具有重要的作用。第一是通过公共空间的活动加强彼此之间的理解。第二是通过活动增强相互之间的隐忍，从而保证共同体的健康发展。

三、公共空间与都市文明

城市是文明发展的产物，而城市自产生以来就以文明作为自己靓丽的名片。城市公共空间作为重要的物质载体，在城市文明形成中具有关键作用。在这里，个体接受核心价值的涵育、城市精神的熏陶、风俗文化的涵育、生活方式的影响。

---

① Nagel Thomas, *Concealment and Other Essays*, Oxford & New York: Oxford University Press, 2002, pp.28–29.

② Guess Raymond, *Public Goods and Private Goods*, New Jersey: Princeton University Press, 2001, p.86.

(一)城市意象

城市是文明的产物,又是催生文明的土壤。人们建设城市,城市也可教化人。正如北京文化、上海文化、巴黎文化、纽约文化能够形塑不同的城市人格一样,这些文化空间也会将人塑造为不同的人格模式和文明样态,这就是城市文化空间之所以重要的缘由。自从简·雅各布斯于1961年出版《美国大城市的死与生》,在建筑学界和城市规划学界掀起关于城市文化空间的探讨之后,人们开始对功能主义进行批判,对物质主义挤压文化空间进行尖锐的批评,对城市文化空间之于城市的命运给予前所未有的关注。许多学者认为,一个充满活力的城市不仅在于它构建一个层次丰富、级配合理的物质生活空间,而且在于它能够提供多样化、多层次的文化空间,让不同阶层的居民能在这里各得其所、其乐融融,对置身于其中的城市产生强烈的家园感和归属感。

城市意象的物质载体是城市文化空间。德国心理学家马斯洛的需要层次理论可以作为划分城市空间的理论依据。马斯洛把人的需要分为生理需要、安全需要、归属和爱的需要、尊重需要、自我实现需要五个层次,以此为理论观照,城市文化空间可以分为基础性空间、标志性空间和提升性空间。

基础性空间是居民得以正常生活、城市得以正常运转的基础文化要素,大都结合城市居民的居住空间而配置,体现了城市文化的底色。在规划和建设上,由于这类空间的服务对象广泛,需求总量较大,其特点是规模小、数量多、多样化,以此适应具有各种社会文化背景的城市居民。标志性空间多为城市的标志性街区、城市市级甚至区域性的设施或场所,是城市的"名片",如歌剧院、体育中心、博物馆、展览馆等公共空间。标志性空间也叫作城市的地标,它浓缩了城市母体的精华,是城市文化的"形象符号"。在特定城市里,这类空间一般规模大、数量少、空间区位好,适合举办最能代表城市特色的文化活动。提升性空间介于基础性空间和标志性空间之间,特点是数量较多、规模较大,更多满足中产阶级的使用需求。

通过上述空间展示出来的城市意象,可以增强人们对城市的认知。凯文·林奇研究了人对城市空间信息的解读规律,出版了《城市意象》一书,指出,城市空间里的符号,如旗帜、草地、十字架、标语、彩窗、橙色屋顶、螺旋梯、柱、门廊、生了锈的栏杆等,告诉人们其所有权、社会地位、所属团体、隐性功能、货物与服务、举止,还有许多其他的有趣或有用的信息。这些环境标志系统是社会的产物,不熟悉当地文化的外来者常常无法对其进行辨识。但观察者能够通过分析它们的内容、准确性及所附带信息的强度来了解它们,通过访谈当地居民和实地照片来得到检验。①

城市通过意象来证明自己,主体通过意象来体味城市。北京的四合院与上海的里弄就是具有不同文化风格的民居;纽约的摩天大楼与上海的摩天大楼,虽然都是现代化建筑,但两者具有不同的文化韵味。置身于阿拉伯城市、欧洲城市和东亚城市,人们会通过空间意象,体会不同的文化形态和价值观念。

"可读性"和"易辨性"是凯文·林奇"城市意象"的两个核心概念。通过"可读性",城市空间在确保实用性和安全性的同时,应该为人们创造一种特征记忆,而频繁的"城市更新运动"抹去了历史进程中形成的识别特征。凯文·林奇通过对美国波士顿、新泽西和洛杉矶三个城市的对比,分析了城市空间中道路、边界、区域、节点、标志物等城市元素对市民心理的重要影响。城市居民通过公共文化活动进行有效的沟通,获得场所精神的体验,形成多层次的认同感和归属感,继而产生对都市结构的指认,形成都市文化意象。通过"易辨性",形成有赖于城市物质文化对城市制度和精神的表征程度。由此可见,居民心理、精神上的认可和皈依是形成城市文化空间的关键要素,而城市文化空间一经形成,就对人们的价值观念、生活方式产生巨大的"裹挟"和深刻的影响。

城市空间的重要功能是教给人们公共生活的规矩。美国学者戴维·B.泰

① ［美］凯文·林奇:《城市意象》,方益萍、何晓军译,华夏出版社2001年版,第25页。

亚克也分析了城市空间对美国人的文明意识的塑造。他认为,在城市化进程中,农民变为市民不会一蹴而就,其“思维和行动方式从乡村到城市的变化绝非线性的或持续不断的。市民们可能对于工作以及陌生人的互动的公共世界具有一种行为标准,而对于亲属、邻里以及宗教联合体的私人世界又有另外一套行为标准。在19世纪中叶的大城市之中,我们可能会发现赫伯特·甘斯所谓的‘都市乡下人’那样的人,正如我们可能会在19世纪的小镇遇到完全不关注地方事务和地方性的道德标准的抱持世界主义的个人。尤其是,对于许多观察者来说,在19世纪,下述情形已变得很明显了,即小城镇与源自大众社会的中心—城市的影响网络正在相互缠绕在一起,而城市则持续地从传统习俗依然强大的乡村地区补充新的市民。……生产手段、人类联合和决策的形式以及此前贴上‘都市’的标签的思维方式和行动方式等领域不断进行的变化成为大多数美国人生活中的中心”①。城市化进程越是突飞猛进,人们对城市空间需求越是激增。“当城市居民变得更加独立时,他们日益转向专业化的和非个人性的机构去完成他们及其邻居曾经履行的任务。因为工作场所与家庭开始分离开来,所以必须在时间和空间里来协调活动,新的沟通手段于是被发明出来,并且在城市居民中发展出一种城市纪律。”②

在都市化进程中,“大多数人对私有财产的意识和个人主义思想表现相当明显,对城市地理产生广泛影响,多顿称之为‘空间私有化’。公共用地和私人属地截然分开,每项活动都有特定区域,个人对空间的控制越多越好。于是,室内市场的商铺和摊位取代了街头小贩;工厂将各种工作集中起来;内置雅致花园的独立别墅成为城市居民的梦想。相比之下,原来在街道上和其他公共场所举行的社会习俗行为和街区活动渐渐销声匿迹,取而代之的是关于

① [美]戴维·B.泰亚克:《一种最佳体制——美国城市教育史》,赵立玮译,上海人民出版社2010年版,第4页。

② [美]戴维·B.泰亚克:《一种最佳体制——美国城市教育史》,赵立玮译,上海人民出版社2010年版,第23页。

公共秩序的各种正式条款。……交通抹煞了街道作为聚会场所或市场的这一角色。为了缩减个人寓所和千篇一律的集体住房之间的差距,大量组织纷纷建立,通常拥有自己的空间和设施:俱乐部、联会、社团——名目繁多、目的各异。集体活动如娱乐更加专业化,且固定于某一特定场所”①。打造城市文化空间,其目的是创造一个健康的城市、“乐活”的城市和“人的价值最大化”的城市,使城市成为更合人居的“艺术环境体”,这既具有建筑与规划学价值,又具有发展哲学价值。巴黎之所以被公认为世界文化艺术之都,吸引着世界各国的文化艺术青年走向巴黎,是因为它的城市文化空间体现了典型的法国文化特质,涵育着各种文化群体,忠实履行法国传统文化守望者的职责。巴黎的城市文化空间不仅创造了巴黎的“闲逛者”,而且创造了所谓的“一百零一种生活”。

（二）城市意象的形成机制

城市意象有自己的形成机制,它是人、活动、场所三者有机结合的产物。在这里,人作为主体,具有能动性,它依托一定的场所,设计、组织、参与、介入文化活动;文化活动赋予场所以灵动性,强化了场所精神,可以吸引更多的人参与到活动中来。

人是城市的主人,也是城市空间的主角。城市空间系统,是富有灵性的“人文与空间合一”与“虚拟与现实共生”构成的生命系统。城市的空间形态是城市历史和文化的重叠,它根植于历史发展的脉络中,完整地体现着城市文化的底蕴、厚度和生命力。因此,任何文化的产生和消费都需要符合当地居民的生活习惯、审美观和价值观,市民在心理、精神上的认可和归属感才是打造城市文化空间的关键。人们通过熟悉的、亲身体验的空间形态进行活动,相互沟通,不断加深对身边“场所”的理解,并形成比较集中的、层次丰富的、有强

① ［美］保罗·M.霍恩伯格、林恩·霍伦·利斯:《都市欧洲的形成(1000—1994年)》,阮岳湘译,商务印书馆2009年版,第201—202页。

烈地方标识和归属感的城市文化。城市居民——城市使用者——是有策略的实践者。而没有人存在的空间是“死”的空间。吸引和组织更多的人参与空间再造,是城市管理者的重要职责。

空间因活动而精彩。我们记录某个城市或某人的历史,总是通过描述其在特定时间内的特定活动、事件或经历作为对其在一个连续时段中状况的概括。可见,人对时间的结构意象是由一个个特定的节点及其间一段段平凡的岁月组成的。节点间是大量的诸如工作、生活及出行等生存必需的、重复的活动,一般不留下深刻的记忆,与节点关联的则是对社会和人在生活及成长过程中有过重大影响的一系列活动及事件。文化活动作为城市文化空间在时间维度上的结构性节点,是城市文化形成历史延续性、获得持续认可的关键,人们有了对特定事件、重大活动的遐想和感悟,才觉得城市文化空间韵味十足。上海黄浦江边两对恋人共用一把长椅谈情说爱的情形,形成了老上海人对外滩共同的文化印象;许多城市老的商业文化中心经久不衰,除了归因于其商品价廉物美之外,更归因于它“浓缩”了大量的历史活动,因而具有丰富的文化内涵;西方国家的“事件旅游”活动等都以再现某种活动的形式增加了文化含量;而有些城市盲目兴建的“大广场”“景观大道”,由于没有可联想的事件、具有代表性的活动而显得文化底蕴贫乏,游人只能对其“走马观花”,难以形成更深层次的文化意象。

笔者于 2015 年 2 月份调研了世界著名长寿村,考察了外来人口如何通过活动实现对乡村文化空间的再造。巴马长寿乡位于广西壮族自治区西北部巴马瑶族自治县,这里是世界五大长寿之乡中百岁老人分布率最高的地区,被誉为“世界长寿之乡 · 中国人瑞圣地”。长期以来,巴马长寿乡的百姓过着地道的农业社会的生活。但近年来,随着媒体的过度宣传,许多外地人涌入这些村落,有的是为了休闲,大部分是为了治病养病。许多人在此地长期居住,打破了村庄原来的宁静,也改变了人们的生活方式。一是村子里更像一个集市,村民提供农副产品,商品的观念得以树立;二是广场舞、健美操被外地人引进村里,村民参与进来,眼界得以开阔;三是村里许多老年人过去靠种地为生,现在以卖菜为业,改变了生存方式。总之,古朴的生存方式没有了,现代文明显现了。这就是外来人口的涌入对人们生活方式的影响和对文化空间的再造。

活动的发生总是占据着一定的场所。铁凝在小说《永远有多远》中描述了老北京胡同这一"场所"对她认知北京的独特作用。在她眼里,"世都""天伦王朝""新东安市场""老佛爷""雷蒙",无论有多豪华、多现代,都无法让她知道她就在北京。她说:"在我的脚下有两级青石台阶,顺着台阶向上看,上方是一个老旧的灰瓦屋檐。屋檐下边原是有门的,现在门已被青砖砌死,就像一个人冲你背过了脸。我迈上台阶站在屋檐下,避雨似的。也许避雨并不重要,我只是愿意在这儿站会儿。踩在这样的台阶上,我比任何时候都更清楚我回到了北京,就是脚下这两级边缘破损的青石台阶,就是身后这朝我背过脸去的陌生的门口,就是头上这老旧却并不拮据的屋檐使我认出了北京,站稳了北京,并深知我此刻的方位。"①

由此可见,对城市文化的感受及记忆,与活动发生的物质空间密不可分。而人们对物质空间的认识,则是通过可意象的城市空间而形成。只有对城市空间进行实质性辨认,才会有似曾相识的亲切感,才能对空间产生情感认同和归属感。凯文·林奇将城市意象发挥作用的机制称为"领域圈"。

第三节　公共空间与公共领域

作为现代文明的重要标志,发育成熟的公共领域以发达的公共空间为物质载体,但是与公共空间所承载的活动内容、民族文化传统也有直接的关系。要建构成熟的公共领域不仅要建设物质性公共空间,而且也要大力发展社会主义市场经济和社会主义民主政治。

---

① 铁凝:《永远有多远》,《十月》1999 年第 1 期。

一、公共领域的结构性要素

作为西方语境下的一个政治哲学概念,公共领域最初由汉娜·阿伦特提出,由哈贝马斯加以发展。哈贝马斯在《公共领域的结构转型》中,明晰地界说了公共领域的内涵、类型及其发展。他认为,公共领域描述的是一个介于私人领域与公共权力领域之间的中间地带,它是一个向所有公民开放、由对话组成、旨在形成公共舆论、体现公共理性精神、以大众传媒为主要运作工具的批判空间。公共领域有三个结构性要素。

(一)以公共空间为重要载体

汉娜·阿伦特在《人之境况》中,对人的公共言行提出了“剧场式”阐释,她以古希腊城邦公民参与政治活动的广场为意象,阐释了人之实践活动的“公共领域”。她认为,公共领域的主要载体是区别于私人空间的公共空间,在这个空间里,个人彼此争胜,以表现其优异的言行。犹如在一剧场中,个人把他最优异的言行表达给在场的其他人。

雷蒙特·戈斯也说:“一个公共场所就是一个我能被任何‘一个可能碰巧出现在那里的人’观察到,这就是说,被那些我没有私人交情的人和那些不需同意就能进入与我的亲密互动中的人观察到。”①这些公共空间包括公共市场、公共学校、公共道路、公共商店等。作为雅典政治文明的载体,古希腊城邦时代的公共空间包括:宗教性公共空间,如神庙、圣殿、公共墓地;市政性公共空间,如市政广场、议事大厅、公民大会会场、法庭;文化性公共空间,如露天剧场、体育馆、运动场、摔跤场。这些公共空间在公民意识培养方面起着重要作用。

---

① Raymond Geuss, *Public Goods*, Princeton: Princeton University Press, 2001, p.13.

（二）以政治讨论为主要内容

汉娜·阿伦特通过考察古希腊城邦的公共空间发现，这些空间里承载着许多政治内容。她说，在希腊文化系统中，人的本质主要体现在政治组织能力上，这种能力不仅不同于以家庭为轴心的自然关系，而且还直接地与之相对立。在城邦建立以前，一切基于亲族关系的组织单位都已经遭到了毁灭。[①]对古希腊人来说，公共领域的兴起意味着他们在私人生活以外还存在着重要的政治生活。"以城市公共空间为中心的政治、经济和社会文化活动，使人们逐渐获得的是一种集体的认同感和对雅典城市作为城邦中心的归属感。在潜移默化中培养了公民的自我觉醒意识和爱国情操。从这个意义上说，基于城市公共空间而迸发出的文化创造力是古典时期雅典城邦对外争霸扩张，维系城邦活力的强大精神支柱。"[②]

（三）以理性批判为精神动力

哈贝马斯认为，公共领域是由自由的个人组成、通过"交往活动"形成公众意见的社会生活领域，它介于国家与社会之间。其中心原则是"漫谈式地形成意志"，即由拥有自由权利的公民通过平等的、公开的、无拘束的讨论，形成公众舆论，来捍卫自己的正当权益。公共领域的关键性要素是独立于政治建构之外的公共交往和公众舆论对于政治权力的理性批判，它既是公共领域得以存在与发展的精神动力，又是政治合法性的文化基础。

二、我国公共领域发展滞缓的原因

自古以来，中国不缺乏诸如茶馆、酒楼、祠堂、书院、戏园、书场等公共空

① ［德］汉娜·阿伦特：《公共领域和私人领域》，刘锋译，汪晖、陈燕谷主编：《文化与公共性》，生活·读书·新知三联书店1998年版，第59页。

② 解光云：《述论古典时期雅典城市的公共空间》，《安徽史学》2005年第3期。

间,却没有真正意义上的公共领域。如学者所说,近代以前,在上述公共场所里,“集群谈论之事,亦不过邻家之盗窃案而已。邻舍城市外,虽有揭天之大事业,而彼犹醉生梦死,毫末不知。”①这些场所就其空间的社会属性以及所开展的活动来看,都不能算是自律性交往场所。具体说来,祠堂作为宗族祭祀祖先、赏灯修谱、调处族内纠纷、决议族内重大事务的活动场所,因其不对族外人开放,所以具有很强的封闭性;书院作为学者讲学授徒与士子约课会文之所,虽然也间或讥议时政,但这种对时政的讥议既不以达成一定共识为目的,活动也并非制度化,所以不能称之为公共领域;作为公共休闲娱乐场所,戏园和书场虽然也在一定程度上担负一定的社会教化功能,但因为缺乏一以贯之的现实批判性,因而与典型意义上的公共领域无缘。制约我国公共领域发展的原因是:

(一)中国传统社会结构的影响

首先,传统社会的自然主义小农经济把人们束缚在有限的活动范围内,社会公共生活非常贫乏,难以形成真正意义上的公共领域。众所周知,中国封建经济制度的首要特点就是自给自足的自然经济占重要地位。农民不但生产自己需要的农产品,而且生产自己需要的大部分手工业品。地主和贵族对于从农民那里剥削来的地租,主要是用来自己享用,而不是用来交换。即使有交换的因素,在整个经济中也起不了决定性作用。这种一家一户的小农经济结构形式,不可能形成大规模的社会劳动分工和商品交换,从而使广大民众生活在狭小的空间内,视野极其狭隘。在这里,人们缺乏公共生活的经济需求和广泛的社会交往。

其次,在传统的政治结构中,政治权力的合法性不具有公共性质,政治结构与家庭私人生活直接连接,两者之间没有一个既独立于政治权力又独立于家庭私人事务之外的公共性中间地带。徐复观认为,在儒家的“五伦”观念

① 修真:《论说:阅报之有益》,《觉民》1904年第1期。

中,缺乏民众与政府相关的明白观念。结果是,儒家的千言万语,终因缺少民众如何去运用政权的体制,乃至缺乏民众与政府关系的明确规定,而依然跳不出主观愿望的范畴;这是儒家有了民主的精神和愿望而中国不曾出现民主的关键之所在。在这里,民众一旦与政府发生联系,即堕入幽灵般的法家胥吏手中,受其摧残。他认为,两千年以来,人们不敢与政府接触,甚至以避免与政府接触为立身处世的要务。事实确实如此。中国自古以来就是一个君权至上的国家,到了近现代,无论是国民党统治时期的党国一体,还是共产党执政后计划经济时期的党政不分,社会管理的权力一直高度集中在国家手中,政府成为管理主体,社会团体和普通民众找不到自己参与社会管理的空间,更遑论设定政府以外的力量参与社会管理的游戏规则。西汉以来,作为国家意识形态的儒教将“三纲五常”作为约束人们思想和行为的精神旗帜。其中,“君为臣纲”“父为子纲”“夫为妻纲”这条垂直的隶属系统和“仁、义、礼、智、信”这条横向的交往系统,强调片面的义务观念。在这个伦理之网上的成员之间,出现严重的权利义务不对等,在这种交互作用中,道德要求的彰显,淡化甚至是掩盖了交往行为中的利益诉求和契约保障。

与此相反,在古希腊影响下的欧洲,却是另外一种景象。18 世纪的伦敦,每个晚上至少有两万人汇集在各种社团里聚会聊天,在爱丁堡,律师、牧师、一般文化人士、中产地主,到后来还包括医师、现实感较强的农人、生意人等,汇集在各种刚成立的民间社团、俱乐部、咖啡馆或沙龙等,讨论如何增加他们的生活福利。据资料记载,有一个社团在 1754 年 6 月 19 日和 8 月 19 日的两次会议的主题是:“让外国的基督徒归划为英国人对英国有利吗？对输出玉米的补助商业和贸易将会和农业一样受益吗？现存在英格兰的无数银行,对这些人的贸易有用吗？纸钞的发行对英国有利吗？在目前的情况下,增加耕地或谷物是最有帮助的吗？忏悔用的椅子是否应该拿开些呢？”①上述问题除最

① Becker, Marvin B., *The Emergence of Civil Society in the Eighteenth Century*, Bloomington, IN: Indiana University Press, 1994, p.69.

后一条是宗教问题之外,其余都涉及个人生活、福利及国家的公共政策问题。而对关涉个人利益及公共政策问题的讨论,无疑就是一种政治讨论。

(二)传统社会公伦理文化的抑制

公共领域和公伦理互为表里。在一定意义上说,如果没有公伦理的理性认知和实践活动,公共领域便无发生和存在的基础。在中国传统文化中,无论是儒家还是法家,都没有将公伦理真正落到实处,更不会培育起发达的公共事业,结果抑制了公共领域的发展。

在儒家那里,公共伦理和私人伦理之间虽然有着清晰的边界,但是,和公伦理相比较,私伦理具有一种价值优先性。梁启超在《论公德》一文中说:"吾中国道德之发达,不可谓不早,虽然,偏于私德,而公德殆阙如。试观《论语》、《孟子》诸书,吾国民之木铎,而道德所从出者也。其中所教,私德居十之九,而公德不及其一焉。"①应该说,梁启超的论述是极有见地的,他以其深厚的国学功底深刻地指出了以儒家思想为主流的传统文化在公伦理培育上的不足。事实确乎如此。植根于自然经济与血缘家庭的土壤之中的儒家伦理,将家族道德视为道德体系的奠基和根本,很少顾及公共精神的培育。特别是当代表家族利益的私人道德与体现大多人意志的社会公德发生价值冲突时,儒家伦理大多持回避甚而牺牲社会公德来维护私人道德的理论立场。《论语·子路》记载:"叶公语孔子曰:'吾党有直躬者,其父攘羊,而子证之。'孔子曰:'吾党之直者异于是:父为子隐,子为父隐——直在其中矣。'"在这里,孔子表达了家族伦理相对于公共伦理的价值优先性。这种重私德轻公德的伦理文化显然不容易激活公共领域。

法家以人性自私论为理论假设,以扬公抑私为思想特色。如管子说:"一言得而天下服,一言定而天下听,公之谓也。"②法家的另一代表人物商鞅以触

① 梁启超:《新民说》,中州古籍出版社1998年版,第64—65页。

② 《诸子集成》第5卷,上海书店出版社1986年版,第270页。

动旧有的生产方式为着眼点,将扬公抑私的公私观置于坚实的物质基础之上。张金光在《试论秦国商鞅变法后的土地制度》一文中认为,“商鞅实行的田制改革,其实质就是使土地国有化”。这一变革,抑制了私家土地以及私家观念的无限膨胀,为以王室为象征的公家势力及公家观念的发展奠定了强有力的物质根基。商鞅通过统一民众的生产和生活来实现所谓国家之公的伦理政治目的。他说:“圣人治国之要,故令民归心于农。”(《商君书·垦令》)为了使人民能够集中精力专心农战,商鞅认为最重要的一点就是能否使人民愚昧无知。在他看来:“愚农不知、不好学问则疾务农。”(《商君书·垦令》)就是说,一旦民众愚昧敦厚,不崇尚学问,就不会被其智巧所迷惑,就会专心致志地按照君主的意志从事农战。所以,商鞅提出的愚民思想是与其最重要的变法内容——重农战紧紧地联系在一起的,其目的是要民众摈弃杂念、归心于农战。由此看来,法家的公不是现代意义上的公意,而是以君主为代表的国家意志,它把一切游离于体制外的人和思想都看作是对秩序的挑战,因而要杜绝、灭杀。

这样一来,法的本质就变成对私人立场的超越。于是,所谓法的大公,就是要求人们不再从自己的私人立场(私意)出发,不再站在有利于自己的角度看问题:“私意者,所以生乱长奸而害公正也”①,“行私则离公,离公则难用”②。“行恣于己以为私。”③“自环者谓之私,背私谓之公”④。法家的问题在于,把一切都纳入公的范围,公域完全排斥私域,模糊了公私界限,并使公共领域泛化,使个人失去了自立自为的独立领域,以拔出私领域为代价而形成的所谓公领域,实际上只能是统治者的私领域,这种公而不“共”,是代表型公共领域的基本特点。这样的公共领域由于私人的利益诉求和自由追求不能得到

① 《诸子集成》第5卷,上海书店出版社1986年版,第345页。
② 《诸子集成》第5卷,上海书店出版社1986年版,第261页。
③ 《诸子集成》第5卷,上海书店出版社1986年版,第80页。
④ 《诸子集成》第5卷,上海书店出版社1986年版,第345页。

合理满足,人们就只能借助公共领域的躯壳来谋取私利,从而在根本上破坏了公共领域。

(三)传统社会法律保障的缺失

公共领域的发展必须要有法律保障。赋予人们话语权,尤其是政治讨论、结社集会的权利是公共领域存在与发展的必要条件。而在我国传统社会里,不仅没有赋予人们话语权和结社集会的权利,相反,历朝历代统治者几乎都颁布一系列法律条款,极力剥夺民众的言论、集会、结社等权利。

早在西周时期,统治者就规定了所谓诽谤罪。《史记·周本纪》记载,周厉王统治暴虐,遭到国人的评议,于是厉王颁布了一条法令:凡有人议论天子,便构成诽谤罪,处以死刑。另据《史记·秦书列传》和《史记·高祖本纪》记载:秦代法制轻罪重罚、法网严密,规定"有敢偶语者弃市(即在闹市执行死刑并将犯人暴尸街头的一种刑法)"以及"诽谤者族",等等。汉代的许多法律继承和新增了不少与此相关的罪名,以实现对人们自由言论的严密控制,比如:属于大逆不道的就包括怨望诽谤政治罪和妖言罪。怨望诽谤政治罪是一种言论犯罪,指因为怨恨而诽谤朝政。根据《汉书·淮阳宪王传》记载:"……诽谤政治,狡猾不道……京房及博兄弟三人皆弃市,妻子徙边。"妖言罪也是一种言论犯罪,指用妖言惑众的行为。根据《汉书·律历志》记载:"劾奏王吏六百石,古之大夫,服儒衣,诵不详之辞,作妖言欲乱制度,不道。"另外,还规定了漏泄省中语罪(该罪是指臣下泄露君主的言语,或者泄露臣下上奏于君主的言论)。且此罪属于大逆不道,被处弃市之刑。据《汉书·贾捐之传》记载,贾捐之"漏泄省中语,罔上不道",而"坐弃市"。非所宜言罪,此罪名在秦代已有,汉代因袭,指说了不该说的话,属于不敬罪,其刑罚等级是"弃市"。

《北齐律》中规定了对十种最严重的犯罪予以严厉制裁的制度,称为"重罪十条",置于法典的首篇《名例律》中,作为封建法律重点打击的对象。这十种犯罪主要包含两大类犯罪:一类是严重危害皇帝人身安全、个人尊严及威胁统治秩序的犯罪行为，另一类是严重违背封建伦理道德和社会秩序的犯罪行为。隋初制定《开皇律》时将这一规定稍加修改而称为“十恶”，包括：谋反、谋大逆、谋叛、恶逆、不道、大不敬、不孝、不睦、不义、内乱。凡犯此“十恶”中罪者，不仅对本人施以最重的刑罚予以严厉制裁，而且要株连家属，没收财产。即使是贵族官僚，也不能享受“八议”和赎刑的优待。唐律规定：在谋反罪的认定上，只要“谋”，不论行为是否已经实施，也无论是否造成实际后果，甚至只是“口陈欲反之言，心无真实之计”，均认为构成十条重罪中最严重的谋反罪。对于谋反罪的惩罚与其他犯罪不同：本犯不分首从，一律处斩；且株连范围极广，父子年十六以上处绞刑，十五以下及母女、妻妾、部曲、奴婢和财产全部没官。犯此罪者，不能享受任何法定的优待和例外。“十恶”制度作为封建法律中一项最基本、最重要、最核心的内容，作为维护封建统治最有力的武器而被规定于后世历代法典之中，世代相传直至明清，在中国历史上存在了一千三百余年。

宋代统治者规定严治“妖言惑众”罪，且对这类犯罪不能以赦降去官原免。明朝更是严刑酷法，对谋反、大逆等罪处刑远重于唐律，并且加强文化思想专制，实行“文字狱”。据《明史·食货志》记载，因为诗词被怀疑是暗寓讽刺皇帝而丧命的不乏其例。如僧人来复的谢恩表，内有“殊域”二字，被理解为是骂“歹朱”而遭杀身之祸。明代厂卫制度是皇权高度集中的产物，它被赋予种种司法特权，使得公共领域几乎没有立锥之地。民间有人在密室喝酒后大骂魏忠贤，声音未落就被厂卫特务捕到魏府凌迟处死。①

清政府为严厉打击汉族民众的反抗，进一步将汉族传统的结社、拜盟等行为列为犯罪，并照谋叛律例处罚。早在顺治年间，清朝廷就下令严禁“盟社”，规定“士子不得妄立社名，纠众盟会……违者治罪”。乾隆时正式规定：“凡异姓人，但有歃血订盟结拜兄弟者，照谋叛未行律，为首者拟绞监候，为从减一等。若聚众至二十人以上，为首者绞，为从发云、贵极边烟瘴充军；其无歃血订

① 张廷玉等：《明史·刑法志卷九十五》，中华书局 1974 年版，第 2333 页。

盟焚表情事,止序齿结拜兄弟,聚众至四十人以上,为首者绞监候;四十人以下,二十人以上,为首者杖一百,枷号两个月,为从,各减一等。”①为了压制明末清初兴盛起来的民主思想和启蒙思潮,清朝统治者一方面运用法律手段对那些“异端思想”进行处罚,一方面大兴文字狱,在思想文化领域形成“白色恐怖”,将一切不利于现实统治的思想学说予以禁锢、扼杀。据不完全统计,仅在号称“盛世”的康熙、雍正、乾隆三朝,发生文字狱便达 108 起。其中,乾隆朝就占 80 余起。康熙朝的“庄氏明史案”、雍正朝的“查嗣庭案”和乾隆朝的“胡中藻诗案”等,都是典型的根据文字随意罗织而成的大案,牵连极广,危害极大。② 清末,为了加强对全社会的控制,清政府颁布了《结社集会律》,对所谓的结社、集会“自由”作了严格的限制。首先,“凡秘密结社,一律禁止”。凡违反本条规定“而纠集结社或列入者,均照刑律惩办”。③ 其次,对人民参加合法的集会、结社活动予以严格的限制,规定学生、妇女、各学堂教习等均被禁止参加政事结社和政论集会。“无论何种集会或整列游行,巡警或地方官署,为维持公安起见,得量加限禁或饬令解散。”④在清廷发布的《学堂禁令》中更是规定了学生“十一不准”,不准学生干预国家政治及本学堂事务,不准妄发狂言怪论等等,违者查办。

中华民国时期,虽然湖北军政府制定的《中华民国鄂州约法》和南京临时政府制定的《中华民国临时约法》中都规定了人民享有言论、集会、结社等权利,但是这些权利并未真正落实,并且很快就被先后上台的袁世凯、北洋军阀和国民党控制的中华民国北京政府、南京国民政府等附加了种种限制条件,言论、集会、结社等权利成了空中楼阁,缺乏实现的可能性。

新中国成立后,苏联模式的中央集权和计划经济体制本能地排斥多元性、

① 马建石、杨育棠主编:《大清律例通考校注》,中国政法大学出版社 1992 年版,第 661 页。
② 曾宪义:《中国法制史》,中国人民大学出版社 2000 年版,第 39 页。
③ 《大清法规大全·民政部卷七》,台北考证出版社 1972 年版,第 1048 页。
④ 《大清法规大全·民政部卷七》,台北考证出版社 1972 年版,第 1048 页。

复杂性和开放性,制约了城市公共空间的发展。很长一段时期,公共空间主要是为政治集会服务,与容纳丰富日常生活的市民空间相去甚远。茶馆、会馆等富有中国特色的公共空间形式,在新中国成立后迅速萎缩。即使是北京天安门广场,在20世纪50年代完成扩建以后,也一度被塑造成一个反对资产阶级腐朽意识形态的革命场所和政治舞台,并在20世纪六七十年代的“文化大革命”运动中,演变为鼓动群众、批判和教育阶级敌人的场所。① 改革开放以后,正如历史所期待的那样,天安门广场逐渐从功能单一的“政治空间”转向多元开放的“市民空间”。

三、我国公共领域发展的现实路径

培育公共领域,是现代社会发展的必然要求,是完善城市治理的题中之义,是构建市民美好生活的重要手段。在当代中国,发展社会主义公共领域,既需要改革完善经济、政治等方面的体制机制,也需要发展完善城市公共空间体系。

(一)发展现代市场经济制度

恩格斯说:“一切社会变迁和政治变革的终极原因”“应当到生产方式和交换方式的变更中去寻找。”②邓小平也深刻总结道:“制度问题更带有根本性、全局性、稳定性和长期性。”③美国著名政治学家罗尔斯也认为,制度对个人素质的养成具有优先性,因为社会制度的基本结构自始至终深刻而广泛地影响着人们的生活前景,一个人只能在社会制度给他规定的范围内去追求他渴望的东西。④

① [德]迪特·哈森普鲁格主编:《走向开放的中国城市空间》,同济大学出版社2005年版,第31页。

② 《马克思恩格斯全集》第26卷,人民出版社2014年版,第284页。

③ 《邓小平文选》第2卷,人民出版社1994年版,第333页。

④ [美]约翰·罗尔斯:《正义论》,何怀宏、何包钢、廖申白译,中国社会科学出版社1988年版,第5页。

市场经济解构了传统社会,为公共领域的孕育和发展创造了社会前提。纵观西方公共领域的形成,我们不难发现,公共领域的形成和发展确实与市场经济以及与此相适应的公民社会的不断壮大有密切关系。众所周知,伴随近现代资本主义市场经济的发展,西方社会孕育出数量众多的行业协会、慈善机构、民间社团等,它们既是公民从事自我管理的载体,也是培养公共领域的土壤。而在自然经济占主导地位的传统社会里,"财产、商业、社会团体和人都是政治的;国家的物质内容是由国家的形式设定的。每个私人领域都具有政治性质,或者都是政治领域;换句话说,政治也就是私人领域的性质。在中世纪,人民的生活和国家的生活是同一的"①。

在这样的社会结构中,运用国家机器,强制性地把全民的意志高度统一到政府目标上来的做法,可能在特殊历史时期有其一定的合理性和有效性,但其致命的弱点无论如何都不能被忽视:它淹没个人要求而不是代表个人要求,它消灭了私人空间而造成了一个"透明"的社会。在这个国家机器中,每个人都处在国家和他人的严密监视之下,所有国民都应该是国家这部机器的零件,都必须服从国家的统一目标,不允许有个人自由的思想和行动。这种做法无视一切个体意志与个体差异,抹去了生命个体的差异性目标,个体幸福被当作不正当的欲求和国家的障碍物而踏平碾碎,个人只能是实现政府目标的手段和工具。在这种情况下,不仅公共领域的观念无从产生,就连公共领域的现实形态都难寻立足之地。市场经济具有瓦解传统社会的巨大力量。这只"看不见的手"通过一系列的价格机制和市场机制,实现市场主体的多元化、经济利益的分殊化、社会生活的多样化。这就为公共领域的发育和发展创造了一个制度前提。公共领域由场所和媒介作为载体。在市场经济条件下,由各种非政府、非营利的社团组织组成的社会力量,由各种报刊、广播、电视、互联网等传媒形式组成的公共舆论领域,以及由包括讨论和维护公共利

① 《马克思恩格斯全集》第3卷,人民出版社2002年版,第42—43页。

益的各种聚会、辩论、游行示威等组成的社会运动等都逐渐成为公共领域的现实存在形式。

（二）推进社会主义民主政治

社会主义民主政治是公共领域及其观念生存和发展的政治前提。首先，作为一种政治制度或政治组织形式，民主政治可以为公共领域的生存和发展提供政治保证和制度保证。作为一种社会交往和文化批判领域，公共领域不可能在专制制度下存在。因为，在专制制度下，整个社会的政治、经济和文化领域都统摄于政治权威之下，它不可能允许一个独立于政治国家又对政治权威加以限制、监督和批判的领域存在。因而，在那里，一切社会交往和文化批判都是不可能的。其次，作为一种包括讨论原则、妥协原则、宽容原则和多数决定原则以及自由、平等、人权和主权在民等一系列原理构成的理念系统，社会主义民主政治可以为公共领域的生存和发展提供精神动力。民主理念主张一切分歧和问题都要通过商量、讨论和交流甚至是妥协来解决，而不是诉诸于专制和暴力。作为一种生活方式，民主政治可以为公共领域成员参与公共政治生活和公共社会生活提供良好的平台，从而完善和推进公共领域的发展。作为一种由诸多因素构成的复杂政治行为过程和理想生活方式，社会主义民主政治通过现实的一系列政治活动使公共领域得以现实化。

中国进入现代社会以来，虽然其以学校、报纸和社团为重要载体的公共领域和以市民社会为基础、以资产阶级为基本成员的欧洲公共领域不同，其发生形态也基本与市民社会无涉，但是社会政治也仍然是它们讨论的议题。只要让政府与公民共同管理社会事务，打破公共权力的封闭性，畅通各种渠道，提供制度化的途径，让公民和各种社会民间组织合法地分享社会管理权力，鼓励他们参与公共事务治理，表达自己的利益愿望，并对公共权力的运行实施有效的监督，就一定能促进公共领域的不断发展和完善。

(三) 完善城市公共空间体系

城市公共空间作为社会公共领域的物质载体,已然成为当代中国社会转型与重塑的重要表达形式和传播媒介,并深刻影响着人们的世界观和社会行为方式。20 世纪 80 年代以来,随着世界城市公共空间复兴浪潮的东渐,重塑城市公共空间的核心地位,日益成为中国应对诸多城市问题和社会问题的一剂良药。① 随着城市化进程的加快,当代中国的公共空间生产呈迅猛发展趋势,形态各异的广场、公园、街道等公共空间成了当代城市的重要景观。但是,由于规划体系和管理体系的不完善,使得"公共空间建设与公共领域发展尚未完全形成协调互动的态势"②。因此,应该以健全规划体系和管理体系为抓手,完善城市公共空间体系,夯实公共领域健康成长的物质基础。

首先,通过优化空间规划,建设一个以人为本的城市公共空间体系。目前,城市公共空间普遍存在着"空间布局混乱、结构失衡、功能错乱等问题"③,其根本原因是物质主义的规划观念主导着城市公共空间规划,忽略了人的需求和参与,把公共空间仅仅作为标志城市发展水平的物质景观,而把人置于空间之外,是无论如何也不能形成公共领域的。因此,要从规划层面正确理解空间与社会之间的复杂关系,深入挖掘城市公共空间在社会、形象、使用等方面的内涵特质,遵循视线可及度、交通可达性、活动吸引力等技术规则,构建一个市民广泛参与的城市公共空间体系。其次,通过优化空间管理,维护一个可持续性的城市公共空间体系。建设与管理相互联系,构成一个有机整体。公共空间一旦被生产出来,就进入到管理流程。因此,通过有效的管理,保持空间秩序与活力的可持续性,就成了城市政府的重要任务。各级城市政府要统筹、

---

① 许凯、Klaus Semsroth:《"公共性"的没落到复兴——与欧洲城市公共空间对照下的中国城市公共空间》,《城市规划学刊》2013 年第 3 期。

② 陈锋:《城市广场 · 公共空间 · 市民社会》,《城市规划》2003 年第 9 期。

③ 刘士林:《市民广场与城市空间的文化生产》,《甘肃社会科学》2008 年第 3 期。

协同各管理部门的行政力量，建立公共空间层级与政府管理层级相适应的体系，综合考量一级行政能力、一级政府所代表的人群规模和公共空间本身的功能规模等级等要素，形成基于政府管理层级的三级公共空间体系和管理模式，建构可持续性的空间管理策略，确保建成公共空间作为公共领域物质载体的可持续性。

第八章　区域正义

区域正义也称城市区域正义，是城市理论的一个重要范畴。作为空间正义的子概念，城市区域正义是指处于同一区域的城市之间在资源配置、公共物品供给、城市权利实现等方面呈现公正状态，其伦理实质是体现区域内部的共商共建共享，其终极目的是实现区域整体利益与长远利益的最大化。实现城市区域正义，既要树立新发展理念，也要更新城市认知模式；既要优化公共政策选择，也要依靠发展伦理规制；既要探索以京津冀都市圈为代表的区域发展模式，也要借鉴以日本首都圈为代表的国外成功经验。

第一节　城市区域的伦理审视

区域正义有许多衡量指标，用新时代主要矛盾理论来分析，主要表现为城市内部和区域城市之间发展不平衡，即发展中出现的不协调、不匹配、不和谐关系。在城市化快速发展时期，世界各国城市发展的不平衡问题始终存在，以伦理视域来审视区域不正义问题，对于建构合目的性的城市区域具有基础意义。

一、区域失衡的表现

在城市内部,空间的连接构成城市;在城市之间,城市与城市的连接构成区域。区域不正义主要表现在城市内部中心与边缘之间、区域城市之间发展的不协调、不匹配、不和谐,进而导致的发展不平衡。其重要表现是:

(一)城市中心和边缘失衡

城市被划分为中心地带和边缘地带,是多种因素交互作用的产物。众所周知,集聚与扩散是城市空间形态演化的直接的表象,也是城市自身发展的必然规律。美国社会学家伯吉斯于1923年提出“同心圆”理论。他认为,城市空间扩展在本质上是由集中和分散这两个相辅相成的过程构成的,它们共同促成了城市人口的向心流动和离心流动。伯吉斯从人文生态学角度开展城市研究,认为有五种作用力(包括向心、专业化、分离、离心、向心性离心)影响城市人口流动和城市功能地域的化界。这五种力量在各功能地带的无休止的流动,形成了城市空间由内向外发展的同心圆式结构体系。其结构模式由五环构成,依次是:中心商业区、过渡区、工人居住区、高级住宅区、通勤居民区。具体说来,中央商务区是整个城市的中心,是商业活动、社会活动、市民生活和公共交通的集中点;过渡区是中央商务区的外围地区,即衰败了的居住区;工人居住区由产业工人和低收入的白领工人居住的集合式楼房或较便宜的公寓所组成;高级住宅区主要居民是中产阶级;通勤居民区主要是一些高质量的居住区,上层社会和中上层社会的郊外住宅坐落在这里。

以“中心—边缘”结构为表征的地理不平衡发展,像梦魇一样跟随着人类。从城市发展史看,城市空间的不平衡伴随工业化和城市化过程而产生。在前工业化阶段,城市经济处于不发达状态,城市的各个部分基本自给自足,甚至地区之间也彼此孤立、不成系统。人类进入工业化之后,社会分工不断深化,社会生产不断发展,商品交换日益频繁,那些位置优越、资源丰富、交通便利的地方日益发展为城市中心,其他地区就成了城市边缘。由于“虹吸效应”的存在,边缘地带的资源、人力、资金等要素向城市中心流动,最终导致中心地带与边缘地带在发展上的不平衡。在工业化成熟阶段,城市中心与边缘之间的落差加剧。表现在权利分配上,就是中心区域是城市甚至国家的经济政治权力的核心区域,拥有更多的决策权,而边缘区域则常常处于被动和服务地位;表现在资金流动上,就是大量资金流入核心区域,造成中心“偏肥”、边缘“偏瘦”,边缘地带因为缺乏资金支持发展迟缓甚至停滞;表现在技术创新上,就是高质量的高等院校、科研机构等创新主体大都云集于城市中心,城市边缘常常处于科技创新的弱势地位;表现在人口流动上,就是劳动力等人口,特别是高级创业人才由边缘流向核心,边缘地带沦落为“人才大战”的“输家”。就这样,核心地带对边缘地带起着支配和控制作用,核心的发展并不必然带来边缘的发展。伯吉斯指出,随着资本主义城市的发展,核心地带的“虹吸效应”,将导致边缘与核心之间的矛盾日益紧张,造成边缘地区内部又会出现新的较小规模的核心,把原来的边缘分开,边缘地区便逐渐并入一个或几个核心地区之中,原来的中心与边缘重新组合,产生新的中心与边缘。

中心地带与边缘地带发展的不平衡,是资本发挥作用的结果。在资本主义国家,资本的力量借助于政治权力任性地切割城市系统,城市分为中心和边缘是顺理成章之事。在这里,资本向着有丰厚利润的中心城市快速流动,权力(规划)争先恐后为中心城市疯狂贴金。许多西方马克思主义者分析了这种现象。大卫·哈维用“空间转移”理论解释资本主义“把不同的地区和不同社会形态非均衡地嵌入资本主义世界市场”,从而创建了资本积累的全球历史地理学。[①] 爱德华·苏贾从政治实践的角度关注城市内部的不平衡问题,强调指出,资本在不同区域的投入造成了不平衡的空间生产,而不平衡的空间生产又加剧了如下后果:任何城市区域都存在着一种“中心—边缘”的二元结

---

① [美]大卫·哈维:《希望的空间》,胡大平译,南京大学出版社2006年版,第23页。

构,存在着某些"核心国"和"边缘国"。那些"核心国"是工业生产和资本积累的主要中心,而那些"边缘国"却处于从属和依附地位,后者遭受极大的剥削,并形成了"第三世界"。[①] 在我国,一些城市政府缺乏系统性、协同性、有机性眼光,没有将城市作为一个有机整体来考虑,未能以规划为引领统筹好旧区复兴与新区发展之间的关系,致使城市内部之间、城市与郊区之间出现了严重的二元结构现象,表现为新城区和旧城区、中心区和边缘区在物质环境、经济发展、服务设施、社会空间等方面存在严重分异,影响了城市的统合发展。

(二)中心城市与边缘城市失衡

城市群是城市发展到高级阶段的产物。在城市化和全球化背景下,任何城市都不能以个体的形式单独发展,而是和其他城市及城市群密切关联。正如人的本质只有在社会关系中得以表现一样,城市的本质也只有在城市系统中才能被更好地把握。英国城市经济学家巴顿从"经济要素系统"来看待城市,认为:"城市是一个坐落在有限空间地区内的各种经济市场——住房、劳动力、土地、运输等等——相互交织在一起的网状系统。"[②]乔尔·科特金则遵循"城市秩序理论",认为城市代表着人类不再依赖自然界的恩赐,而是另起炉灶,试图构建一个新的、可操控的秩序,提倡在多因素构成的秩序中理解城市。[③] 19 世纪末,英国学者霍华德提出"田园城市"理论,开启了由单个城市发展向城市统一体发展的先河,形成了城市群理论的雏形。霍华德认为,在城市化进程中,就单一的城市而言,城市强大的吸引力推动形成城市蔓延,导致城市拥堵、环境恶化等城市问题,需要把单一的城市置于城市区域内和城市系统中,进行人为调节,抑制不平衡发展趋势。在这一思想推动下西方国家开启

---

① [法]亨利·列斐伏尔:《空间与政治》,李春译,上海人民出版社 2008 年版,第 17 页。

② [英]K.J.巴顿:《城市经济学:理论和政策》,上海社会科学院部门经济研究所城市经济研究室译,商务印书馆 1984 年版,第 14 页。

③ [美]乔尔·科特金:《全球城市史》,王旭等译,社会科学文献出版社 2006 年版,第 11 页。

了城市群规划和建设的实践,如法国制定的1912—1920年巴黎郊区居住建筑规划、英国1928年制定的大伦敦规划等。第二次世界大战之后,西方国家的战后重建也采取了这一模式,即在主要城市的郊区兴建卫星城,形成了城市群的基本发展格局。如今,巨型城市地区作为影响国家和地区城市发展地位的重要空间单位,越来越注重基于整体共识的长远战略来促进城市与城市之间的协作,解决重大的区域间与区域内的问题,如《大芝加哥都市区2040区域框架规划》《未来鲁尔2030》《京津冀协同发展规划纲要》等。

城市群形成有其内在的机理。以美国为例来分析。在开启工业化和城镇化历史的近200年中,美国的城市发展自东向西,具有明显的梯度开发特征。每一阶段的开发,都是人与资本在特定区域内的聚集,并依据当地的天然禀赋,孕育出全国范围内的经济增长极。在区域增长极中,大都市区是人与资本聚集的终极形式,并以此为辐射中心,不断兼并扩张,最终与邻近大都市区形成城市群或者城市带。

一个城市中出现的"中心—边缘"效应,同样发生在城市与城市之间。突出表现为,在城市群或者城市带内,由于城镇化政策、历史基础造成的起点不同,人口集聚、经济集聚的路径依赖及交通成本状况不同,加之行政主导、市场跟随造成的"马太效应",导致中心城市与边缘城市之间发展不平衡。在美国,以哈维为代表的西方马克思主义者通过对美国的三大城市群,即波士顿—华盛顿城市群、芝加哥—匹兹堡城市群、圣地亚哥—旧金山城市群进行分析,得出了城市群内部发展不平衡的结论。在我国,城市群的中心城市与周围城市之间的不平衡也是不可争辩的事实,京津冀城市群就是例证。北京作为首都,集多种功能于一身,营养过于富足,反观作为门户的天津和作为腹地的河北,为北京发展贡献了巨大能量,但自身长期以来营养不良。和北京相比,天津的经济建设和社会发展已经远远落后,河北更是出现了"环北京贫困带"。威尔士社会规划者布雷登·戴维斯在《社会需要与地方服务的资源》中提出"区域正义"概念,旨在为城市规划提供一个规范性目标,为政府决策提供有效性参考。大卫·哈维在《社会正义与城市》中着重强调"区域再分配正义"，从政治的视角界定"区域正义"，提醒人们既要关注分配的结果，更要关注不正义地理的产生过程。由此可见，从城市认知和政策路径等方面解决城市群的不平衡发展，已经是世界城镇化进程中亟待解决的问题。

二、区域失衡的伦理后果

（一）有违生态正义

生态正义是社会生态关系上的公平正义，是社会总体正义的一个方面。作为一种全人类的正义，它要求每个国家、每个民族、每个人都平等地享有使用环境资源的权利，承担相应的生态环境保护的责任。在这里，享受生态权益和履行生态保护义务是对等的。人类利用自然资源维系生存和发展，与之相对应，人类只有担负起保护环境的责任，才不会受到大自然的惩罚。区域失衡问题在表象上看是未能处理好部分与整体、部分与部分之间的发展关系，从生态上看，它实际上是人类未能尽到保护环境义务的问题。

第一，不平衡发展所导致的郊区化现象，对生态环境造成了极大破坏。据1923年美国《国家地理》杂志报道，自20世纪20年代始，一些经济收入较高、拥有私人汽车的白人中产阶级前往风景优美、环境友好的城市郊区居住，致使许多城市"向外扩展"。第二次世界大战以后，随着私人汽车的进一步普及，许多普通民众也迁往近郊，加剧了城市空间的进一步扩张。"即使是大萧条时期，也只是延缓了人口向外迁移的速度，但并没有减轻美国人向郊区迁移的渴望。"①20世纪80年代以后，除住宅区外，美国城市郊区还林立起工厂区和办公园区，城市蔓延日益严重，导致农业用地减少、环境逐渐恶化。英国也不例外。伊恩·奈恩在20世纪50年代的《建筑评论》上曾两度撰稿，批评"似

---

① ［美］理查德·瑞吉斯特：《生态城市——重建与自然平衡的城市》，王如松、于占杰译，社会科学文献出版社2010年版，第202页。

霉菌繁衍般的城市扩张”现象,认为如果不遏制城市蔓延势头,20 世纪末期的英国将会出现一个个孤立的绿洲,它们被点缀在一个由电线网络、水泥路及精心规划的平房所组成的荒漠之上,和谐生态将成为永远的奢望。[①] 美国环境质量委员会曾测度过低、中、高密度城市社区对学校、防火、警察服务、市政设施、道路和公用事业的影响。研究表明,相对于中低密度社区,高密度社区少占 50%的土地,节省 45%的基础设施(建筑、道路、园林绿化和共用设施)投资,减少 45%的空气污染,节约 14%—44%的能源和 35%的水。防火、警察以及其他市政服务成本在高密度社区也有同样程度的减少。[②] 另外,郊区化的结果,还使得富人比穷人更多地支配和享用自然资源,更多地制造了环境污染,但他们并没有更多地承担环境污染所带来的后果;相反,富有阶层可以通过各种方式躲避或者减轻环境污染带来的影响,这就引发了由环境不正义而带来的阶层不正义。

第二,不平衡发展导致的生活方式变迁,对生态环境造成极大压力。交通方式是生活方式的重要方面。在城市生活中,个体之间、社区之间的距离以“适度”为宜,如果彼此之间太过遥远,交通工具势必成为社会结合力的“最佳黏合剂”,由此引发空气污染、气候变化、物种灭绝等生态问题。外国有学者在《科学》发表文章,解密饮食方式对资源和环境造成的影响,认为城市规模扩张,出行距离变长,人们会倾向于购买大量带包装的冷冻食品,从而产生更多垃圾;而小规模城市的居民会选择更多新鲜食物,包装浪费就少。[③] 也就是说,城市蔓延通过影响人们的生活方式,进而对生态环境形成压力。

丹尼尔·贝尔指出,城市命运围绕“公共道德概念”展开。生态正义就是这样一种公共道德概念,生态问题因而就成为道德问题。在生态系统中,人与

---

① [英]迈克·詹克斯等编著:《紧缩城市——一种可持续发展的城市形态》,周玉鹏等译,中国建筑工业出版社 2004 年版,第 19 页。

② [美]理查德·瑞吉斯特:《生态城市——重建与自然平衡的城市》,王如松、于占杰译,社会科学文献出版社 2010 年版,第 132 页。

③ 《城市化改变人类食物供求》,《中国社会科学报》2016 年 5 月 25 日。

环境的关系看似游离于伦理学之外，实际上，人与环境关系背后折射的是人与人的关系。比如，当富人区环境优美、空气清新而穷人区垃圾遍野、污水满地时，这意味着同代人在享有环境上的不公平、不正义；在当代人对赖以生存的环境坐吃山空、竭泽而渔时，那就是当代人侵害了后代人的利益，因此造成当代人和后代人在享有环境上的不公平、不正义。正是在这个意义上，由城市内部的不平衡发展引发的自然环境的恶化，就成了人类必须认真面对的伦理问题。

（二）有违阶层正义

阶层正义始于社会分层，源于社会分工。由人的需要的多样性、群体生活的多层次性、个人能力的有限性所决定，从事同一职业的人需要结成群体，以便为满足个体需要提供某种担保。不同职业的人群在社会中的作用不同，社会逐渐呈层级性特征，各阶层之间不断出现利益冲突。社会性资源依据一定的标准在社会各阶层中进行合理分配，这就是阶层正义。区域失衡问题加剧了社会性资源在不同阶层中分配的不公正，有违阶层正义。

第一，固化了阶梯形社会体系。在城市群中，中心城市与边缘城市的不平衡发展，托举了中心城市，剥夺了边缘城市，造成城市之间贫富差距拉大。列斐伏尔对此批评说：资本主义在多个层面上对中心和边缘进行区分，致使出现"剥削和统治的区域结构"，以及受空间组织剥削、统治和"边缘化"的人：没有土地的农民和无产阶级化的小资产阶级、妇女、学生、少数民族以及工人阶级。其结果是，边缘城市纷纷以"城市革命"的形式致力于区域解放和重构，反对主导性中心城市对依附性边缘城市的剥夺与控制。"作为经济世界，欧洲于1650年同时存在着多种社会形态，从荷兰的资本主义社会直到农奴制社会，以及最低级的奴隶制社会。这种同时性或共时性构成所有问题的关键。资本主义其实就靠这种阶梯为生：外层地区供养内层地区。特别是腹心地区……从相互关系的角度进行观察，中心依靠外围的供应，但外围又屈从中心的需求。正是欧洲在新大陆复活并推行古代的奴隶制,并根据自身经济的需要,'诱使'东欧推行二期农奴制。由此可见伊曼纽尔·沃勒斯坦论断的重要性:资本主义是世界不平衡发展的产物,它必须在国际经济配合下才能发展。地域的广阔无垠,条件的优劣不一,这是产生资本主义的前提。"①在当代中国,城市区域发展也在一定程度上呈现为"中心—边缘"结构状态。由权力和资本所决定,中心城市享有优先发展权,边缘城市则经常成为被"剥夺"的对象,沦为中心城市发展的"手段",由此导致城市间差距日益加大,城市区域秩序混乱,城市发展活力不足,由不平衡导致的伦理问题呈现出复杂性、顽固性特征。

第二,加剧了贫富阶层的分化。首先是居住分异。中心与边缘的不平衡发展,导致低收入群体越来越远离城市中心,高收入群体则纷纷搬进高档"门禁社区"。富人区没有高污染、高耗能产业,却拥有良好的交通、治安环境、配套生活设施及公共空间的各种便利。城市蔓延将穷人从"都市"中排出,从文明中排出,甚至是从社会中排出。"这些决策的中心、财富的中心、权力的中心、信息的中心、知识的中心,将那些不能分享政治特权的人们赶到了郊区"②。马克思在《资本论》中也描述过这种状况:"随着财富的增长而实行的城市'改良'是通过下列方法进行的:拆除建筑低劣地区的房屋,建造供银行和百货商店等等用的高楼大厦,为交易往来和豪华马车而加宽街道,修建铁轨马车路等等;这种改良明目张胆地把贫民赶到越来越坏、越来越挤的角落里去。"③由此造成社会阶层之间的关系日益恶化。大部分穷人在居住区和工作区之间疲于奔命,"劳动阶层、公司职员和女店员都被城市扫地出门,送到铁路沿线的郊区去居住。早晨、黄昏,劳动阶层坐在闷罐车厢的边缘昏昏欲睡,

---

① [法]费尔南·布罗代尔:《资本主义论丛》,顾良、张慧君译,中央编译出版社 1997 年版,第 107 页。

② [美]爱德华·苏贾:《后大都市:城市和区域的批判性研究》,李钧译,上海教育出版社 2006 年版,第 549 页。

③ 《马克思恩格斯全集》第 44 卷,人民出版社 2001 年版,第 757—758 页。

沿着铁轨去往城市地带,开始一天的艰辛劳作"①。不平衡地理发展不仅构成新的资本增值来源,而且形成了阶级剥削的新花招。这种剥削表面来看以一种自愿互助的形式出现,但实质上却使城市社会贫富分化加剧。其次是阶层冲突。不平衡发展造成的"低通达性"导致"小汽车依赖",低收入阶层因为付不起昂贵的交通费用产生"被剥夺"感,容易引发社会冲突,美国 1992 年的"洛杉矶暴动"就是例证。据爱德华·苏贾分析,"洛杉矶暴动"的实质是城市蔓延导致区域发展不平衡,进而引发阶级冲突。② 在这里,城市空间不仅成了特定社会关系的载体和容器,更划出了富人和穷人之间的政治"隔离带"。

第二节 正义缺失的伦理矫正

区域正义问题的产生固然有其经济、政治、文化、社会等多方面原因,但是,世界观和价值观的错位也不可小觑。因此,应该从城市认知图式、城市发展伦理等方面,分析区域正义缺失的原因,建构一套行之有效的伦理矫正策略,是匡扶区域正义的重要路径。

一、认知图式的伦理矫正

(一)"中心—边缘"的认识论根源

有什么样的世界图像,就有什么样的实践结果。现代城市体系的不平衡发展,使得传统的分析框架失去了效用,应该构建一种关于城市和区域的经验研究,以思考和分析面向未来的都市重建。为此,必须深入分析问题产生的认识论成因。在城市问题上,"中心—边缘"结构的显性存在与其在人类思维中

① [法]勒·柯布西耶:《光辉城市》,金秋野、王又佳译,中国建筑工业出版社 2011 年版,第 123 页。

② [美]爱德华·W.苏贾:《后现代地理学——重申批判社会理论中的空间》,王文斌译,商务印书馆 2004 年版,第 549 页。

的隐性存在之间相互影响。一方面,人们通过“中心—边缘”式的思维理解自我与他者,进而影响人们对世界的思考与建构,使得这个世界最终呈现出“中心—边缘”结构;另一方面,业已存在的对他者或世界的成功影响与改造,又会强化自我的“中心—边缘”式思维。因此,通过“中心—边缘”视角对人类思维进行深刻剖析,不仅对于理解现实层面中的“中心—边缘”结构大有裨益,而且能够帮助我们在现实层面开展打破这一不平等结构的空间实践。

从认识论上分析,现实城市系统的“中心—边缘”状况源于传统哲学的“二元论”。“长期以来,反思性思想及哲学都注重二元关系。干与湿,大与小,有限与无限……接着出现了确立西方哲学范型的概念:主体—客体,连续性—非连续性,开放—封闭等。最后则有现代的二元对立模式:能指与所指,知识与非知识,中心与边缘……”①“中心—边缘”结构的消解不是一个自发的过程,必须激发起人类自觉,主动破解这一不平等结构,通过都市化的空间生产将中心和边缘“连接”起来,②而这种“连接”的理想状态和价值诉求是城市区域的正义化。

(二)以“网状结构”认知城市

爱德华·苏贾在《后现代地理学》和《第三空间》等文本中,提出以“网状结构”代替“中心—边缘”结构,并将城市网络作为城市区域发展的理想图景,试图以更加广泛、更具有生成性力量的空间视野改变人们解释城市的方式。网状结构中,城市内部无所谓中心与边缘,每一个部分都能够和其他部分互通互惠、共建共享;城市系统中可以有大小,但无高低贵贱,每个成员城市都能从互惠措施、知识交换以及科技创新等具有互动性的协同发展中得到利益。爱德华·苏贾在接受上海《东方早报》采访时表达了这种认识论视野,认为城市

---

① [法]亨利·列斐伏尔:《在场与缺场》,斯托克出版社 1980 年版,第 143 页。

② [美]爱德华·W.苏贾:《第三空间:去往洛杉矶和其他真实和想象地方的旅程》,陆扬等译,上海教育出版社 2005 年版,第 43—44 页。

发展的新模式是“区域城市化”，这种模式出现在包括洛杉矶、华盛顿和旧金山在内的很多美国主要城市，也发生在北京、上海、广州等中国城市。“区域城市化”打破了以往的大都市边界，创造出许多大型的多中心、网络型城市。苏贾认为，与旧的都市模式将城市分为市区与郊区不同，新的发展模式旨在实现中心城市和周边城市的协同发展，这种大区域城市化进程兼具地区性和全球性，他以“村镇联合”来指称这种城市区域的网络系统，认为“村镇联合”既是城市协同发展的过程，也是区域城市发展力图寻求的结果。①

二、发展观念的伦理矫正

许多思想家在探讨城市区域空间体系时发现，权力和资本更加重视“中心城市”空间经济性结构的统领性，忽略“边缘城市”的同步发展，由此形成了诸多区域从属结构发展的模式，造成了中心与边缘城市在经济、政治、文化等方面的不正义。因此，要以现代人本主义一系列平等性的社会价值、标准与文化期望值对区域空间结构体系进行构建，实现区域正义的城市发展目标。②

（一）摒弃物本发展，倡导人本发展

马克思主义认为，人类历史的突出特征——“片面性”是它的“发展形式”。它表明，“历史总是以某种退步的形式而实现自己的进步。历史过程中的任何进步都要付出相应的‘代价’，任何‘正面效应’都会伴生相应的‘负面效应’”。③ 在城市空间发展问题上，就是任何整体利益的实现总是包含着某些局部利益的牺牲，任何长远利益的追求总是包含着某些暂时利益的舍弃，为了全面发展就要遏制片面发展，为了协调发展就要限制畸形发展。这就是说，

① ［美］爱德华·W.苏贾：《后大都市：城市和区域的批判性研究》，李钧译，上海教育出版社2006年版，第17页。

② National Research Council(U.S)Rediscovering Geography Committee, Rediscovering Geography: New Relevance for Science and Society, Washington DC: National Academies Press, 1997, p.81.

③ 孙正聿：《科学认识马克思主义的真理性》，《求是》2016年第7期。

任何发展观都存在着特定的价值预设和价值追求,只不过其价值预设和追求各不相同而已。

第二次世界大战以后,现代化浪潮在世界范围内风起云涌,一些民族国家为了在复杂的国际大背景下谋生存、求发展,选择了以经济增长为龙头进而带动社会全面进步的城市化之路。在这里,城市空间发展被定义为经济增长、高楼林立、马路加宽,发展的重要表征是城市地标越来越凸显、城市形象越来越光鲜、城市面子越来越美丽,基本前提是城市资本流向更容易产生实际物质效益的地块。这种以近代理性主义为知识基础、以增长为核心的城市化模式给城市带来普遍富裕的同时,也产生了社会、政治、生态等领域的一些问题,人在很大程度上被异化为工具,城市环境遭到前所未有的破坏。正如美国学者威利斯·哈曼所说的:人类在解决"如何"方面的问题非常成功,但在回答"为什么"这种具有价值含义的问题时,却越来越糊涂、越来越迷茫。

面对发展这把"双刃剑",是放弃发展还是更新发展观念?许多学者提出:引入伦理学范畴对发展困境进行反思,是解决问题的重要方面。如德尼·古莱认为,在所有的发展活动背后都有一个判断价值冲突、评估(实际的和可能的)政策、对发展评价进行确认和反驳的问题,而解答这些问题,不仅是发展伦理学的学科任务,也是解决发展问题的有效路径。发展是由处于主体地位的人来引领和参加的实践活动,由此决定,城市发展不能以物为本,而必须以人为本,以有利于优化人的存在方式为本。

马克思主义的整体性思维方法为树立人本发展观提供了重要的思想指导。在《关于费尔巴哈的提纲》中,马克思指出:"人的本质不是单个人所固有的抽象物,在其现实性上,它是一切社会关系的总和。"[①]这就是说,人的本质作为"社会关系的总和"是在实践的基础上不断生成的整体性。马克思说:"首先应当避免重新把'社会'当作抽象的东西同个体对立起来。个体是社会

① 《马克思恩格斯选集》第1卷,人民出版社1995年版,第56页。

存在物。因此,他的生命表现……也是社会生活的表现和确证。”“因此,人是一个特殊的个体,并且正是他的特殊性使他成为一个个体,成为一个现实的、单个的社会存在物,同样,他也是总体,观念的总体,被思考和被感知的社会的自为的主体存在,正如他在现实中既作为对社会存在的直观和现实享受而存在,又作为人的生命表现的总体而存在一样。”①在这里,马克思明确地把“现实的个体”诠释为整体性个体,同时,从自然性与精神性、个体性与社会性的统一等方面,揭示了人的整体性内涵。这样,就为人们正确处理城市系统的全面发展提供了重要的理论支持。

(二)警惕“快”发展,谋求“好”发展

发展是一个矢量概念,和哲学上的“运动”“变化”不同,它具有鲜明的价值导向。当社会主要矛盾变化从“有没有”的发展转向“好不好”的发展时,城市市民需求呈现便利性、宜居性、多样性、公正性和安全性特点,这是“快发展”所不能满足的。“好发展”应该是公平的发展。

20 世纪 60 年代以来,随着世界范围内发展速度的逐渐加快,不公平问题日益凸显。正如德尼·古莱所说:“世界经济中容许千百万人生活在贫民窟而另一些人却绞尽脑汁寻找消费货品的新方法”,“当千百万人因营养不良而患维生素缺乏症,而少数有钱人却因为饮食过度而得了至今不明的衰败症”。② 据北京社会心理研究所的调查,北京市民已连续 4 年把“贫富差距过大”列为最严重的社会问题之一。贫富差距通过社会比较的心理机制使人们产生不公平感,使得有钱的人、没钱的人都觉得不幸福。③ 即使今天,这项调查结论与社会现实表现也并无二致。

---

① 《马克思恩格斯全集》第 3 卷,人民出版社 2002 年版,第 302 页。

② [美]德尼·古莱:《发展伦理学》,高铦、温平、李继红译,社会科学文献出版社 2003 年版,第 67 页。

③ 李静、郭永玉:《金钱对幸福感的影响及其心理机制》,《心理科学进展》2007 年第 6 期。

公平问题是城市发展中遭遇的重要问题,也是社会哲学、政治哲学和道德哲学等研究的重要课题。从发展伦理学的角度看,道德不仅是对经济状况的维护,而且也是对经济发展的积极引导。现实促使人们开始探索发展与公平之间的内在联系,或者说,以公平的价值导向来规制和引领发展。然而,作为一个历史范畴,公平在不同的历史时期或在同一时期的不同社会集团那里往往具有不同的内容。马克思曾经指出:"希腊人和罗马人的公平认为奴隶制度是公平的;1789年资产者的公平要求废除封建制度,所以,关于永恒公平的观念不仅因时、因地而变,甚至也因人而异"。① 为此,马克思主义以"消灭雇佣劳动制"来消除社会不公。罗尔斯描绘了分配正义、持有正义、程序正义、实质正义的蓝图。联合国《经济、社会和文化权利国际公约》制定了人类的基本权利保障原则、人们在发展中的机会均等原则、按照贡献予以补偿和进行分配的原则。所有这些都对解决社会不公平问题提供了有意义的思路。

在当今的发展背景下,公平正义的核心规定是人们共享发展成果。这就是说,发展之于社会公平的伦理意义至少包含代内公平和代际公平两个方面。代内公平是同代人之间的公平,主要是指个体在资源占有、财产分配、受教育及就业机会、社会福利与保障等方面的平等。它要求人们在个人利益得到满足的同时,也要顾念到同一共同体中的他人利益或集体利益、社会利益乃至全球利益的满足;也要求个人利益的满足不能以牺牲他人利益或集体利益、社会利益乃至全球利益为代价。然而,事实并非如此。由畸形发展观所导致的无限膨胀的利益追逐不仅造成了国与国之间的代内不公平,而且也造成了一国内部不同利益群体之间的代内不公平。比如,占全球一小部分人口的欧美发达国家,占有着地球上的大部分资源和产品,其中仅美国的两亿多国民,就消费了世界财富的一半左右。根据特雷纳所引用的数据,在20世纪80年代,美国的人均能源使用量超过埃塞俄比亚数百倍。如此奢侈的生活,依靠欧美地

---

① 《马克思恩格斯选集》第3卷,人民出版社2012年版,第261页。

区的资源是不能保障的。

事实上,西方人在强行使用发展中国家的资源,从而加剧了发展中国家的贫困。在我国,改革开放以来,国内生产总值在保持高增长态势的同时,也在一定范围和一定程度上出现了社会收入分配不公、城乡收入差距拉大、教育资源分配不公、弱势群体增加等社会问题。从 2004 年开始,世界银行引入一系列社会发展指数,用以关注社会公平问题。它认为,如果发展只是使一部分人富起来,而把另一部分人排除在外,这样的发展是“反发展”,不具有可持续性。因为两极分化和社会对立是社会不安定抑或社会动乱的重要因素。世界银行用来衡量公平发展的社会指数主要有:收入分配指数(基尼系数)、贫困指数(全国贫困人口比例、城市贫困人口比例、农村贫困人口比例),公共开支用于健康和教育方面所占国内生产总值的比例,男童、女童的小学入学率,使用洁净水源的指数,注射疫苗的指数,男女的预期寿命等等。这些指数展示了一种发展方向:发展不仅仅要保持国内生产总值增长,而且还要使低收入者受益,使贫困人口数降低;要鼓励公共开支多用于健康和教育;要使女性和男性一样在发展中受益。

代际公平是当代人与后代人之间的公平,主要是指后代人在对地球有限资源的利用上享有与当代人平等的权利。纵观人类历史,在相当长的时间里,世界经济的发展,是靠大量消耗能源资源来推动的。已经实现了工业化、现代化的西方发达国家,也普遍经历了高消耗、高污染、高浪费的历史发展阶段。这一发展模式的代价是巨大的。它们以占有世界 15%的人口,消耗了全球 60%的能源和 50%的矿产资源,并造成了严重的环境污染和生态危机。纵观世界范围内的城市化运动,以城市空间生产为表征的“创造性”破坏已经导致资源耗竭、土地被无限制占用、土地荒漠化、沼泽干涸、植被锐减等生态问题。哈维警告说:“当下正在发生的人为引起的环境变革比人类历史上以往任何时候……都规模更大、风险更甚、影响更深远、意味更复杂。”①

---

① ［美］大卫·哈维:《希望的空间》,胡大平译,南京大学出版社 2006 年版,第 216 页。

从我国的情况看,资源短缺在某种程度上已经成为制约发展的瓶颈。有资料表明,发达国家在经过长期居住实践之后,新建住宅户型由“一味做大”向适度、合理、可持续发展的户型区间回归,即单套住宅建筑面积控制在85—100平方米之间,比如日本、瑞典和德国建住宅平均面积分别是85、90、99平方米。与此同时,我国的住房越来越大。根据我国最新政策规定,消费者享受普通住宅的标准是120平方米之内,同时,允许各地上浮20%。这一标准大大超出发达国家水平。

不仅如此,我国住宅能耗与世界上同类气候条件的国家相比也高出许多。比如,钢材消耗高出10%到25%,卫生洁具耗水量高出30%,污水处理后的回用率仅为发达国家的四分之一,大面积高档住宅的耗费比经济适用住房平均每平方米高出50%。目前,我国95%以上是高耗能住宅,只有10%的新建筑实行了建筑节能标准。根据发达国家的经验,如果在不降低舒适度、不降低生活质量的前提下,把户型面积做小一点,既能减轻沉重的购房压力,又能减少长期住房消费中可观的费用支出,但是,开发商不愿意这样做。①

“竭泽而渔而明年无鱼,焚薮而畋而明年无兽。”恩格斯早就提醒说:“我们不要过分陶醉于我们人类对自然界的胜利。对于每一次这样的胜利,自然界都对我们进行报复。”②其实,20世纪后半叶开始,那种透支子孙后代资源的增长模式就遭到了普遍质疑。1972年,罗马俱乐部提出了著名的“增长的极限”理论,认为在传统的工业化道路和模式支配下,人类粗放的经济增长方式和人口激增,已经导致严重的资源短缺、环境污染、生态破坏和气候恶化,人类社会必将遭受自然的报复,人类文明的发展将无可避免地陷入困境。因此,当代人要合理有效地使用资源、保护环境,实现地球生态资源的可持续性利用,绝不能杀鸡取卵、竭泽而渔,透支子孙后代的资源。

---

① 卜云彤:《户型何以越做越大?》,《人民日报》(海外版)2006年4月14日。

② 《马克思恩格斯选集》第4卷,人民出版社1995年版,第383页。

（三）舍弃“一枝独秀”，实现协同发展

发展包含着价值预设，具有正向价值的变化才是发展，侵害人们价值选择的变化则是“反发展”。① 作为人类有目的的活动，发展与正义紧密相连。在此意义上，实现城市区域正义的第一要义便是城市群的协同发展。其实，无论是列斐伏尔对“中心—边缘”结构理论与实践的批判，还是苏贾对“网状结构”和“村镇联合”的倡导，都揭示了“集聚”这一城市的本质特征，预设了城市群协同发展的现实路径。目前国际公认的有六大世界级城市群：以纽约为中心的美国东北部大西洋沿岸城市群、以芝加哥为中心的北美五大湖沿岸城市群、以东京为中心的日本东海道太平洋沿岸城市群、以巴黎为中心的欧洲西北部城市群、以伦敦为中心的英格兰城市群、以上海为中心的中国长江三角洲城市群。城市群反映了城市空间的聚合状态，具有地域性、群聚性、中心性和联系性特征。以城市群的方式推动城市化建设，有利于实现城市系统的功能互补，发挥城市系统的最大效能。近年来，我国明确提出要把城市群作为推进城镇化的主要形态，目前力推的《京津冀协同发展规划纲要》更是提出了城市群建设的价值取向和发展路径，这是对城市发展规律不断深化而形成的城市发展策略。

1957 年，法国著名地理经济学家戈特曼提出“城市群”概念，认为在一定地理或行政区域内，发展有一定影响力、竞争力的区域城市群是未来城市发展的主要趋势。作为社会交往频繁、经济联系紧密的特定空间，区域内各个城市既是经济活动共同体，又是利益共同体。只有将城市正义的理论与实践嵌入其中，才能有效促进单个城市利益和区域利益相互协调、互利共赢，促进城市区域整体发展。弗里德曼充满希望地分析道：工业化和城市化进入到“大量消费”阶段以后，边缘地区产生了城市次中心，当其发展到与原来的中心相似

---

① Denis Goulet, *Development Ethics at: A Guide to Theory and Practice*, New York: The Apex Press, 1995, p.21.

的规模时,中心与边缘达到相互平衡,整个区域变成一个功能上相互依赖的城市体系,城市群呈现关联性平衡发展。弗里德曼认为,在城市群中,也存在着核心城市和外围城市,但和“中心—边缘”理论不同的是,他强调发挥核心城市对周围城市的辐射作用,通过功能互补、相互配合,最终实现城市群协同发展。核心区的作用主要表现在以下方面:一是通过供给系统、市场系统、行政系统等途径来组织自己的外围依附区;二是向其所支配的外围区传播创新成果;三是通过自我强化来助推相关空间系统的发展壮大。就这样,弗里德曼解释了一个区域如何由互不关联、孤立发展,变成彼此联系、发展不平衡,又由极不平衡发展变为相互关联的平衡发展的区域系统。

不可否认,虹吸效应是城市群建设绕不过去的问题。但是,虹吸效应并不总是显现为“负效应”,如果处理得当,它能起到城市群协同发展的“正效应”。在都市圈形成阶段,中心城市吸引周边中小城市的资源不断集聚。固然,在城市群成长阶段,中心城市相比于周边中小城市发展得更好更快更强,在中心城市的资金、技术、管理、人口等产生外溢的情况下,如果周边的中小城市形成差异化布局与分工,走特色发展之路,中心城市及周边中小城市形成密切的网络状结构,就能够克服不协调、不平衡发展,组成富有活力的城市群。

推动城市区域协同发展,必须遵循以下原则:一是支持特大城市、大城市加快创新发展的步伐。这类城市如果率先在科技、服务等方面实现创新,由此产生的虹吸现象,将有利于发挥大城市龙头作用,有利于区域转型发展。二是给中小城市平等的发展权,引导中小城市特色发展。三是加快改革,消除体制机制上的一些障碍,尤其是消除不同城市之间人口与人才流动的障碍。四是降低大城市功能的过度集中,促使大城市产生溢出效应,辐射带动中小城市发展。

推动城市区域协同发展,可以遵循如下路径:其一,城市资源的公平分配。资源是城市发展的物质要素,根据人口规模、公共空间结构、个人投资、环境与社会问题等条件公平配置资源是城市区域正义的首要内容。其二,城市功能的有机互补。城市体系的灵魂在于城市之间的科学分工与密切协作,中心城市具有枢纽功能和孵化器功能，周围城市具有疏解和承接功能，应该借助政府和市场两方面力量，聚焦单一城市在城市体系中的地位，对上要主动接受辐射，对下要主动实施带动，形成有机互补的命运共同体，提高城市区域的核心竞争力。其三，利益格局的互利共享。共享发展是城市群发展的命脉，在城市空间权力博弈过程中，周围城市通过相关资源的增量发展来稀释原有城市空间交换之下的利益格局，而不是仅被定位为缓解高房价、交通拥堵等大城市病的疏散空间。城市群应该建立利益共享、风险共担的互补型财政机制和有利于整体利益增长的决策沟通和配合机制，以共享城市发展成果为导向，形成“目标同向、措施一体、作用互补、利益相连”的城市群发展新格局。

第三节　国外理论与实践的伦理镜鉴

他山之石，可以攻玉。中国的快速城市化进程，使传统的城市空间结构发生剧烈重组，日趋复杂化的城市内部、城市与城市之间的不平衡发展，在微观层面引发社会正义失范。西方发达国家率先步入城镇化社会，也必然比我们先一步遭际城市化问题。他们探索总结积累的有关城市社会及其问题的理论和实践成果，对于我们建构正义的城市区域体系，无疑具有重要启发。

一、紧凑城市理论的伦理评估

作为城市规划学界的一种流行话语，来自西方世界的紧凑城市理论对破解区域不平衡发展难题具有借鉴价值。该理论既是解决问题的一种技术药方，也蕴含着深厚的伦理关怀。

（一）基本主张

20 世纪 70 年代，丹齐克扬弃了集中主义和分散主义规划思潮，吸纳了分散论中关于卫星城的规划思想、集中论的城市更新与再生政策，在《紧凑城市——适于居住的城市环境计划》中首次提出“紧凑城市”概念,主张通过合理的城市空间布局促进城市可持续发展,为解决城市内部的不平衡发展提供了新的范式。1988 年,荷兰政府将“紧凑城市”理念运用到政策层面,成为城市规划的重要原则;1990 年,欧盟委员会发表《绿色报告书》,阐明实施城市遏制政策能够带来环境和生活质量的改善,并将“紧凑城市”视为实现可持续发展的有效途径,强调建设高密度、多样性城市,主张在现存的边界内解决城市问题;英国政府在《英国的可持续发展战略》(1994 年)及针对交通问题拟定的《规划政策指导 13》中表达了建设紧凑城市的政策取向,倡导提高城市综合密度尤其是公共交通网络的密度,该文件提出如下“减少交通的规划”:发展规划应以降低交通需要,尤其是私家车的需要为宗旨,根据交通设施状况安排各类开发项目的位置,鼓励开发便于步行、非机动车通行及利用公共交通工具的各类项目。① 1996 年,英国学者迈克·詹尼斯等人编著《紧缩城市——一种可持续发展的城市形态》,将“紧凑城市”这一理念推向世界;2001 年,美国城市学家理查德·瑞吉斯特在《生态城市》中也提出了发展紧凑城市的新思路。概括而言,紧凑城市的理论主张是高密度居住、对汽车的低依赖、城乡边界和景观明显、混合土地利用、城市多样化、日常生活的自我丰富等;其理论旨趣是建设适于人类居住的美好城市。

(二)伦理价值

道德哲学追问人的存在方式。紧凑城市理论不仅把城市当作具有物理意义的“地方”,而且视为人的一种心理状态和生活方式。它对城市内部不平衡发展进行了颇富启迪意义的价值批判,并从城市的本质,从建设美好家园的高度,揭示了城市规划与伦理价值之间的内在关联,阐述了现代城市规划的价值目标与人文取向,表达了城市规划的伦理追求,对于发展紧凑型城市空间、破

① [英]迈克·詹克斯等编著:《紧缩城市——一种可持续发展的城市形态》,周玉鹏等译,中国建筑工业出版社 2004 年版,第 28 页。

解不平衡问题具有重要的伦理启发。

第一，追寻城市建设的生态足迹，通过高密度空间设计节约自然资源，追求生态正义。通过提高城市人口、建筑和产业的密度节约自然资源，是紧凑城市理论的重要主张。城市是文明诸要素充分聚集的产物，集中性是一个重要的城市空间特征。城市“从一开始就是一种特殊的构造，它专门用来储存并流传人类文明的成果；这种构造致密而紧凑，足以用最小的空间容纳最多的设施；同时它又能扩大自身的结构，以适应社会发展变化的需求，从而保留不断积累起来的社会遗产”①。城市化不仅是乡村移居城市的过程，也是城市自身再生长、再致密、再紧凑的进程。大卫·英格维特用“最大交换量”和“最小交通”来形容“致密”而“紧凑”②，认为城市只有“致密”和“紧凑”，才能最大限度地节约自然资源。在宇宙进化过程中，将事物联系在一起的各种力量和相互间的距离以“适度”为宜，而不是越大越好。城市生活也是如此。如果个体间、社区间的距离太过遥远，交通工具就不得不成为社会结合力的“最佳黏合剂”，结果就会引发由于距离“过度”造成的空气污染、气候变化、物种灭绝等问题。距离是城市属性中的一个关键因素，“就近居住”不仅是生物有机体进化的内在要求，也是城市空间规划的重要原则，它既可以缩短距离，也可以减少长途跋涉、能量消耗、环境污染和硬化陆地的数量。瑞吉斯特用“生态足迹”来说明紧凑城市的生态要求：按照生命系统的本来面目建设紧凑城市，倡导为人类而不是为机器设计城市，采取三维的、一体化的复合型规划模式，而不是平面、随意、单调的规划模式；城市功能与发展形式要相互适应，城市规划和建设要具有可持续性；关注建筑工序（由奠基开始）的程序正义，确立一种保证城市结构健康有序的土地利用模式或者“土地格局”，运用生态学原则新

---

① ［美］刘易斯·芒福德：《城市发展史——起源演变和前景》，宋俊岭、倪文彦译，中国建筑工业出版社2005年版，第33页。

② ［美］理查德·瑞吉斯特：《生态城市——重建与自然平衡的城市》，王如松、于占杰译，社会科学文献出版社2010年版，第18页。

建、重建和改造城市；调整交通系统的等级序列，按照步行、自行车、铁路、轨道公共交通、小轿车和卡车的优先顺序发展；保护土地，提高生物多样性。①

人类的生活质量在很大程度上取决于建设城市的方式。城市人口密度越大，多样性程度越高，对机械化的交通系统依赖越小，对自然资源消耗越少，对自然界的负面影响就越小。美国环境质量委员会曾研究过由低密度发展而引发的负面作用。该研究比较了低、中、高密度城市社区，测度它们对学校、防火、警察服务、市政设施、道路和公用事业的影响。研究表明，相对于中低密度社区，高密度社区少占50%的土地，节省45%的基础设施（建筑、道路、园林绿化和共用设施）投资，减少45%的空气污染，节约14%—44%的能源和35%的水。防火、警察以及其他市政服务成本在高密度社区也有同样程度的减少。②由此，紧凑城市理论指出，在城市生活中，食物、住所、安全、好奇心、爱情、性、个人和社会价值的实现——在时空上都有不同的距离，超越这一距离则会失效。日本之所以不限制机动车，城市功能点紧凑就是原因之一。虽然日本国土面积狭小、人口稠密，却没有限制汽车的购买和使用，这与其合理的城市道路系统密不可分。据统计，2010年，日本平均每百户家庭拥有机动车达154.5辆，其中乘用车达115.2辆。日本东京都包括区部（23个区）、市部（郊区26个市）、岛屿部（伊豆诸区、小笠原诸岛）三部分。东京每日完成的客运量十分惊人，昼间人口比夜间多256.18万，以至少每人两次计，每天外来人口的客运量就达到至少512万多人次。早已进入汽车社会的日本，就是因为道路面积率和路网密度较高，而没有人为地限制汽车的购买和使用。

通过提高城市人口、建筑和产业的密度以节约自然资源的观点具有道德哲学意义，符合生态正义要求。作为一个生态系统，人类社会是由国家、民族、

① ［美］理查德·瑞吉斯特：《生态城市——重建与自然平衡的城市》，王如松、于占杰译，社会科学文献出版社2010年版，第220—221页。

② ［美］理查德·瑞吉斯特：《生态城市——重建与自然平衡的城市》，王如松、于占杰译，社会科学文献出版社2010年版，第132页。

地区、城市、团体、家庭、个人等无数中介物所组成的彼此依存、平等互利、和谐运转的网络系统。任何一代人都不享有特权，既没有权利“坐吃山空”地随意挥霍祖先的遗产，也没有权利“寅吃卯粮”地剥夺子孙后代赖以生存的自然资源和社会资源。人与自然的关系看似游离于伦理学视野之外，实际上，人与自然关系背后折射的是人与人的关系。从生态伦理意义上，通过高密度城市规划来节约自然资源，体现的是当代人和后代人之间的代际公平。要实现城市的可持续发展，当代人要扮演好后代人的“受托人”角色。在代际交换中，每一代人都享有平等的权利，都有权利享有人类社会所创造的物质资源和精神资源。当代人应该保护地球环境，并将它完好地交给后代人。目前，代际公平在国际法领域已经被广泛接受，在很多国际条约中得到了普遍认可，并成为紧凑城市理论所追求的重要伦理目的。①

“因紧凑而节约”的城市理论得到了中国学者的认同。陆铭在《大国大城》里认为：紧凑城市理论实际上是利用了规模经济效应。城市的人口密度高，有利于城市投资地铁、地下通道等基础设施；人口密度的增加也可以使人们住得离工作和生活设施都比较近，人们更有效地利用公共交通，甚至用自行车和步行取代开车，这样就有利于减少交通压力和汽车的尾气排放。在同样的产业结构之下，高密度、高容积率的发展模式有利于在同样产出下使用较少的能源和固定投入，有利于提高资源利用效率。周其仁也指出，高密度能够带来集聚效应，有利于社会分工。而我国的城市无论规模大小，一个共同的缺陷就是密度不够。

紧凑城市理论在生态正义问题上给予我们重要的启发。要想实现城市与环境和谐共生，城市活动就应该像自然生态系统那样，人们就近居住，提高能源利用效率，摒弃郊区发展经验，合理增加城市密度，创造更多公共空间，用“脚步”丈量城市。要控制城市开发强度，划定水体保护线、绿地系统线、基础

---

① ［美］理查德·瑞吉斯特：《生态城市——重建与自然平衡的城市》，王如松、于占杰译，社会科学文献出版社2010年版，第55页。

设施建设控制线、历史文化保护线、永久基本农田和生态保护红线,防止“摊大饼”式扩张,推动形成绿色低碳的生产生活方式和城市建设运营模式。要坚持集约发展,树立“精明增长”“紧凑城市”理念,科学划定城市开发边界,推动城市发展由外延扩张式向内涵提升式转变。城市交通、能源、供排水、供热、污水、垃圾处理等基础设施,按照绿色循环低碳的理念进行规划和建设。

第二,“做小规划”,控制城市蔓延,追求社会正义。城市结构是人性结构的映像,人类修建城市的目的是为了“发挥无尽的想象力,把城市打造成一个理想的自我。从古代的尼尼微到现代的纽约,所有的城市都有一个共同的特点,那就是它反映人们对主宰自我、主宰命运的力量的祈求以及对知识和财富的追求”①。为了彰显人类的力量,西方城市规划曾一度走入“做大规划”的误区。一个吊诡的声音来自美国建筑规划师丹尼尔·伯纳姆:不要做小规划,因为小的规划不能凸显改变人类精神的力量。自此,宽阔街道、大型广场、宏伟建筑、巨大雕塑和豪华游泳池成为城市建设的“最爱”。由伯纳姆发起的“做大规划”运动实际上走的是美索不达米亚和埃及的老路,包括“为展示独裁和军事力量而建的宽阔的道路,夹杂着文艺复兴风格的花园和具有罗马帝国风格的建筑”②。

20世纪50年代中期,美国“做大规划”运动产生了不良后果:鲜有反思城市动力学机制和生态学教训,错失了生态城市建设的良机,没能找到比城市蔓延更健康的发展模式。直到今天,仍有数千万人为“汽车—城市蔓延—高速公路—石油”等产业及其复合体工作,有的为此债台高筑,有的沉迷于汽车产品不能自拔。③ 城市形态更是丑类不堪:在象征着金钱、安全、消费主义和权

① Sibyl Moholy-Nagy, *Matrix of Man: Illustrated History of Urban Environment*, London: Pall Mall Press, 1969, p.41.

② [美]理查德·瑞吉斯特:《生态城市——重建与自然平衡的城市》,王如松、于占杰译,社会科学文献出版社2010年版,第117—118页。

③ [美]理查德·瑞吉斯特:《生态城市——重建与自然平衡的城市》,王如松、于占杰译,社会科学文献出版社2010年版,第127页。

力的建筑之上,电视发射塔顶尖闪烁着高科技的红光,电视塔助推了城市蔓延。人们每天在高层建筑中度过 1/3 的时间,其他时间则钻入厚厚橡胶圈上移动的金属盒子中,穿梭于上百平方公里的土地上,形成城市特有的乱象。[①] 芝加哥学派领军人物约翰·弗里德曼极尽新自由主义城市理论的"尺度想象",在《自由选择》一书中,对微型尺度的城市推崇备至,认为尺度越小,人们越可能逃避匿名的城市官僚对自由的侵蚀、对环境的破坏。

从价值哲学看,"做大规划"是一种狂妄自大的"人类中心论",是人与世界关系的不恰当反映,是人的主体力量的过度张扬。它推动了城市的无限制蔓延,破坏了人类自身赖以生存的条件,加剧了穷人和富人之间的分化和对立。紧凑城市理论倡导通过"做小规划"来改变贫富分化的状况。"做小规划"提倡混合土地布局,将居住用地与工作、休闲娱乐、公共服务等功能混合布局,在更短的通勤距离内提供更多的工作。这对于低收入群体更为有利,穷人不必每年花费上千美元供养小汽车,"那些没有选举权的人——没有房子的学生、老人、身居斗室的专家和艺术家,都盼望在靠近公交的市中心居住",他们期待建设一个"无车城市"或"无车社会",认为只有这样,由汽车导致的不公正状况才会得到改变。相反,如果人们努力提高汽车性能而不是减少其数量,只考虑减慢城市蔓延的速度而不是去遏制其膨胀的势头并减小其影响,道路修得越来越宽、越来越长,憧憬"智能化"高速公路,而不是代之以轻轨、乡间小路和自行车道,因通勤而导致的贫富分化问题将永远得不到解决。[②]

紧凑城市理论在城市功能问题上给予我们重要的启发。众所周知,城市的重要特点是不断促进社会分工的专业化和多样性。任何一个城市都是人们从事政治、经济、文化等多样活动的场域,是政治、经济、文化等多种文明要素

---

① [美]理查德·瑞吉斯特:《生态城市——重建与自然平衡的城市》,王如松、于占杰译,社会科学文献出版社 2010 年版,第 22 页。

② [美]理查德·瑞吉斯特:《生态城市——重建与自然平衡的城市》,王如松、于占杰译,社会科学文献出版社 2010 年版,第 2 页。

与功能的综合有机体。虽然不同的城市所内含的具体文明要素及其具体功能会有不同,但在反思的意义上,并不存在只具有单一功能、单一文明要素的城市。正如美国学者、《全球城市史》的作者乔尔·科特金所说,任何一个健康而持续发展的城市都需要同时具备生活与政治层面上的“安全”,经济与交换层面上的“繁荣”,以及文化与宗教层面上的“意义”。多样化的结构与功能,是实现城市内部协调发展、健康发展的基础条件。

二、日本首都圈发展的伦理镜鉴

“都市圈”作为城市群的一种类型,也是世界许多国家着力推动的城市发展策略,是推动实现区域正义的重要载体。在我国,2014 年的中央城市工作会议提出“面向未来打造新的首都经济圈”的战略任务,2015 年中共中央、国务院印发实施《京津冀协同发展规划纲要》,明确提出“加快打造现代化新型首都圈”。借鉴日本首都圈发展的成功经验,挖掘其运行模式的伦理意涵,探讨京津冀都市圈发展的伦理规制,对于促进京津冀城市群协同发展具有重要意义。

(一)日本首都圈的发展历程

世界城市发展规律表明,都市圈模式是推动城市又好又快发展的重要模式。所谓都市圈,就是以一个经济势能强大的中心城市为核心,带动地域相邻、联系紧密的城镇而形成的经济社会高度一体化的区域,旨在“1 小时通勤圈”空间范围内解决功能布局和资源配置问题。都市圈和城市群相互关联,都市圈是城市群的基础,地域相邻的多个都市圈强化相互之间的经济社会联系,就构成空间尺度更大的城市群。

日本首都圈是世界上发展较好的都市圈。1956 年,日本颁布《首都圈整备法》,提出以东京为中心、在半径 100 公里的区域内构建一个首都圈,谋求首都圈有序发展、协同发展。日本首都圈由以东京为核心的“一都七县”构成。其范围包括东京都、神奈川县、埼玉县、千叶县、群马县、茨城县、栃木县、山梨县，占地面积约3.6万平方千米，是日本国土面积的9.6%。

日本首都圈的发展经历了三个时期。分别是：20世纪50年代至70年代初，经济高速增长背景下以控制规模、开发新城为主要特征的都市圈雏形期；20世纪70年代初至80年代，经济中低速增长背景下以一极集中、适度疏解为主要特征的都市圈扩张期；20世纪90年代起至今，经济增长停滞、社会矛盾凸显背景下以多核分散、职住平衡为特征的都市圈成熟期。各个时期表现出不同的发展特点，最终形成了当前“多核心、多圈层”的区域空间结构和高度互补的城市功能布局。日本首都圈在日本政府的引导和重构下，以“集中分散化”的空间扩展模式，将早期的“一极单核”空间结构转变为当前的“多核分散”区域格局，不同城市既保持了一定的独立性，促进了内部功能平衡，又形成了特色鲜明、错位发展的分工格局，实现了外部功能互补。这种大都市圈的发展模式既有效疏解了过度集聚的中心城市功能，突破了“单极依赖”的发展瓶颈，还通过发展多个自立型都市区，实现了整个大都市圈均衡、有序、协调、共享发展的目标。

（二）日本首都圈发展的协同经验

日本首都圈既是一个经济和管理层面的联合体，也是一个伦理层面的联合体。前者以其“硬实力”为首都圈协同发展提供原动力，后者则以“软实力”为协同发展提供黏合力。二者共同发挥作用，推动各区域主体相互配合、共同发展，实现区域竞合从无序走向有序。

第一，共同利益是首都圈协同发展的伦理动力。行为经济学认为，社会认同下的利益共享能够有效提高协同水平。日本首都圈之所以能够形成协同，其中非常重要的动力就是东京都与周边的七个县具有互惠性偏好。一方面，首都圈内部不同主体之间的地位具有非对称性，东京都显然处于核心地位。它利用其有利的经济、政治、文化、社会等条件，强调“突出首都圈，淡化都县市”,基于首都圈共同体的伦理认知,履行其作为国家首都和首都圈核心的责任和义务,牵头推动首都圈协同发展,得到了周边县市的拥护和支持,巩固了首都圈内部的信任关系。另一方面,在加强协同的过程中,首都圈建立了利益补偿、利益分配等调整和激励机制,这种源于利益、体现公平的机制加快了协同发展的步伐。比如,在第二次首都圈整备计划中,采用“内部限制”与“外部开发”并行的规划思路,在运用许可制、附加税等工具进行东京都内部工业发展限制和办公设施限制的同时,在周边县市设置办公中心,将首都圈核心与新开发业务核心城市作为结对城市,进行定向激励与投入,从而实现区域内部各城市主体之间的优势互补与合作开发。

第二,政府善治是首都圈协同发展的制度保障。实现以法治、精治、共治为主要内容的政府善治,是日本首都圈提高治理体系和治理能力现代化的关键。“法治”主要体现在,建立了一套以法律和规划为主体的治理体系,将法规、制度、机制贯穿于管权管事管人各方面,制约事前事中事后全过程。这一体系既包括以《首都圈整备法》《首都圈市街地开发区域整备法》《特别都市规划法》《国土综合开发法》《首都建设法》《首都圈既成市街地工厂等限制法》《工业整备特别地域整备促进法》等综合性法律和专项法律,也包括衔接一致的全国规划、广域规划、东京都规划等规划体系,还包括较为完备的监测与考评体系。“精治”主要体现在,通过一年一度的报告和评估制度,监督检测协同发展水平,厘清存在问题,寻找解决对策。“共治”是提高城市治理体系和治理能力现代化的民意基础。特别是21世纪以来,随着中央政府部门调整、地方分权改革等变化,日本首都圈形成了“全国知事会议”“九都县市首脑会议”等联席会议制度,作为推动协同发展的重要运营平台。联席会议由首都圈的各个重要县市参加,由专门的事务局负责运营。会议定期邀请来自产业界、商界、学界等其他领域的相关人士参加,咨询商议危机管理、环境保护、垃圾处理等涉及整个首都圈的广域议题,呈现出“多方参与、共建共管”的局面,在利益共享、公平发展等问题上达成了广泛共识。

三、借鉴国际先进的都市圈治理经验，推动京津冀城市群协同发展

改革开放以来，中国经历了世界城市发展史上规模最大、速度最快的城镇化进程，长期实行的以大城市为核心的城镇化发展体系，带来了城市体系内部发展失衡问题，以及“大城市病”问题。摒弃固有的城镇化发展模式，以城市群为主体形态科学规划城市空间布局，实现紧凑集约、高效绿色发展，逐步形成横向错位发展、纵向分工协作的发展格局，是中国城镇化发展的必由之路。由首都城市的特殊地位所决定，结合本地实际，借鉴国际先进的都市圈治理经验，推动京津冀城市群协同发展，进而带动全国城市群建设，具有重要的示范意义。

（一）城市群是城市发展的高级形态

城市群是区域经济活动的空间组织形式，城市群的形成和发展是城市化的高级形态。随着经济发展与城市化水平的提高，城市群的形成与扩张是必然趋势，并在城市化进程中发挥重要作用。改革开放以来，我国城镇化建设取得巨大成就，2017 年城镇化率达到 59.5%，城镇常住人口达到 8.13 亿人。专家认为，我国用 40 年时间就能完成城镇化率从 30%到 70%的快速城镇化进程，而这一进程，法国历时 120 年，美国历时 100 年。伴随我国快速城镇化进程，城市病也由一二线城市向三四线城市蔓延。全国最拥堵的 20 个城市中，有北京、上海等人多车多的大都市，也有一些规模不算大的城市，比如宁夏银川，常住人口不到 300 万，机动车不到 100 万辆，也出现交通拥堵等城市病。在一定意义上说，城市病的最大病灶是城市发展理念的问题，比如对城市发展规律缺乏理性认识，只见树木不见森林，谋求单一的城市发展，未重视城市群发展的协同效应、叠加效应。其结果是大城市“摊大饼”式发展、中小城市空间无序蔓延。因此，要有效解决进而避免城市病，就需要构建功能分散化、多中心且有机联系的城市群空间格局，处理好城市发展中积聚和效率的关系，避

免城市在单一空间上的“规模不经济”,确立城市群作为中国经济发展的中心环节,以城市群为主体形态推动我国城市化健康发展。2015 年以来,国家先后批准了多个城市群发展规划,京津冀城市群就是其中之一。

京津冀区域的人口总量为 1.5 亿,国土面积为 20 万平方千米,土地总量是日本首都圈的 7 倍,人口总量是日本首都圈的 4 倍,其单位国土面积上所吸纳的人口大约与日本首都圈相当,但 GDP 的全国占比仅为日本首都圈的全国占比的 1/3。京津冀区域本身也面临诸多困难和问题,尤其是北京“大城市病”突出,水资源匮乏,人口规模已近天花板,京津两极过于“肥胖”,周边中小城市过于“瘦弱”,区域发展差距悬殊,发展不平衡问题严重。中国不断深化对城市群发展规律的认识,提出以疏解北京非首都功能为“牛鼻子”推动京津冀协同发展的国家战略,以期破解首都发展长期积累的深层次矛盾和问题,优化提升首都功能,探索人口经济密集地区优化开发模式;破除隐形壁垒、打破行政分割,实现优势互补、一体化发展,为全国区域协调发展体制机制创新提供经验;优化生产力布局和空间结构,打造具有较强竞争力的世界级城市群;引领经济发展新常态,增强对环渤海地区和北方腹地的辐射带动能力,为全国转型发展和全方位对外开放作出更大贡献。

(二)京津冀城市群发展的首都贡献

一切从实际出发,理论联系实际是辩证唯物主义的具体运用,实事求是中国化马克思主义哲学的精髓,是适应新形势、认识新事物、解决新问题的根本思想武器。首都北京作为京津冀城市群的核心,应该科学把握辩证唯物主义思想要领,坚持实事求是的思想路线,立足“新时代历史方位”这一当代中国实际,根据变化发展的实际解答首都发展的时代课题,确立建设“国际一流的和谐宜居之都”的价值目标。

第一,准确把握新时代首都历史使命这一实际,与实现中华民族伟大复兴中国梦相衔接,建设好伟大社会主义祖国的首都,为实现“国际一流的和谐宜居之都”价值目标提供政治保障。把握历史使命是实事求是的重要前提，这是由新时代党的奋斗目标决定的。中国特色社会主义进入新时代，这个新时代，我们已经全面建成小康社会，还要全面建设社会主义现代化强国、奋力实现中华民族伟大复兴中国梦的伟大目标。在这个新时代，我国日益走近世界舞台中央、不断为人类作出更大贡献。作为伟大祖国的首都，北京的历史使命永远和国家的历史使命紧密联系在一起。“看北京首先要从政治上看”。北京作为全国政治中心，要在思想上政治上行动上同党中央保持高度一致，“处理好国家战略要求和自身发展的关系，在服务国家大局中提高发展水平”。首都北京“要有担当精神，勇于开拓，把北京的事情办好，努力为全国起到表率作用”，在实现中华民族伟大复兴中国梦的伟大进程中，“立标杆，树旗帜”，以创新的思维、扎实的举措、深入的作风，进一步做好城市发展和管理工作，不断取得新的成绩。这是党中央赋予北京的重大政治使命，也是首都应该肩负的重大政治责任。

第二，准确把握新时代城市发展规律这一实际，与城市发展的高级阶段相契合，构建以首都为核心的世界级城市群，为实现“国际一流的和谐宜居之都”价值目标汇聚强大合力。把握客观规律是实事求是的核心要义，这是由我国改革发展的基本经验决定的。城市作为一个自然历史过程，有其自身发展的规律。如果不能充分认识和自觉顺应规律，就会出现这样那样的问题。在现代城市阶段，城市群是城市发展的主体形态，是实现区域合作、优势互补、互联互通、协同发展的重要载体。要站在世界城市发展的制高点，充分把握城市发展趋势，“以城市群为主体构建大中小城市和小城镇协调发展的城镇格局”①。京津冀同属京畿重地，地缘相接、人缘相亲，地域一体，文化一脉，历史渊源深厚、交往半径相宜，具有建设世界级城市群的独特优势。基于此，要“将北京纳入京津冀和环渤海经济区的战略空间加以考量”，面向未来打造新

① 习近平：《决胜全面建成小康社会，夺取新时代中国特色社会主义伟大胜利——在中国共产党第十九次全国代表大会上的报告》，人民出版社2017年版，第33页。

的首都经济圈,促进环渤海经济区发展,带动北方腹地发展。要以“目标同向、措施一体、作用互补、利益相连”为原则,打破“一亩三分地”的思维方式,围绕首都形成核心功能优化、辐射协同发展、梯度层次合理的城市群体系。

第三,准确把握新时代经济发展特征这一实际,与中国经济高质量发展阶段相适应,构建现代化经济体系,为实现“国际一流的和谐宜居之都”价值目标提供强劲动力。把握经济发展特征是实事求是的本质要求,这是由新时代发展生产力这个根本任务决定的。“我国经济已由高速增长阶段转向高质量发展阶段,正处在转变发展方式、优化经济结构、转换增长动力的攻关期,建设现代化经济体系是跨越关口的迫切要求和我国发展的战略目标。”①北京要充分认识这一经济发展新特征,放弃“大而全”的经济体系,“舍弃白菜帮子,精选菜心”,发挥好北京科技和人才优势,建设具有全球影响力的科技创新中心。这些重要论述为首都北京转变发展方式、优化经济结构、转换增长动力指明了正确方向。一是实现减量发展,立足于“质”的提高,不纠结于“量”的扩张,以内涵集约的新方式“瘦身健体”;二是优化经济结构,加快培育高精尖产业,提升生活性服务业品质,发展都市型现代农业,推动首都经济结构升级转型,以新结构打造北京经济发展新高地;三是实现创新驱动,以国家战略需求引导科技创新方向,以科技创新引领高精尖产业发展,以新动力打造现代经济体系新引擎。

(三)京津冀城市群发展的哲学思维

唯物辩证法是用联系和发展的观点看问题的思想方法,是最全面、最丰富、最深刻的发展学说。要建设好京津冀城市群,就应该科学运用唯物辩证法认识和解决改革发展中遇到的问题,强调要处理好现象和本质的关系、全局和局部的关系、整体推进和重点突破的关系,不断提高驾驭复杂局面、处理复杂

---

① 习近平:《决胜全面建成小康社会,夺取新时代中国特色社会主义伟大胜利——在中国共产党第十九次全国代表大会上的报告》,人民出版社2017年版,第30页。

问题的本领。

坚持透过现象看本质，认清“大城市病”问题的实质，提出“加强四个中心建设、落实首都城市战略定位”的战略部署。透过现象看本质是从零乱现象中发现事物内部必然联系的“慧眼”，是引导人们按照客观规律办事的“指令”。要深刻分析首都“大城市病”问题，从表面看，北京的问题是人口过多带来的，其根本原因是城市功能太多，城市功能定位和资源环境承载力不匹配。“如果仍是抱着老目标、守着老机制、继续走老路，不断招商引资、不断扩充城市功能，就挡不住人员趋之若鹜、房价持续上涨、交通也会越来越堵，水资源会更加短缺。”因此，必须按照客观规律办事，“从政治高度、时代高度、历史高度考虑功能定位，坚持和强化首都全国政治中心、文化中心、国际交往中心、科技创新中心定位，深入实施人文北京、科技北京、绿色北京战略，实现服务保障能力同城市战略定位相适应，人口资源环境同城市战略定位相协调，城市布局同城市战略定位相一致”。

科学运用系统思维，提出“优化首都城市空间布局，高水平建设北京城市副中心和河北雄安新区”的战略部署。系统思维是以整体考量实现驾驭全局的“法宝”，是以统筹协调实现协同推进的“重器”。全面深化改革必须具有系统思维，统筹谋划深化改革各个方面、各个层次、各个要素，“注重各项改革的相互促进、良性互动，整体推进，重点突破，形成推进改革开放的强大合力”①。北京“单中心聚集”发展模式、京津冀城市群各城市“一亩三分地”的思维模式是造成北京“大城市病”的重要原因，必须从城市群系统内来解决北京发展问题，建构“符合当地实际、体现资源禀赋、文化特色”的城市空间结构，以优化空间布局带动产业布局和公共服务布局调整，推动形成京津冀城市群系统内科学合理的城市空间新格局。在城市群系统内，坚持“世界眼光、国际标准、中国特色、高点定位”原则，高水平建设北京城市副中心和河北雄安新区，构

① 《习近平谈治国理政》第1卷，外文出版社2018年版，第68页。

建以北京为核心的“一核两翼”空间格局;在北京市域范围内,实现平原地区疏解承接、新城多点支撑、山区生态涵养的规划建设任务,形成北京市域范围内“一核一主一副、两轴多点一区”的空间格局;在城市副中心范围内,遵循中华营城理念、北京建城传统、通州地域文脉,构建城市副中心“一带、一轴、多组团”城市空间格局。

科学运用矛盾分析法,提出“牵住疏解非首都功能‘牛鼻子’,推动京津冀协同发展”的战略部署。矛盾分析法是通过分析事物的矛盾本性,掌握事物的本质及其规律,以便有效认识和改造客观事物的方法,是处理好重点与一般关系的“定盘星”,是抓好重点兼顾均衡的“平衡器”。“我们想问题、作决策、办事情,不能非此即彼,要用辩证法,要讲两点论,要找平衡点。”①“要注重抓主要矛盾和矛盾的主要方面,注重抓重要领域和关键环节,努力做到全局和局部相配套、治本和治标相结合、渐进和突破相衔接,实现整体推进和重点突破相统一。”②为此,必须深入分析首都北京作为京津冀城市群中的主要城市所固有的“虹吸效应”,以及北京“偏肥”、其他城市“偏瘦”的城市状态,坚持“重点论”与“两点论”辩证统一,由疏解非首都功能破题,在协同发展处着墨,提出以疏解北京非首都功能为“牛鼻子”,推动京津冀协同发展,高起点规划、高标准建设雄安新区的政策。北京作为功能疏解地,要着力推动由集聚资源求增长向疏解功能谋发展转型;天津、河北作为功能承接地,要加快推进产业对接协作,形成区域间产业,合理分布和建立上下游联动机制,实现优势互补、良性互动、共赢发展。

---

① 习近平:《干在实处　走在前列——推进浙江新发展的思考与实践》,中共中央党校出版社 2016 年版,第 550 页。

② 《习近平关于全面深化改革论述摘编》,中央文献出版社 2014 年版,第 44 页。

第九章　空间想象

在物理学世界中,两个物体(包括人的身体)无缘同时占据同一空间;在社会学意义上,为了避免危机,单个人会主动建构人类关系有机体,使得分离的空间以相互联系的方式获得统一性。人类命运共同体就是这种统一性的空间化表达。由中国发出的"构建人类命运共同体"倡议越来越成为协同解决全球突出问题、共建人类美好家园的国际共识和联合行动。人类命运共同体这一"想象"的空间,摆脱了纯粹"乌托邦"意味,拥有坚实的现实基础,具有强大的道义力量,蕴含着解决全球性问题的中国智慧和贡献。

第一节　时空与共同体

时间和空间是叙述世界的两种重要方式,它们既彼此依存,又彼此影响:统一的时间计量使得互不见面的人类个体,可以通过想象存在于一个偌大的空间之中。由此,包括人类命运共同体在内的各种共同体便得以存在和发展。

一、共同体的空间想象

(一)时空压缩与想象的共同体

西方学者用"时空压缩"来描述现代科技对人的生活步伐、活动空间的影响,而越是时空压缩,人们对共同体的想象空间就越大。纵观世界历史进程,一个具有标志性的“时间”事件是近代法国大革命,它开辟了编年史意义上的前与后、新与旧、现代与传统等“二分法”观念,并借助有刻度的钟表时间予以清晰呈现。自此,具有全球意义的、互不见面的彼此可以同时在场的、想象的共同体图景得以显现。人们对时间的重视可以用数据佐证:18 世纪的最后 25 年,仅英国一地,手表的年产量便达到 15 万到 20 万块,整个欧洲的年产量也不会少于 50 万块。这些手表大部分销往英国或者欧洲以外的地方。在这里,有刻度的时间不仅是计时工具,而且也是人们彼此共在的意象性表达,更是彼此共在的人群共同体意识的发生场域。由此,原本四处分散的个人可以凝聚起来,不分彼此地形成一个“大家庭”,并借助想象力形成世界空间意识。①

美籍华裔社会学家杨庆堃 1948 年发表《中国近代空间距离之缩短》,第一次绘制了“中国近代空间缩短形势图”。他通过研究中国近现代交通技术发展所引起的空间距离和空间性质的变化,得出如下结论:空间作为在人与人之间关系中起隔离作用的因素,两地相距越远,两地人群的关系则越淡漠,两地之间的组织则越松散。但是,空间的这种隔离作用,随交通、运输、通信技术的发展而减小。如今,伴随着科技的进步,地球上任意两地之间的来往,其时间与费用成本越来越小,人际交往的频率与效率大大提高。人际关系越密切,想象的共同体就越真切。随着语言学和纸质媒介的发展,一份报纸就可以把世界范围内的重大事件聚在一起、摆在面前,共同语言使得交流更加便捷并趋于一体化,人们可以在一个更大时空范围内彼此联结,并通过文化创造,为这种联结作着自己的独特贡献。人们通过一种超越感受性之上的想象,制造出一种别样的共同体空间。在这里,人们想象并感受到“共在”,体验到超越于亲情之上的那些陌生人的关怀、帮助与友善。

---

① 赵旭东:《〈想象的共同体〉:现代“民族”如何诞生的》,《中国民商》2016 年第 12 期。

在西方,对时间和空间体验等问题的理论关注,可以追溯到19世纪的法国。其时的著名现代派诗人波德莱尔在《现代生活的画家》中指出,现代性着重强调短暂、流变、偶然事件,但这只是世界的一方面;世界的另一方面则是永恒与不变。波德莱尔主要关注时间问题,这与20世纪以前西方社会关注时间的思想偏向是一致的。福柯对这种偏爱时间的倾向进行了批评,他说:“空间贬值”在很多代知识分子之中盛行,“空间被当作死寂、固定、非辩证和静止的东西。相反,时间却是丰富的、多产的、有生命的和辩证的”①。19世纪后半叶以来,随着西方资本主义现代化进程的推进和文化地理学的兴起,关注空间的潮流日盛。爱德华·苏贾、米歇尔·福柯、亨利·列斐伏尔、吉勒斯·德勒兹、弗雷德里克·杰姆逊以及大卫·哈维等理论家,从不同角度切入,向启蒙运动以来视空间为“物质实体”或“空洞容器”的观念发起挑战。哈维从城市批判的角度研究时空问题,并试图表明,尽管人们把空间问题推上了以全球化为背景的时空舞台中心,但深刻的资产阶级意识形态,阻碍了特定的机构与利益集团涉足全球化空间再分配过程,资本主义在地理上的发展仍然存在不平衡问题,是时候开启新的空间调整和空间再分配历程了。英国社会学家安东尼·吉登斯认为,场所是借用空间来提供互动的一种场景,这些场景可以是一个房间、一个街角,可以是车间场地、一所医院,也可以是一座监狱、一个收容所,可以是一个有界限的街道、城镇、城市、区域,可以是地域上有明确界限的由各民族国家居住的各个地区,当然,也可以是人类居住的整个地球。由此,一方面,可以从地球这一广阔的视域看待空间,空间便无限之大;另一方面,用社会建构的方法看待空间,人类可以在想象中建构多层面、多级别的共同体。

---

① [法]米歇尔·福柯:《关于地理问题》,载《权力、知识:访谈精选与其他著述,1972—1977年》,纽约万神殿丛书出版公司1980年版,第63—77页。

(二)历史文化与想象的共同体

一个民族的历史文化传统不同,对共同体的想象也就各具特色。本尼迪克特·安德森在《想象的共同体:民族主义的起源与散布》中,以民族情感与文化根源为视角,探讨了不同民族属性的、全球各地的"想象的共同体"。他举例说,在现实的生活世界,社区空间依然存在,但邻家的生活很难进入"我"的世界;相反,远在万里之外的东南亚、非洲、欧洲以及拉丁美洲发生的日常琐屑,都可能会让我们激动不已。所有这些近乎真实的感受实际并非真实本身,而是一种被想象出来的真实,它与空间距离的远近形成了一种天然的关联,即越是遥远之物就越能够进入到我们的想象之中。

文化之于想象的共同体的作用不仅在西方呈现,而且在中华文明中也可找到端倪。比如,中国的"天下"观念,从来就不只是地理学意义上的"空间的想象",而是深刻影响了中华民族相互交融和共同发展的历史存在、政治信仰和文化精神。"古代中国人的'中国'常常是一个文明的空间观念,而不是有明确国界的地理概念"①。这种"天下观"以中国为地理中心,早在先秦时期就已完备成型,尽管那个时代的中国人并未真正实地考察过世界,却在经验和想象之中构筑了一个"天下"或"世界"。《尚书》的五服、《周礼》的九服,就概念而言,都是从中心向边缘延伸的空间结构。越接近中央区域就越文明,越偏向世界外缘就越野蛮。《楚辞》《庄子》《穆天子传》《山海经》等古代典籍也表达过这样的世界观。古代中国的"国家"概念是中心明确、边界模糊的一个"文化概念",其认同标准是文化价值的认同,只要在文化上服从和认同中华文化,都可以视之为"华夏之藩属",否则就是"异邦异俗"。"中国居中、四夷宾服"的天下观,对古代中国的历史和文化产生了深刻影响,也为"想象的共同体"奠定了深厚的文化基础。

---

① 葛兆光:《古代中国文化讲义》,复旦大学出版社2006年版,第9页。

二、天下观念与华夷秩序

在中国古代,“天下”既是一个地理学概念,又是一个政治权力概念。据统计,“天下”在《论语》中出现了23次,在《礼记》中使用了127次,在《孟子》中提到了173次,在《荀子》中出现了369次。数字表明,“天下”概念在儒学思想中有着重要的地位、价值和作用。天子分封的各诸侯领地称“国”,而天子控制的更大疆土和政治势力范围则称“天下”。这就形成了古典意义上的“家天下”格局或体系。但是,即使是在古代,也有人提出天下非君王一人之天下,而是“天下人之天下”。这就使得“天下共有”观念与政治意义上世界制度的构想联系了起来。

(一)华夷秩序与城市空间

了解中国古代的空间观念,需要从华夷秩序说起。“华”即中华,“夷”即蛮夷,“华夷”之说可被解释为“自古帝王临御天下,中国属内以制夷狄,夷狄属外以奉中国”。华夷秩序经历了雏形阶段、鼎盛阶段和没落阶段。它缘起于上古华夏族形成时期,秦始皇统一中国后形成了大体的政治文化框架,在汉代,中华与“蛮夷”之间,逐步发展起一种古代类型的国际关系体系。盛唐雄强一时,文明璀璨辉煌,是中华文明大放异彩的时代。唐王朝对周边及远方的国家、民族有着强大的吸引力、影响力,古代的长安城一度成为世界文化博物馆。这说明,确实有一个较为成熟的“国际秩序”存在于中国历史之中。至宋代,随着“四大发明”向外传播,华夷秩序得到进一步充实、发展。明清两代,华夷秩序的内涵和外延日渐固定。此后国运衰微,直至八国联军占领北京,中华帝国沦为半殖民地,历经近两千年的华夷秩序走向“穷途末路”。

相对于外部遥远的蒙昧世界而言,“华夷”由中央大国和蛮夷小国构成,是一个有边界的自足空间。尽管这边界有些模糊不清,但以中国的势力影响范围来界定它,人们基本是认可的。是否服从中华的“王化”,是进入这个边界的标准。边界之外,之谓“化外”。“华夷”之内自成一个文化思考单位,邹衍的大九州、《山海经》中的海外奇谈,之所以被理性地摒弃在“天下”之外,是因为它们并不符合中国文化对世界秩序的安排。凡在“华夷”边界之外的,在地理和知识体系中一律被边缘化。古人绘制的天下地图常常用“华夷”“舆地”命名,明显地透露出了某种边界感。葛兆光指出:“‘舆地’,顾名思义是舟车所至之处,从贾耽《海内华夷图》及《古今郡国县道四夷述》中‘舟车所通,览之咸在目’一语可以看出,那些当时不在交通范围中的地域,自然不属于‘天下’的范围。”①可见,交通范围是判定、划分的原初标准之一。

“华夷”观念隐含着东亚视角,也就是说,整个东亚就是由“华”和“夷”构成。这说明,古代中国人的足迹与目光曾经到达亚洲以远。近代中国的自我认识史,实际上与关于“亚洲”和“世界”的观念变迁并为一体。朝贡贸易是维系华夷秩序的重要体制机制,形成了宗主国与进贡国之间在礼仪、政治、社会交往、文化等方面的关系的复杂概念。由此,华夷秩序和朝贡贸易就是古代东亚国家间的政治关系,近代以前东亚诸国都是在这种体系下探讨国家自身的定位。

华夷秩序影响了近现代中国城市空间发展。就城市本身而言,从一百年前的《城镇乡地方自治章程》到1930年的《都市组织法》、1939年的《都市计划法》以及日后的多种日趋复杂的行业法规、条例等,这种自身技术理性日趋深化的过程,逐步将城市纳入统一的国家法律框架中,强化了“技术控制”的深度。清末到民国,从“知识来源—知识人才—组织机构与制度—社会主流观念—社会应用—新知识来源”,完成了一个“技术控制”的近代化过程。伴随着这一过程,城市改变了形态,在城市结构和空间、城市公共卫生、教育、安全以及建筑形态等方面全面发生了转型,从封建时期的城市形态转变为融入

① 葛兆光:《中国思想史》第二卷,复旦大学出版社2001年版,第480—481页。

世界技术体系的近代城市。①

（二）华夷秩序与国际关系

华夷秩序是在古代世界的社会条件下产生的国家关系体系。和平、友好是华夷秩序的主流，古代丝绸之路是这种主流价值观念的生动阐释。

在新石器时代，古老中国从“一点四方”的文明母体中分化出商周两种类型的宇宙观图式，在秦汉帝国时代重新综合，成为后世朝代永恒的“大一统”之理想。但这种“大一统”理想中一直存在着“五服”体系和“五方”体系之间、“朝贡”体系与“朝圣”体系之间的巨大张力。“五服”以己为中心，根据与自己距离的远近亲疏，将周边纳入以不同礼制相待的差序格局之中。然而，这种“五服”差序格局时常受到“五方”的颠覆和制约。和“五服”不同的是，“五方”以他者为上。在时空坐标下，既有方位上的东、南、西、北，也有季节上的春、夏、秋、冬；既有星象上的青龙、朱雀、白虎、玄武，还有族群上的东夷、南蛮、西戎、北狄。它们掌控时间、空间的某个局部，与中华帝国保持一种适度紧张关系，但又追求与中华帝国的契合融洽状态。“朝贡”体系与“朝圣”体系之间也保持着一定的张力。一方面，帝国文明中心的地位，通过各方蛮夷来朝的行为与来贡的物品表现出来，这表明帝国有包纳蛮夷的能力，帝国的“大一统”正是建立在此基础之上；另一方面，各方蛮夷所拥有的异于帝国文明中心的力量，既是对“大一统”的超越，也是对“大一统”的制约。他们在五方和五服之间、朝贡与朝圣之间努力寻找理想的平衡点并维持其理想状态。② 中国的华夷秩序其核心意涵是诸侯国之间结束分裂无序状态，重新建构起有序的政治统一体系和理想的伦理秩序。借用柯睿格的话，近代法国的改变虽大，基

---

① 杨宇振：《区域格局中的近代中国城市空间结构转型初探——以“长江上游”和“重庆”城市为参照》，载张复合主编：《中国近代建筑研究与保护（五）》，清华大学出版社2006年版，第280页。

② 罗杨：《在文明的“心史”之间》，《读书》2016年第12期。

本仍是"在传统中变";而中国的巨变,却是名副其实的"在传统之外变"。其中一个根本性的转变,就是"天下"变成了带异域风情的"公共"……①王铭铭则解释说,中国文明的世界观介于"自我中心"和"以他为上"两种心态之间,注重的不是绝对精神的集体认同,而是处于不同认同之间的心态。②

(三)中国天下观的"历史之旅"

古代丝绸之路可以视为中国天下观的一次"历史之旅",开启了中国与域外的经济、政治、文化交流之路。由汉武帝派张骞出使西域始,开辟了以首都长安为起点,经甘肃、新疆,到中亚、西亚,并连接地中海各国的陆上通道。德国地质地理学家费迪南·冯·李希霍芬在五卷本巨著《中国——亲身旅行和据此所作研究的成果》第二卷中,提及两汉时期中国与中亚河中地区以及印度之间,存在以丝绸贸易为主的交通路线,明确把"从公元前114年至公元127年间,中国与中亚、中国与印度间以丝绸贸易为媒介的这条西域交通道路"命名为"丝绸之路",这是"陆上丝绸之路"这一概念的由来。"海上丝绸之路"是古代中国与外国交通贸易和文化交往的海上通道,该路主要以南海为中心,所以又称南海丝绸之路。它形成于秦汉时期,发展于三国至隋朝时期,繁荣于唐宋时期,转衰于明清时期,是已知的最为古老的海上航线。古代中国通过陆海丝绸之路,从事贸易交换,进行思想文化交流,把中国文明、印度文明、罗马文明连接在一起,将古代中国推上国际舞台。以古丝绸之路为具体的历史的实践,自中原而天下,自天下而世界,中国人的天下观,随着一条条文明、革新、开放之旅,进入了一个更为广阔的历史时空。

---

① 罗志田:《且惭且下笔:从史学想象世界》,《读书》2016年第1期。

② 王铭铭:《中国圈:"彝藏走廊"与人类学的再构思》,社会科学文献出版社2008年版,第73页。

三、共同体的“二律背反”

无论是作为一种理论模型还是作为一种实践行动，共同体内部及其周遭都存在着明显的矛盾运动，包括世界体系的开启与闭合、全球化与逆全球化、国家治理与全球治理，等等。对立因素的“二律背反”构成了共同体的具体样貌、实践场域和可能前景。

（一）世界体系的开启与闭合

世界体系的开启可以追溯到15世纪到17世纪的地理大发现。欧洲船队出现在世界各处的海洋上，寻找新的贸易路线和贸易伙伴，以发展欧洲新生的资本主义。伴随着新航路的开辟，东西方之间的文化、贸易交流开始大量增加，殖民主义与自由贸易主义开始出现，对世界各大洲的发展产生了久远的影响。马克思指出：“资产阶级，由于开拓了世界市场，使一切国家的生产和消费都成为世界性的了……过去那种地方的和民族的自给自足和闭关自守状态，被各民族的各方面的互相往来和各方面的互相依赖所代替了。物质的生产是如此，精神的生产也是如此。各民族的精神产品成了公共的财产。民族的片面性和局限性日益成为不可能，于是由许多种民族的和地方的文学形成了一种世界的文学。”①

20世纪70年代中后期，人们更为自觉地用系统的观点审视世界，美国社会学家伊曼纽尔·沃勒斯坦提出“世界体系”理论，运用动态分析和结构分析方法，对全球化背景下世界政治经济现状及其原因进行了深入研究，得出应“从世界分工的角度解释资本主义”的论断。

沃勒斯坦认为，世界体系由世界帝国和世界经济体组成。前者包括古罗马、中国以及埃及等，它们在地理意义上具有封闭性，从物质和文化两个维度

① 《马克思恩格斯选集》第1卷，人民出版社1995年版，第276页。

上,失去了与其他体系的系统性交换;后者有很多种类,只有欧洲超越了其他的经济体,走上了资本主义发展道路,成为现代世界体系。

世界体系的形成依赖于以下条件:地理扩张提供了世界市场,生产方式的变化推动了生产力的发展,民族国家为经济发展提供了强大的国家机器。这样,到1450年代,创建资本主义世界经济体的舞台在欧洲确立起来。然而,体系本身的固有矛盾推动了"反体系运动"发展,发生在边缘的民族运动和发生在中心的社会运动相互交织,形成了此起彼伏的反体系浪潮。尽管反体系运动不能在短时间内动摇世界体系,但是世界体系终会走到尽头。等待体系的将是三种出路:一是社会主义的逻辑,即整个世界的经济和政治活动将实现整合,世界体系以平等、自由的方式被社会主义的世界政府所调整;二是继续维持不平等、等级制和压迫的统治结构;三是由文明的一元化向多元化方向发展。虽然沃勒斯坦没有明确未来将何去何从,但他坚信现有的世界体系存在不合理之处,并试图建立一种民主和平等的体系。

(二)全球化与逆全球化

"全球化"一词最早由美国学者泰奥多尔·莱维特提出,1985年,他在《哈佛商报》上发表题为"谈市场的全球化"一文,认为此前的20年间国际经济的发展,主要表现为商品、服务、资本和技术在世界性生产、消费和投资领域中的扩展。加拿大传播理论家马歇尔·麦克卢汉在《传播探索》中提出"地球村"概念,认为电子通信和快速交通将人类经验的所有方面都汇聚到一个地方,一个人可以同时接触到远距离外的种种事件,工业文明的中心—边缘结构随着同步性和瞬间性而消失殆尽。人们看到,在跨国商品、服务交易、国际资本扩大化、流动化、多样化的背后,是技术的广泛迅速传播以及各国经济依赖性的增加。

全球化理论的发展和全球化进程相生相伴。其理论源头可以追溯到17、18世纪的西欧,20世纪60年代以后,随着全球化进程的实质性推进,全球化理论开始基本成形,20 世纪 80 年代,全球化理论已成燎原之势,几乎所有学科都对全球化主题给予了关注,从而形成了各具特色的全球化理论。

经济全球化经历了至少三个发展阶段。第一个阶段自 15 世纪末到 19 世纪 70 年代。在此期间,航海技术突破了海洋的限制,人类的洲际交通变为现实;工业革命使生产力居于领先地位的西方国家,实现了向世界各地的扩张。其结果是,世界市场得到拓展,西方世界对亚非国家的殖民活动加速,大英帝国霸权地位得以确立。第二个阶段自 19 世纪 70 年代到 20 世纪 70 年代。这一阶段,运输和通信技术的革新,促进了物资与信息的全球流动,经济交往的规模和频率大大提高,经济组织得以革新,以跨国公司为代表的经济力量对生产要素和世界市场的整合能力大大增强,美国代替了英国成为全球化的霸主,美国模式的社会制度、文化价值观念被世界许多国家争相模仿。第三个阶段自 20 世纪 70 年代至今。美国霸权受到强有力挑战,其在国际事务中的中心地位被削弱,全球化进程的参与者和驱动力呈多元化状态。新兴力量走向前台,扮演着积极角色。在这种多元格局里,许多问题的产生和解决已经超出国界,所以,全球意识、全球共识和全球行动越来越成为不同民族、国家人们的自觉追求。目前,全球化进程正在摆脱由单一中心为主导的局面,形成多元推动、多元并存、多元发展的强大趋势。①

20 世纪 80 年代以来,人类社会迈入了一个全新的历史进程,它将比人类历史上曾经出现过的农业化和工业化进程都要广泛、深远。在全球一体化趋势越来越强劲的今天,出现了由西方主导推动的逆全球化浪潮。根本原因如下:一是全球部分地区经济不平等问题加剧,资源分配不公,如《2017 年全球风险报告》警告,日益加剧的收入和财富不平等问题将是全球经济面临的首要风险;二是人们的被遗弃感和不安全感增强。在发达国家,焦虑情绪主要集中在中产阶级。他们是社会稳定的中坚力量,但他们的利

① 高春花:《当代西方社会思潮述评》,人民日报出版社 2013 年版,第 79—80 页。

益不断被蚕食。过去10年,造成中产阶级利益受损的罪魁祸首,是国家内部经济治理能力不足,从而让民心转向打“民粹牌”的政治人物,将他们作为最后一根救命稻草。比如,英国全民公投决定脱离欧盟、主张“美国优先”的特朗普赢得美国大选、意大利“疑欧派”占据上风……全球出现逆全球化风潮。

逆全球化浪潮暴露了“全球化”与“地方感”之间难解难分的关系。“地方感”是一个复杂的、有着多个空间层级的概念,其凸显的是民族国家。以罗兹・墨菲对中国“条约口岸”城市的研究为代表。他著书《东亚史》,认为东亚历史作为世界历史中的重要组成部分,为解决全球化背景下人类的现代性问题提供了独特的答案。他比较了西方国家入侵印度和中国的情况,分析了两国面对西方帝国主义所持的不同态度,提出,在中国,细密而整合的城乡关联、贸易的内在系统控制了国家大部分地区,外来者被孤立于沿海范围,西方的入侵激起了强烈的抵抗。而印度则并非如此。

就空间生产来说,这100年间,地方城市的空间生产越来越与世界的各种复杂变化交织在一起,地方城市在接纳世界经验的同时,已然成为世界的一个部分。在这个超级庞大的复杂矩阵中,任意一处的波动都会影响到地方城市,其强度取决于城市在系统中的关联方式与强度。在这个网络中,流动性代表着财富和力量,也代表着一种现代性。流动性的速度及范围,代表着财富与力量的多寡和楔入世界的深度。相对而言,静止成为一种“逝去”,一种“过时”,一种映照着流动性的多数现实,一种流动性获得运动的基面,一种卡斯特笔下的“出局”。但是,这并不意味着流动性可以畅通无阻,民族国家的边界与领域,以及地方现实的多样性,成为与流动性抗衡的力量。正如戴维・哈维所指出的那样,“国家是竭力把自身的意志强加于流动的、空间上开放的资本流通过程的区域性实体。它必须在其边界之内同广泛分布的个人主义派别势力和分裂性的影响、迅速的社会变化、通常依附于资本流通的一切短暂性进行斗争。……国家调节所强加的固定性(稳定性)与资本流动的易变动机之间的紧张关系，仍然是资本主义的社会与政治体制的一个关键问题。”①

城市就其宿命而言，是属于流动性的，是生而为流动性的；是流动而不是静止，是洋气而不是土气——“土气是因为不流动而发生的”②，其未来取决于全球化与地方之间的张力，取决于不同空间领域的流动速度。“全球化使得现代帝国主义支配世界的种种策略遭遇到各种不可测的反作用，世界也因此陷于失序状态。这虽然是灾难性的，但也是创造游戏新规则的时机。”③赵汀阳分析说，现代社会是一个风险社会，具有严重的脆弱性，面临着各种非理性的反抗势力的破坏。在某种意义上，我们正在遭遇的挑战可能是一个“世界末日问题”。比如，由于各种问题的全球性质，仅仅就技术的高度发展所蕴含的破坏能力都不可小觑，与其说它是针对霸权的威胁，毋宁说是针对整个世界发出的威胁，它使世界变得异常危险。对此，“唯一可能的拯救就是建立一个保证所有人和所有国家都能够受益的世界制度，创造一种改变竞争逻辑的新游戏，即一个具有普遍兼容性和共在性的世界体系”④。

（三）民族国家“遭遇”社会、共同体

民族国家是一个独立自主的政治实体。单一民族国家，所有公民共享同一的价值、历史、文化、语言，多民族国家是当代民族国家的惯常形式，形塑国家认同感的常常是多元文化。民族国家奉行“国家利益至上”，这与共同体所倡导的世界观、价值观构成了一定的张力。

鉴于此，沃勒斯坦用“体系”而不是“民族国家”作为研究世界的基本概念，其用意在于从理论上构建一个作为整体的世界。“大大小小不同的人群

---

① ［美］戴维·哈维：《后现代的状况——对文化变迁之缘起的探究》，阎嘉译，商务印书馆2003年版，第145—146页。

② 费孝通：《乡土中国与乡土重建》，台北风云时代出版公司1993年版，第2页。

③ 赵汀阳：《天下的当代性——世界秩序的实践与想象》，中信出版社2016年版，第210页。

④ 赵汀阳：《天下的当代性——世界秩序的实践与想象》，中信出版社2016年版，第220页。

彼此结合并形成一种合力冲击,因循于它,凭借一种抽象出来的人与人之间关系的准则,我们奉献自身,包括金钱、财产乃至生命。”①依循沃勒斯坦的逻辑,西方殖民主义者秉承实实在在的民族观念,推进完成西方民族国家的小模型构建,之后再与之分离。事实上,殖民主义所构造起来的绝不再是一个独立王国,而是和西方世界相差无几的又一个新的民族国家,在这个国家中,没有人可以高高在上,自然也不能有人位于社会的最底层。如此均质化的社会图景,一度成了民族国家构建未来世界的口头语。但是,这个目标可能“永远在路上”。

社会和共同体之间也存在着某种程度的张力。在一般意义上,社会泛指由于共同物质条件而互相联系起来的人群。德国社会学家滕尼斯比较了社会与共同体的差异,认为共同体是建立在本能的中意、习惯的适应或共同记忆之上的浑然生长在一起的整体,体现了人类关系的真正本质,而社会则“应该被理解为一种机械的聚合和人工制品”,其基础是“个人的思想和意志”,是依赖权力、意志和法律等选择意志形成的机械团结,体现的是人类关系的表象。②法国社会学家莫斯支持滕尼斯对“共同体”和“社会”的看法。莫斯发现,第二次世界大战期间,引发国族火并的“国族主义”与法国科学界研究的核心概念“社会”相生相伴。他认为,西方社会科学作为“国家学”之一,形成与国族相应的“社会”概念。这种概念抛弃了原本含有的横向伙伴关系,是纵向超越人与人之间联系的“绝对他者”,或是宗教中的神,或是世俗世界的道德等。莫斯深刻认识到,“社会”是“国族”的自觉方式,它割裂了个体、社会(国族)与更广阔的世界的关系,也割裂了与其自身的历史联系,成为“精神生活的最高形式”统摄下的内生的整体,国族自觉使其陷入孤立与自负,成为世界大战的导火索。③

① 赵旭东:《〈想象的共同体〉:现代“民族”如何诞生的》,《新京报》2016 年 10 月 8 日。

② [德]斐迪南·滕尼斯:《共同体与社会》,林荣原译,商务印书馆 1999 年版,第 154 页。

③ 罗杨:《在文明的“心史”之间》,《读书》2016 年第 12 期。

当今世界的样貌是，全球化运动尽管在某种程度上遭遇抵制，但就其趋势看仍然方兴未艾，全球一体观念也正在消弭民族国家的边界，推动人类社会踏上全球开放和流动的征程。如今，国家之间的经济、政治、文化等交往不再完全依赖于是否存在传统意义上的外交关系，人、财、物、信息等资源的流动也不再以民族国家边界作为约束条件。在全球化运动中，日益增强的流动性、跨越民族国家的政治共同体、网络技术所带来的虚拟世界等，形成了超越民族国家框架的新情况、新问题，需要人类自觉地以全球化视野去认知和应对。

第二节　命运共同体

命运共同体是“命运”和“共同体”的紧密融合，意味着共同体的组建和维护基于共同的命运，要求每一成员把“共命运”的伦理精神自觉和自省有机地结合起来，并把价值层面的共命运的伦理共识和行为层面的共命运的伦理担当有机统一起来。命运共同体超越了迄今为止人们对共同体的认识和水平，具有超越既往和建设未来的伦理向度。

一、命运之界定

命运是人的生存、发展、完善等诸要义的集结，凸显人之生存死亡的本根性意义和发展完善的终极性意义，是人之意义世界和精神家园建构的基础。一般来说，命是一个人一生的实际遭际或自我实现状况，运则是指一段时期某一具体的遭遇状况。命运既有不可抗拒的必然性，也有可以改造的人为性，是客观必然性和主观能动性的辩证统一。在命运共同体中，命运是指构成共同体的成员之间存在的一种生死相依、荣辱与共、休戚相关的必然联系。这种命运既是现实生活情境的总体化表现，也是建构人类未来关系和赢得发展前途的一种价值设定和意义追求，含有既然已经“共命运”就必须把这种“共命运”

维护好、经营好、发展好的价值意蕴。命运的这种现代阐释建基于古老的中西文化基础之上。

(一)中国古代命运观

西周时期是中华文明的黎明时分,人们信奉“天人合一”观念,周人极力以不同的方式宣扬文武受命。“知天命”“受天命”成为当时中国哲学的核心问题。西周初期,周人宣扬“文武受天命”,这里的“天命”包含“万邦之方,下民之王”的绝对权威意蕴。当时的情境,周人宣传天命,并非急迫地想要进行思想上的变革,而是适应现实之形势,为王朝的建立寻找依托,以说明西周取代殷商的正当性与合理性。换言之,立国之际,周人的当务之急不是思想革命,而是政权过渡。即便是在建国之后,周人不断加深受命之观念,亦是出自巩固周邦的需要。因此,中国学者所称“理性的觉醒”的出现,依赖于现实情境的需要。实际上,如果刻意强调周人天命论中的理性因素,而忽视天命之于周人的现实意义,那么就无从理解周人为何总是借天命讲王朝代易,为何始终高悬天命之帜以相号召,也就更不能充分理解此后天命观的发展与嬗变。

周人天命观大异于商人之处,在于提出“天命不于常,惟归有德”的观念。人们将道德因素注入天命之中,天命依人事而变易,从而否定了天之于人的绝对意志。毫无疑问,周人注意到天命不专佑一家,不可常赖,这是周人的高明之处。在秦汉至明清的发展史上,命运始终被哲学家所关注。理学在性命问题上既强调顺从天命之必然,也强调发挥人命之当然。王夫之提出:“天有生杀之时,有否泰之运,而人以人道受命,则穷通祸福,皆足以成仁取义,无不正也。”①人之命既来源于天,又作对于天。人既有天命,又可立命。人以人道受命,无论人承受的是何种状况的人生命运,都不会妨碍人锻造道德命运的现实

---

① 王夫之:《船山全书》第12册,岳麓书社1992年版,第127页。

可能性，也就是说，人可以做自己命运的主人。于是，自主地寻找安身立命之本，建构人之生存合理性与道德性的精神家园，就成了“主人”的人生内容和命定存在。

（二）古希腊的命运观

在世界文明史中，古希腊以其独树一帜的文明成果创造了人类第一个文化高峰，以至于有“言必称希腊”之说。古希腊位于欧洲南部、地中海东北部，包括今巴尔干半岛南部、小亚细亚半岛西岸和爱琴海中的许多岛屿。海洋性生存环境和生活方式造就了古希腊人自由奔放、富于想象力、崇尚智慧和力量的民族性格，也培育了古希腊人追求现世生命价值、注重个人地位和个人尊严的价值观念，更是催生了其高扬人的主体性、反抗命运安排的独特命运观。古希腊文明是一种城邦文明，由于其城邦皆为纤芥之邦，要想在有限的空间里生存，就必须结成共同体，每个共同体成员都要将其他成员置于其视野之内，于是在城邦公民中产生了某种认同感与亲近感。在古希腊人这里，城邦不只是一个生活共同体，也是实现自我完善的道德共同体。

古希腊人的命运观是通过其悲剧意识体现出来的。作为人的自由意志与命运之间永恒冲突的文化表达，古希腊悲剧给人的启发是：人能否解开命运之谜并不是很重要，重要的是要勇于承受命运之重。《俄狄浦斯王》是索福克勒斯的一部悲剧，被亚里士多德称为悲剧典范。它取材于神话传说，描写了人的意志和命运的矛盾冲突，表现了善良刚毅的英雄俄狄浦斯在和邪恶命运的搏斗中所遭遇的毁灭，歌颂了人的勇敢坚强。尽管剧中人最终陷入了命运的圈套，但全剧体现了个体生命的无穷追求与命运的不断惩罚之间的矛盾所构成的希腊式悲剧精神，高扬了人的主体意识和自由意识。古希腊人对命运的思考与他们对宇宙、自然和人自身的理解密不可分。其早期的命运观认为，人生虽然是命定的，但人的悲剧、人类的灾难并非外在于人的东西，它们与人的修为有密切关系。基于此，古希腊文化有了一种从多元维度反思人的存在的特点。面对桀骜不驯的命运,人即便是无能为力,但也可以选择高贵地忍受痛苦,慨然接受死亡,这样就将正义置于人文主义的中心,以接受命运的拷问。尼采在《悲剧的诞生》中认为,古希腊文化中有理性和非理性之分,悲剧体现了古希腊人健康的生命价值观,生命虽说是苦难而危险,但他们从不否认生命价值。相反,他们敢于直面人生,不只是肯定生活本身,而且赋予生活以价值。

可以说,古希腊文化开启了西方文化的源头活水,它和古代中国的命运观一道,构成了人类对命运的独特理解,以及对自己和人类命运的自觉把握。

二、马克思"类思维"及其意义

马克思主义思维方式是马克思主义思考和认识问题的根本方式,是由一系列相互区别、相互联系的根本思维方法构成的统一整体。其中,马克思的"类思维"是马克思主义最深层、最稳定、最本质、最重要的内容,集中展现了马克思主义的思维品格和思想高度,是理解人类命运共同体的方法论基石。

(一)资本逻辑与民族国家:对抗与分裂的"制度丛结"

当今人类面临的各种挑战,一个重要根源在于,人类在思维方式上尚停留在"物种思维"的阶段。在现代社会,"支配一切的资本逻辑"是与民族国家这一共同体的形成勾连在一起的。吉登斯指出:"资产阶级的出现只会通过其会掌握的已经建立起来的以国家机器为基础的统治权来进一步促进其经济目标"①。只有在"国家拥有行政权力,而且合法地垄断着相对完整的内部'秩序'的条件下,资本逻辑运动所需要的基本前提才得以成立"。② 因此,"资本

① [英]安东尼·吉登斯:《民族—国家与暴力》,胡宗泽等译,生活·读书·新知三联书店1998年版,第188页。

② [英]安东尼·吉登斯:《民族—国家与暴力》,胡宗泽等译,生活·读书·新知三联书店1998年版,第192页。

逻辑”与“民族国家”共同体二者乃是现代社会相互支撑的“制度丛结”。

“资本逻辑”具有永恒的扩张和膨胀自己的性质和特点。基于不断为产品和资本赢得新市场的目的，资本必然要求自己打破民族国家的界限，跨越民族国家的边界为自己寻找海外出路和空间。这就是说，“资本的国际扩张”是资本逻辑运动的必然结果。一方面，“资本的国际扩张”把过剩资本输出到落后国家，就像列宁指出的那样，“只要资本主义还是资本主义，过剩的资本就不会用来提高本国民众的生活水平（因为这样会降低资本家的利润），而会输出国外，输出到落后的国家去，以提高利润”①。这必然导致“先进国家”与“落后国家”的冲突和对立。另一方面，“资本输出国”之间为了争夺世界市场很难避免彼此的争夺、冲突和对立。“资本主义的世界体系是以世界范围的劳动分工为基础而建立的，在这种分工中，世界经济体的不同区域（我们名之为中心区域、半边缘区域和边缘区域）被排定承担特定的经济角色，发展出不同的阶级结构，因而使用不同的劳动控制方式，从世界体系的运转中获利也就不平等。”②因此，“支配一切的资本逻辑”按其本性不可避免地导致以民族国家为主体的共同体之间的对抗与分裂。

显然，在共同体“支配一切的权力”和“资本逻辑”等抽象力量的统治下，人失去了自由自觉的、开放的、与他人在实践活动中取得内在统一的本质，而成为孤立、封闭和排他性的抽象存在。世界经济论坛《2017 年全球风险报告》显示，金融危机爆发后，发达国家实施的大规模量化宽松货币政策虽然促进了经济增长和就业，但也加剧了收入不平等。金融资产持有者收入大幅增加，而工人实际收入增长非常缓慢。发达国家不平等问题加剧的另一个原因是新技术的出现对劳动力产生了挤压甚至替代，受教育机会不均等也扩大了劳动力获得就业机会的差距。年鉴派历史学家布罗代尔说：“这样一个世界是在一

---

① 《列宁选集》第 2 卷，人民出版社 1995 年版，第 627 页。

② ［美］伊曼纽尔·沃勒斯坦：《现代世界体系》第一卷，罗荣渠等译，高等教育出版社 1998 年版，第 162 页。

个不平等的征兆之下自我肯定下来的……富国与穷国并非一成不变。历史的车轮向前滚动了。但是,在其规律之中,世界并没有变:在结构上,它继续分化为富贵与贫贱。世界是一个大社会,它和一个普通的社会一样等级化了,它是一个普通社会放大了的、但颇易识别的形象。微观世界与宏观世界,归根结底,乃统一结构。"[①]在此条件下,通向人类命运共同体的道路必然被堵塞。在今天阻碍人类命运共同体的因素和力量中,马克思指出的上述两种抽象力量正扮演着关键的角色。

(二)"类思维"的意义

马克思的"类思维"蕴含着思考和关注人类命运、追求人类解放的哲学旨趣。马克思主义自从创立的那天起,就是从具有超越性的"类思维",即从世界各个区域、民族和国家的相互联系中来思考和分析问题的。它反对用单一主体模式处理和解决世界问题,主张在解决全球性问题上,"人类"才是最高层次的主体。按照马克思的理解,从人的历史发展的角度看,前现代社会的根本特点是"以人的依赖性为前提的人的依赖性"。马克思说:"我们越往前追溯历史,个人,从而也是进行生产的个人,就越表现为不独立,从属于一个较大的整体"[②]。这一更大的"整体"就是个人至上的"共同体"。与个人相比,"共同体"是真正的"自因自足"的实体,而个人则是依附于这一整体的"附属品"。共同体是真正的目的和意义,个人只有通过分享整体所分配的角色和地位才能获得存在的意义和价值。可见,在共同体和个人的关系中,只有前者才是自因自足和自由的存在,后者无条件地束缚于前者因而是微不足道的部分。马克思认为,这种"虚幻的共同体"对个人来讲是"新的桎梏"。[③] 也就是说,在

---

① [法]费尔南·布罗代尔:《资本主义的动力》,杨起译,生活·读书·新知三联书店1997年版,第52—53页。

② 《马克思恩格斯选集》第2卷,人民出版社1995年版,第2页。

③ 《马克思恩格斯选集》第1卷,人民出版社1995年版,第119页。

个人与共同体的关系问题上,只有“人类”这一最高主体才能打开资本逻辑和民族国家这一“制度丛结”。因此,运用马克思的“类思维”,可以为当今世界的对抗与分裂开出“方法论药方”,那就是:超越人与人、共同体与共同体的分裂,重新理解人与人、共同体与共同体之间的关系,用“类思维”来消解民粹主义、国家主义、个人主义、民族主义。

三、人类命运共同体

人类命运共同体就是生活在同一个地球上的人类,彼此命运休戚相关、荣辱与共,在利益、安全、价值等层面构建起来的共同体,它以共同利益为基础纽带、以共同安全为底线要求、以价值共识为重要保障。

(一)以利益共同体为基础纽带

马克思主义认为,人类社会生活在其本质上是实践的。由此,人类社会生活的“共同体”其实就是“生活本身”。利益是人类生存和发展的原初动力,由经济规律和人性特点所决定。人既有个体的特殊利益追求,也有作为群体一员对于群体利益的追求。只有当个体的特殊利益与群体的共同利益趋于完全一致时,共同体才能真正代表每一个人的利益诉求,也只有在每个个体的特殊利益都得到充分满足的基础上,共同体才能真正代表一切人的共同利益。从人类生活的现实来看,经济全球化使得世界经济相互依存的程度空前提高,经济发展中的每一个环节都是环环相扣。每个国家都是国际生产链中的一个环节,一个国家的订单影响着另一个国家的就业,一个国家的投资促进着另一个国家基础设施建设的发展。只有树立共同利益观,才能实现普遍利益增值。以共同利益为纽带,人类命运共同体就有了赖以存在的基础。

(二)以安全共同体为底线要求

安全是国家和世界的普遍需要。当今世界处于大发展、大变革与大调整的时期,和平与发展仍是当今时代两大主题,并且和平与发展的大势仍不可逆转。但目前国际形势中不稳定、不确定、不可测因素也在增多,“国际合作放缓、民粹主义高涨、有关国家不断强化军事力量、联合国地位弱化、国际正义遭受挑战等等,令人忧虑。冷战思维、强权政治、单边主义、保护主义等阴霾不散,地区动荡、恐怖主义、气候变化、难民潮等风险挑战层出不穷,经济金融和发展鸿沟问题日益突出,世界范围内安全挑战更加复杂严峻”①。现实表明,一个国家的内部动荡常常会外溢到其他国家,产生连锁负面效应。比如有些国家内部战乱,大量难民涌向其他国家,造成难以治理的“难民潮”问题;一个国家的安全依赖于周边国家的安全,正所谓“篱笆好,邻居好”。只有全球国家同呼吸、共患难,共同抵御外部风险和挑战。树立共同体安全意识,才能够维护世界和平发展大势。以共同安全为底线,人类命运共同体就有了良好发展的环境。

(三)以价值共同体为重要保障

价值作为一个文化和意识形态范畴,具有特殊性和普遍性特征。一方面,不同民族国家的价值体系无不以其特殊性展现自己的存在;另一方面,民族国家的人作为“类存在”,其价值体系又有“可通约性”,而可通约的价值要素是人类命运共同体的“黏合剂”。当前,以英国“脱欧”、美国退出多个全球治理平台为代表的逆全球化风潮,加剧了各民族文化心理层面的碰撞,带来了一定程度的价值体系撕裂,动摇了全球安全和治理的文化基础,整个人类面临价值困境。“世界上有200多个国家和地区、2500多个民族、多种宗教。不同历史

① 冯颜利、唐庆:《习近平人类命运共同体思想的深刻内涵与时代价值》,《当代世界》2017年第11期。

和国情,不同民族和习俗,孕育了不同文明,使世界更加丰富多彩。……文明差异不应该成为世界冲突的根源"①。世界是多元的,不同文化、不同制度,都有其发展变化的规律。和平、发展、公平、正义、民主、自由,是全人类的共同价值。超越狭隘的民族国家视角,一是要树立人类整体观,肯定"人的世界性存在",肯定"世界利益的共享性";二是要树立文明平等观,承认文化、文明、意识形态的差异,主张世界命运由各国共同掌握,国际规则由各国共同书写,全球事务由各国共同治理,发展成果由各国共同分享。以价值共识为引领,人类命运共同体就有了存在与发展的精神保障。

第三节　中国智慧与方案

中国倡导共同构建人类命运共同体,基于浓厚的天下情怀和强烈的问题意识,体现了中国共产党人把中国机遇转化为世界机遇、促进中国与世界共同发展的宏伟构想,是对现有世界图景的伦理超越和对公正合理国际秩序的伦理建构。

一、谋求全球正义的伦理目标

(一)人类命运共同体理念的提出

中国共产党人运用马克思主义的立场观点方法,汲取中国古人的政治经验和伦理智慧,在"历史向世界历史转变"的时代背景和历史场域中,提出构建人类命运共同体倡议,为人类何以存在和发展提供了一种更趋合理的新思路。2011年《中国的和平发展》白皮书首次提出要以人类命运共同体视角认识和把握世界形势的变化和发展。党的十八大报告进一步倡导世界各国强化

① 习近平:《共同构建人类命运共同体——在联合国日内瓦总部的演讲》,《人民日报》2017年1月20日。

人类命运共同体意识,增进人类共同利益。党的十八大以来,习近平批判继承人类文明史上共同体观念的合理内核,全面系统论述了人类命运共同体理念。从首次参加博鳌亚洲论坛阐述“命运共同体”理念,到在印尼国会提出建立“中国—东盟命运共同体”;从中央外事工作会议上强调落实好“正确义利观”,打造“周边命运共同体”,到再度出席博鳌亚洲论坛提倡构建“亚洲命运共同体”;从纪念万隆会议召开60周年讲话强调推动建设“人类命运共同体”,更好造福亚非人民及其他地区人民,到纪念中国人民抗日战争暨世界反法西斯战争胜利70周年大会讲话,提醒世人警惕战争风险与倒行逆施,牢固树立“人类命运共同体”意识;从联合国成立70周年精彩演讲系统提出迈向人类命运共同体“五位一体”路线图,到巴黎气候变化大会讲话强调未来全球治理模式的“三点主张”,再到2017年北京“一带一路”国际合作高峰论坛提出“五个之路”的清晰路径……习近平站在和平与发展这一人类前途命运的时空交汇点,阐述了谋求全球正义这一人类命运共同体的理论宗旨和现实关切,展现出胸怀天下的恢宏格局和伦理担当。

(二)人类命运共同体理念的伦理要义

全球正义内蕴经济正义、政治正义、文化正义,是人类命运共同体的首要价值。美国哲学家罗尔斯说:“正义是社会制度的首要价值,正像真理是思想体系的首要价值一样。一种力量,无论多么精致和简洁,只要它不真实,就必须加以拒绝或修正;同样,某些法律和制度,不管它们如何有效率和有条理,只要它们不正义,就必须加以改造或废除。”中国作为人类命运共同体中的一员,愿意承担更多责任,和其他国家一道,建立国际机制、遵守国际规则、追求国际正义。

第一,谋求互利共赢的经济正义。20世纪后半叶以来,由西方集团推动的全球化为世界经济增长提供了强劲动力,包括发展中国家在内的许多国家从中受益。然而,近年来,逆全球化暗流涌动,贸易保护主义抬头,新兴经济体对外投资受到种种阻碍，导致世界经济增长乏力、贫富差距不断拉大。中国积极倡导构建人类命运共同体，牢固树立共同利益观念，谋求开放创新、包容互惠的发展前景，引导经济全球化良性发展。我们认为，世界经济增长乏力和贫富差距问题不是全球化本身的问题，而是全球化的方向和规则出了问题。这种全球化不应该是少数国家主导的全球化，而应该是大多数国家主导、让大多数国家分享改革成果的全球化。要秉承开放精神，推进互帮互助、互惠互利，"推动建设一个开放、包容、普惠、平衡、共赢的经济全球化，既要做大蛋糕，更要分好蛋糕，着力解决公平公正问题"①。

第二，谋求和平安全的政治正义。以联合国为主体的现行国际秩序是二战后由战胜国主导设计，基于民族主义国家理念和多边主义世界政府理想而创建，对保障世界和平发挥了重要作用。冷战之后，美国试图建立"美国治下的和平"，推行"价值观美国化"和"全球西方化"，正常的国际秩序面临严峻考验。中国政府强调，尽管和平与发展已经成为时代主题，但世界仍很不太平，战争的"达摩克利斯之剑"依然悬在人类头上。我们要以史为鉴，坚定维护和平的决心。要建立平等相待、互商互谅的伙伴关系，因为偏见和歧视、仇恨和战争，只会带来灾难和痛苦。而相互尊重、平等相处、和平发展、共同繁荣，才是人间正道。构建人类命运共同体，必须坚持共同治理，营造公道正义、共建共享的安全格局。"世上没有绝对安全的世外桃源，一国的安全不能建立在别国的动荡之上，他国的威胁也可能成为本国的挑战。邻居出了问题，不能光想着扎好自家篱笆，而应该去帮一把。"②中国倡议国际社会共同努力，多一份平和，多一份合作，化干戈为玉帛，共同构建人类命运共同体。

第三，谋求多元互鉴的文化正义。长期以来，建立在基督教基础上的西方

---

① 习近平:《共同构建人类命运共同体——在联合国日内瓦总部的演讲》,《人民日报》2017年1月20日。

② 习近平:《共同构建人类命运共同体——在联合国日内瓦总部的演讲》,《人民日报》2017年1月20日。

文明优越论挤压文化多样性发展,推行文化价值独断。它贬低、丑化、否定其他文明,残酷迫害"异教徒",发动了无数次宗教战争。今天,虽然大英帝国的皇民权贵意识已成历史,德国法西斯的"雅利安种族优越论"被定格为历史罪孽,"美国山巅之城说"也孤掌难鸣,但仍有一些国家对其他非盟友国家和人民选择的道路、制度、价值观说三道四、横加指责,以等级思维推行所谓"普世价值"。文化多样性是人类社会的基本特征,也是人类文明进步的重要动力。"人类文明没有高低优劣之分,因为平等交流而变得丰富多彩,正所谓'五色交辉,相得益彰;八音合奏,终和且平'。"①任何一种文明形态都是人类平等一员,尊重各种文明,平等相待、互学互鉴、兼收并蓄,推动人类文明实现创新性发展。"只要秉持包容精神,就不存在什么'文明冲突',就可以实现文明和谐。"②

(三)人类命运共同体的可能性

在人类命运共同体视域内,谋求全球正义不仅是必要的,也是可能的。我们看到,越来越多的国家和人民已然形成"以天下观天下"的价值共识和伦理精神。中国顺应世界潮流,提出了构建人类命运共同体的中国方案:建立平等相待、互商互谅的伙伴关系,营造公道正义、共建共享的安全格局,谋求开放创新、包容互惠的发展前景,促进和而不同、兼收并蓄的文明交流,构筑尊崇自然、绿色发展的生态体系。这一方案直指阻碍人类社会发展进步的顽疾,主张用协商对话消除国家间的戒备,用共商共建共享打开以邻为壑的篱笆,用合作共赢开启世界经济动力的阀门,用交流互鉴弥合文明之间的分歧,用绿色低碳铲除环境破坏与污染的源头。中国政府从伙伴关系、安全格局、经济发展、文明交流、生态建设五个方面着手,阐明了构建人类命运共同体的战略目标,其伦理表达就是经济上坚持互利互惠、合作共赢;政治上反对以大欺小、以强凌弱、以富压贫,反对干涉别国内政;文化上坚持和而不同,坚持平等尊重,加强

---

① 《习近平谈治国理政》第1卷,外文出版社2018年版,第314—315页。

② 《习近平谈治国理政》第1卷,外文出版社2018年版,第259—260页。

文明对话交流，促进文明发展繁荣。

二、坚持弘义融利的价值取向

人类命运共同体既是利益共同体，也是道义共同体。“弘义”和“融利”是人类实践活动的重要方面，义利观是道德观的重要基础。由人类时常面对共同挑战和外部性威胁所决定，任何过度膨胀一己国家利益、罔顾别国合理利益的行为都是不道德、不正义行为，最终会影响自身利益的实现。因此，要超越传统功利论和道义论，以“弘义融利”的正确义利观打造人类命运共同体。

（一）共同利益观

弘义融利内蕴共同利益的道德认知，要扎牢共同利益的纽带。马克思主义经典作家指出：“人类奋斗所争取的一切，都同他们的利益有关。”①“每一既定社会的经济关系首先表现为利益。”②共同利益是命运共同体形成发展的客观基础和直接动力。共同利益观是思考和认识世界的一种新观念，其伦理要义在于立足世界整体性发展的开阔视野，跳出单个国家生存和发展的认识局限，把全人类利益视为不可分割的整体。早在1848年，马克思恩格斯就在《共产党宣言》中指出：“由于开拓了世界市场，使一切国家的生产和消费都成为世界性的了……旧的、靠本国产品来满足的需要，被新的、要靠极其遥远的国家和地带的产品来满足的需要所代替了。过去那种地方的和民族的自给自足和闭关自守状态，被各民族的各方面的互相往来和各方面的互相依赖所代替了。物质的生产是如此，精神的生产也是如此。”③

今天，经济全球化已经把世界连成一个共同体，一国利益与他国利益的边界日益模糊，各国之间利益交叉重叠的范围、领域、程度不断扩大，共同利益在

---

① 《马克思恩格斯全集》第1卷，人民出版社1956年版，第82页。

② 《马克思恩格斯选集》第3卷，人民出版社1995年版，第209页。

③ 《马克思恩格斯选集》第1卷，人民出版社1995年版，第276页。

不断增长。只有树立共同利益观,民族国家才会自觉纳入共同体发展的轨道。人类近代以来之所以形成各种共同体,就在于人们清醒意识到各主体之间不仅存在着共同利益,而且共同利益的实现为单个主体利益的实现提供了有力确保。“大河有水小河满”是这种确保的形象比喻。中国提出,构建人类命运共同体,必须写好“共同利益”的篇章,厚植共同利益因子,形成共同意愿,达成合作共识,齐心协力同行,实现互惠共赢。近年来,中国努力践行共同利益的道德认知,致力于把本国利益同世界人民的利益相结合,把本国发展机遇同世界人民的发展机遇相结合,本着互惠互利的原则同世界各国开展合作,编织更加紧密的共同利益网络,把各方利益融合提升到更高水平,努力增进人类共同利益。

(二)人己互利

弘义融利内蕴人己互利的价值观念。要架起利己与利他相沟通的桥梁。命运共同体各成员之间不存在“他者”,利益各方呈现“正比相关”。一个国家越是重视和促进共同利益,就越有利于实现自己的国家利益;越是着眼于为别国发展创造机遇,就越有助于创造于己有利的发展机遇。正如中国古语所说:“既以为人己愈有;既以与人己愈多。”①

命运共同体所倡导的价值理念不是“哈丁式”的富国利己主义,也不是抽象的道义论神谕,而是一种利己与利他有机结合的互利价值观。它反对零和博弈和利己主义,也反对无视个人自由、尊严和价值的绝对整体主义,是对传统个人主义和整体主义的双重超越。中国统筹国内国际两个大局,致力于中国自身发展,也带动其他国家共同发展。“人类只有一个地球,各国共处一个世界。共同发展是持续发展的重要基础,符合各国人民长远利益和根本利益。我们生活在同一个地球村,应该牢固树立命运共同体意识,顺应时代潮流,把握正确方向,坚持同舟共济,推动亚洲和世界发展不断迈上新台阶。”②中国政

① 陈鼓应:《老子注译及评介》,中华书局2009年版,第471页。

② 《习近平谈治国理政》第1卷,外文出版社2018年版,第330页。

府多次强调:“在追求本国利益时兼顾他国合理关切,在谋求自身发展中促进各国共同发展,不断扩大共同利益汇合点。”①这说明中国已经超越一枝独秀的小利,谋求百花齐放的大利,积极推进“一带一路”建设,聚焦重点地区、重点国家、重点项目,抓住发展这个最大公约数,造福中国人民,更造福沿线各国人民,为人己互利价值理念提供了丰富而生动的中国实践。

(三)济贫扶弱

弘义融利内蕴济贫扶弱的伦理关怀,要担负平等享有发展成果的铁肩道义。无论何种意义的共同体,其内部发展都具有不平衡性。《2017 年全球风险报告》称,经济不平等、社会两极分化是当今乃至未来 10 年对全球发展具有深刻影响的问题。罗尔斯在《正义论》中以令人信服的逻辑指出,强者有义务给予弱者各种最基本的补偿,使弱者能够像强者一样有机会参与社会竞争。博格认为,就义务的正当性来说,富裕国家的人民至少在三个方面与全球贫困者存在道德意义上的联系:“首先,……历史上的不正义,包括种族灭绝、殖民主义和奴隶制,既造就了他们的贫困,也造就了我们的富裕。其次,他们与我们都依赖于同样的自然资源,而他们本应从中享有的利益,在很大程度上被没有补偿地剥夺了……第三,他们与我们共同生活在一个单一的全球经济秩序中,而这个经济秩序正在不断延续甚至恶化全球的经济不平等。”②罗尔斯和博格阐明了全球化时代谋求全球正义的可能路径:扩充弱者权利,彰显全球发展的合目的性,为贫穷国家的平等发展权进行道德辩护。中国自古就有“济贫扶弱”的道德情怀。据《史记》记载,孔子曾问礼于老子,老子告曰:“君子得其时则驾,不得其时则蓬累而行。”孟子据此演绎为“达则兼济天下,穷则独善其身”。它是中华民族生生不息的丰厚滋养,也是协调推进人类命运共同体

---

① 《习近平谈治国理政》第 1 卷,外文出版社 2018 年版,第 331 页。

② [美]涛慕思·博格:《康德、罗尔斯与全球正义》,刘莘等译,上海译文出版社 2010 年版,第 22 页。

建设的精神力量。中国共产党人合理吸收人类文明成果,强调奉行“共同但有区别的责任原则”,主张大国、富国对命运共同体多作贡献。“大国与小国相处,要平等相待,践行正确义利观,义利相兼,义重于利。”①强调要摒弃“零和博弈”狭隘思维,推动各国尤其是“发达国家”多一点共享、多一点担当,实现互惠共赢。阿玛蒂亚·森和纳斯鲍姆之所以将能力平等视为平等的核心内容,恰恰在于过度形式化的正义理论无法真正解决实际的平等问题。菲利普·佩迪特也说:“像平等这样被人们所分享的价值,在不同文化中人们对它会有不同的解释方式,它允许审慎规则的政治体之间存在差异。”②发达国家和发展中国家的历史责任、发展阶段、应对能力都不同,中国强调“共同但有区别的责任原则”,一贯主张大小国家一律平等,但也认同大国拥有更多资源和更大能力。因此,大国应当承担更多责任、作出更大贡献。中国愿意“积极承担国际责任和义务”,在国际舞台上更加积极主动发挥建设性作用、为世界提供更多公共产品。中国积极同亚非拉国家开展合作,帮助别国搭上“中国发展的快车”,支持发展中国家落实《2015 年后发展议程》,增加对最不发达国家投资,免除对有关最不发达国家、内陆发展中国家、小岛屿发展中国家截至 2015 年底到期未还的政府间无息贷款债务……作为一个发展中大国,中国用实际行动承担着越来越多的国际责任。

三、践行共商共建共享的实践准则

构建人类命运共同体,需要确立实践准则。中国共产党人以共商共建共享作为推动构建人类命运共同体的实践准则,体现了马克思主义科学方法论特质。

---

① 《习近平谈治国理政》第 2 卷,外文出版社 2017 年版,第 523 页。

② [美]菲利普·佩迪特:《从共和到民主》,涂文娟译,《马克思主义与现实》2008 年第 1 期。

（一）以共商为准则达成价值共识

价值共识是命运共同体存在与发展的精神保障，命运共同体是一种价值共同体。不同民族国家的价值体系无不以其个殊性炫耀自己的存在感，正如佩迪特说："一种文化可能允许在任何时候任何地方都可以播放任何音乐，而另一种文化可能对这样的行为设置严格的限制。一种文化可能允许不尊重别的宗教信仰，而另一种文化可以制定规则反对各种形式的冒犯行为。"[①]在这个意义上说，把人们隔离开来的往往不是千山万水，不是大海深壑，而是人们相互认知上的隔膜。然而，人作为"类"存在，也具有"纯粹感情"和"共同美感"，具有人之为人的共同性、共在性、共生性、共意性。要构建人类命运共同体，必须调动起人的天下观念、全球意识，自觉超越价值独断达成价值共识，形成"以天下观天下"的伦理精神。那么，达成价值共识何以可能？哈贝马斯倡导以"商谈"建立交往空间，达成价值共识，进而催生一致行动。罗尔斯以"社会正义"观念为例，分析了不同文明交流对话的重要性。他认为，一种普遍的社会正义观念，不可能建立在任何特殊的文化价值理想的基础上，恰恰相反，必须基于社会公共理性和多元文化之间的"全体对话"，以达成一种合乎理性的"重叠共识"。中国共产党人运用马克思主义理论指导当代实践，强调指出："交流孕育融合，融合产生进步"[②]。面对全球性挑战，各国应加强对话，交流学习最佳实践，"取长补短"，在相互借鉴中实现共同发展，惠及全体人民。比如，"协商是民主的重要形式，也应该成为现代国际治理的重要方法，要倡导以对话解争端、以协商化分歧"[③]。

共商，就是集思广益，好事大家商量着办，兼顾双方利益和关切，体现双方

---

① ［美］菲利普·佩迪特：《从共和到民主》，涂文娟译，《马克思主义与现实》2008年第1期。

② 《习近平谈治国理政》第2卷，外文出版社2017年版，第524页。

③ 《习近平谈治国理政》第2卷，外文出版社2017年版，第523页。

智慧和创意。作为解决价值共识问题的实践准则,“商量着办”的政治前提是承认主体平等,就是“国家不分大小、强弱、贫富一律平等,秉持公道、伸张正义,反对以大欺小、以强凌弱、以富压贫,反对干涉别国内政”①。“商量着办”的文化依据就是倡导“和而不同”,允许各国寻找最适合本国国情的应对之策。“商量着办”的心理基础是情感相知,就是要亲密友好、真心诚意、以诚待人。要常见面,多走动;多做得人心、暖人心的事,共同谱写中国和世界人民友好交往的新篇章。“商量着办”的具体方法是沟通协商,就是要“对话而不对抗,结伴而不结盟”,尊重各国自主选择的社会制度和发展道路,尊重彼此核心利益和重大关切,实现求同存异、聚同化异。

(二)以共建为准则承担伦理责任

伦理责任是命运共同体发展的一种道德承诺,命运共同体是一种责任共同体。古代丝绸之路就是中国人民开放贸易的一条通道,也是给予沿线国家的一份道德责任,并一度成为世界评价中国的一个窗口。英国文化学者彼得说:丝绸之路上的文化、城市、居民的进步和发展都有其原因可寻:人们在从事贸易沟通、思想沟通,在互相学习、互相借鉴;在哲学、科学、语言和宗教方面,人们从交流中得到启发,得到扩展。在世界进入21世纪之际,中国倡导的命运共同体理念是“命运”和“共同体”的内在精神组合和有机联系,是对历史和现实生活中诸种共同体精神的全面提级和价值的整体构建。它超越了以个人自由和个人权利为基础的命运共同体,凸显了共同体对个体成员的命运攸关性和价值优先性。它不仅为个体成员生存和发展提供某种伦理确保,而且一经形成就需要不断建设和精心打造,而后者就是共建思维形成的逻辑前提和伦理要求。以共建准则承担伦理责任,首先要摒弃利益至上观念。“没有永恒的朋友,也没有永恒的敌人,只有永恒的利益。”这句由19世纪英国首相反

① 《习近平谈治国理政》第1卷,外文出版社2018年版,第306页。

复强调的话，一度成为某些国家对待人类命运共同体的态度。在利益至上思想支配下，所谓国际道义、人类伦理情感，一旦影响着本国利益，就会沦为赤裸裸的零和游戏，甚至为一己私利不惜牺牲共同体利益。中国坚决反对那种“这边搭台、那边拆台”的行为，倡导各成员国家“相互补台、好戏连台”。以共建准则承担伦理责任，还需要倡导各尽所能原则。“各尽所能”是对一己利益的道德超越，它要求各个主体充分发挥主观能动性，在兼顾各方利益和关切基础上，寻找利益契合点，谋求合作最大公约数，彰显单个主体的智慧和创造性，推动形成八音合奏、相得益彰的局面。共同体不是任人开采的无穷宝藏，只有人人添柴加火，才能发挥“众人拾柴火焰高”共同体效应。中国致力于自身发展，也强调对世界的责任和贡献。造福中国人民，也造福各国人民。中国以实际行动承担构建人类命运共同体的伦理责任：提出“一带一路”倡议，确保沿线各国实现经济共赢；倡导平等尊重，推动改进国际秩序，完善全球治理；尊重文明多样，倡导文明宽容，推动不同文明体系和平共处。

（三）以共享为准则谋求发展合目的性

合目的性是命运共同体发展的一种价值依归，命运共同体是一种发展共同体。发展是一种有目的的活动，具有鲜明的价值向度。马克思主义经典作家深切关注人类的前途和命运，把人的全面而自由发展作为衡量社会发展的最高价值标准。他们认为，在“真正的共同体”中，“人不是在某一种规定性上再生产自己，而是生产出他的全面性”①，只有实现“所有人共同享受大家创造出来的福利”，才能使“社会全体成员的才能得到全面发展”②。中国共产党人继承马克思主义发展观，结合时代特点，创造性阐发了关于发展的新理念新论断新举措，为构建人类命运共同体贡献了中国智慧。“发展的最终目的是为了人民。在消除贫困、保障民生的同时，要维护社会公平正义，保证人人享

① 《马克思恩格斯选集》第2卷，人民出版社2012年版，第739页。

② 《马克思恩格斯选集》第1卷，人民出版社1995年版，第243页。

有发展机遇、享有发展成果。要努力实现经济、社会、环境协调发展,实现人与社会、人与自然和谐相处。"①

共享发展成果既是发展合目的性的评判标准,也是推动人类命运共同体的思维路径。我们将此称为"真发展"和"好发展"。

一是以共享为准则推动"真发展",即实现"大家一起发展"。共享准则下的"真发展"具有共时性特征,强调命运共同体内国家不分强弱大小都应公平享受发展成果,追求代内公平。"我们要争取公平的发展,让发展机会更加均等。各国都应成为全球发展的参与者、贡献者、受益者。""要完善全球经济治理,提高发展中国家代表性和发言权,给予各国平等参与规则制定的权利。"②要推进各国经济全方位互联互通和良性互动,完善全球经济金融治理,减少全球发展不平等、不平衡现象,使各国人民公平享有世界经济增长带来的利益。"中国将始终做全球发展的贡献者,坚持走共同发展道路,继续奉行互利共赢的开放战略,将自身发展经验和机遇同世界各国分享,欢迎各国搭乘中国发展'顺风车',一起来实现共同发展。"③在中国的努力下,2016 年 G20 峰会首次把发展置于二十国集团议程的突出位置,共同制定落实 2030 年可持续发展议程行动计划。同时,还将通过支持非洲和最不发达国家工业化、提高能源可及性、发展普惠金融、鼓励青年创业等方式,减少全球发展不平等和不平衡,使各国人民共享世界经济增长成果。

二是以共享为准则推动"好发展",即实现"可持续发展"。共享准则下的"好发展"具有历时性特征,强调绿色发展,使发展成果不仅惠及当代人,更要惠及子孙后代,追求代际公平。人与自然共处一个生态系统,这是一个显而易见的事实。从传统伦理学审视和处理人与人之间关系的视角看,人与环境的关系表面上看不属于伦理学的研究对象,但是,人与环境关系的背后,折射出

---

① 《习近平在联合国成立 70 周年系列峰会上的讲话》,人民出版社 2015 年版,第 3 页。
② 《习近平在联合国成立 70 周年系列峰会上的讲话》,人民出版社 2015 年版,第 2、3 页。
③ 《习近平在联合国成立 70 周年系列峰会上的讲话》,人民出版社 2015 年版,第 19 页。

的是人与人之间的伦理关系。由此分析，如果当代人违背环境伦理要求，对赖以生存的环境坐吃山空、竭泽而渔，甚至是肆意破坏环境，那么当代人实际上就是侵害了后代人的利益，剥夺了后代人享有优良环境的权利，造成当代人和后代人在享有发展机会和发展成果上的不公平。“建设生态文明关乎人类未来。国际社会应该携手同行，共谋全球生态文明建设之路，牢固树立尊重自然、顺应自然、保护自然的意识，坚持走绿色、低碳、循环、可持续发展之路。”①

目前，中国在发展问题上，更加重视提高经济发展质量和效益，加快转变经济发展方式、调整经济结构，更加注重创新驱动，更加注重消费拉动，更加注重解决经济发展中存在的不平衡、不协调、不可持续问题，以强劲发展动力和可持续发展理念惠及当代人和子孙后代。

中国共产党人运用马克思主义立场观点方法，深刻揭示了人类命运共同体各成员之间休戚相关、生死与共的伦理命运，科学论述了构建人类命运共同体的伦理目标、价值取向和实践准则，全面提供了推动人类命运共同体的生动实践和中国经验，丰富发展了中国特色社会主义理论，对推动形成公正合理的国际秩序作出了重要贡献。

---

① 《习近平在联合国成立70周年系列峰会上的讲话》，人民出版社2015年版，第18页。

结语:走向空间融合

城市和乡村是人类文明世界的两个空间实体,二者存在着普遍联系和互动关系。党的十九大报告提出建立健全城乡融合发展体制机制和政策体系,推进新时代城乡社会高质量发展的目标任务。这是中国政府着眼于世界城乡关系发展规律、我国城乡关系发展实际和未来城乡居民福祉作出的重大战略部署,对于缩小城乡差别、追求城乡空间正义具有重要的意义。

一、城乡融合发展的合规律性

城乡关系是生产力发展和社会大分工的产物。城乡融合是马克思主义所揭示的城乡社会的理想状态,也是我国推动实现高质量发展的理性选择和实践探索,体现了城乡关系发展的规律性。

城乡融合体现了人类对城乡关系发展的规律性建构。在人类社会初期,由于生产力低下,社会分工极不发达,农业与畜牧业、手工业直接结合在一起,整个社会表现为混沌性、同质性的空间聚合体,既没有城市,又无所谓乡村。马克思恩格斯指出,随着生产力的发展,“一个民族内部的分工,首先引起工商业劳动同农业劳动的分离,从而也引起城乡的分离和城乡利益的对立”①。

① 《马克思恩格斯选集》第 1 卷,人民出版社 1995 年版,第 68 页。

亚当·斯密在《国富论》中讨论“临海城市”时,就深刻揭示了城市和乡村的隔离状况。城乡对立最初表现为乡村对城市的统治,封建领主是城市的主宰,征收税赋、摊派劳役,行使城市行政管理权与司法审判权。随着工业文明的崛起,城市生产方式取得了相对于乡村生产方式的比较优势,乡村被纳入城市生产体系。这种以城市为主导的城乡对立是生产力发展的必然产物,具有一定的历史合理性。然而,城乡对立也带来了诸如乡村的残破和城市的畸形等空间极化问题,并逐渐成为生产力发展乃至“一切进一步发展的障碍”。新的生产力将打破旧的城乡对立而形成新的生产关系,城乡关系必将由对立走向融合。作为一种将价值理性与工具理性合为一体的空间状态,城乡融合的规定性在于,它以城乡之间内在的、必然的联系克服了由城乡高度同质、城乡分异所导致的外部性联系;劳动分工超越城乡之别,异化劳动被消除,人们不再因为生存需要被迫从事不喜欢的工作;生产力高度发展,人们不再“有任何对个人生活资料的忧虑”。作为对未来理想社会的理论建构,马克思恩格斯以资本主义社会的“前世今生”为时空视域,科学分析了城乡关系由同一到分异再到融合的路径,体现了城乡关系的否定之否定规律。

城乡融合是我国构建理想城乡关系的必然选择。在中国,城乡关系走过了与上述相同的路径,城市与乡村经历了“无差别的同一”、分离对立、趋向融合的过程。改革开放以来,中国开启了对城乡关系认识的新阶段。党的十六大报告首次提出“统筹城乡经济社会发展”,更加强调政府资源的统筹分配;党的十七届三中全会提出“把加快形成城乡经济社会发展一体化新格局作为根本要求”,更加强调以城带乡、以工促农;党的十九大要求“建立健全城乡融合发展体制机制和政策体系”,更加强调城乡之间的融合渗透、功能耦合、良性循环、同步发展关系。从“统筹城乡发展”到“城乡发展一体化”,再到“城乡融合发展”,中国共产党人坚持马克思主义的立场观点方法,充分把握我国城乡发展实际,提出加快推进城乡融合发展体制机制和政策体系建设,推动城乡融合发展的根本任务,集中反映了党对城乡关系发展规律认识的不断深化。

二、城乡融合发展的合目的性

人是发展的目的。党的十九大报告提出坚持以人民为中心的发展思想,不断促进人的全面发展。城乡融合通过聚集城乡优势满足人的需求、发展人的能力,体现了人性尺度上的革命。

城乡融合发展需要充分满足城乡人民的美好生活追求。人的全面发展有着内在的生活逻辑。人们来到城市是为了美好生活,人们留在乡村也是为了美好生活。党的十九大报告指出,既要创造更多物质财富和精神财富以满足人民日益增长的美好生活需要,也要提供更多优质生态产品以满足人民日益增长的优美生态环境需要。随着社会主要矛盾的变化,人民群众对美好生活的期待呈现出多样化和高品质的特点,人们期盼有更好的教育、更稳定的工作、更满意的收入、更可靠的社会保障、更高水平的医疗卫生服务、更舒适的居住条件、更优美的环境、更丰富的精神文化生活。这种内蕴城乡生活要素全面性规定的美好生活,只能通过推动城乡融合发展才能实现,也只有城乡融合才能"把城市和农村生活方式的优点结合起来,避免二者的片面性和缺点"。要通过建立健全城乡融合发展的体制机制和政策体系,推动城乡规划布局、要素配置、产业发展、公共服务、生态保护等多个方面共同发展,充分发挥满足人民需要的城市功能和乡村功能。满足城乡人民对城乡美好生活的需要,体现了中国共产党人的初心和使命,为实现人的全面发展创造了物质条件。

城乡融合发展需要充分发展城乡人民的多方面才能。能力提升是人的全面发展的题中之义。马克思恩格斯指出,在城乡融合的空间共同体内,人们不是"在某一种规定性上再生产自己,而是生产出他的全面性",它使人逐渐摆脱"城市人"与"乡下人"等不合理社会关系的束缚,向着"人终于成为自己的社会结合的主人"的、能获得无数社会关系规定性的方向发展。城乡融合消除了旧的社会分工,城乡居民可以平等地接受生产教育,可以依特长变换工种,每个人都可以在最合适的岗位、行业与区域从事劳动,人们可以平等享受发展成果,平等地获得人生出彩的机会,以使"社会全体成员的才能得到全面发展"。中国共产党人坚持马克思主义唯物史观,强调城乡劳动者是生产力发展的第一要素,推动建设知识型、技能型、创新型劳动者大军,进而提升劳动者能力;强调"弘扬劳模精神和工匠精神,营造劳动光荣的社会风尚和精益求精的敬业风气",进而提振劳动者精神。多方面发展人的才能,体现了中国共产党人"依靠人民群众创造历史伟业"的观点,为实现人的全面发展夯实了能力基础。

城乡融合发展是一种合规律、合伦理、合人性的发展,它深刻回答了城乡关系发展的历史趋势、价值取向和终极目的,为我国建立健全城乡融合体制机制体系和政策体系,凝聚城乡发展合力、实现城乡高质量发展提供了道德哲学基础。

三、新时代城乡融合发展的伦理自觉

中国是传统的农业国家,以农业为根的乡村蕴含着中国五千多年文化的基因和密码,是中国传统文化的空间载体,是中华文明乃至人类文明的肥沃土壤。然而,新中国成立以来,长期实行的城乡二元结构体制,导致了城市对于农村的"虹吸效应",优质的要素资源单向流向城市,造成乡村未能像城市一样平等享受生产力发展的红利,乡村产业单一、农民发展机会缺失,乡村面临破败,城乡之间本来意义上的合理关系遭到破坏。因此,新时代推动实现城乡融合发展,既要破除体制机制障碍,又要涵育城乡融合的伦理自觉。在我国城镇化进程中,长期以来,国人观念中,一定程度上存在着对城市文明和乡村文明的误解,认为城市文明具有先进性,乡村文明带有落后性。实际上,城市文明与乡村文明只是两种不同的文明形态,二者之间不分优劣短长,而是互为补充、相得益彰。近年来,乡村农民为了到城市寻找发展机会,不惜远离乡土;饱受城市病困扰的城市市民为缓解城市生活的紧张,主动到乡村去寻找慰藉。这就是明证。在一定意义上,乡村文明是第一产业的综合体现,城市文明是第

二、第三产业的集约展示。无论是乡村文明,还是城市文明,都宣示了人民的文明主体地位。推动城乡关系的合理化发展,是人类划时代的文明跨越。

发展作为一种有目的有意识的活动,具有鲜明的价值向度。城乡融合发展聚焦新时代城乡发展不平衡、农村发展不充分问题,倡导城乡协同发展、农村优先发展,蕴含着城市和乡村共建美好社会、共享发展成果的价值追求。

要通过坚持协同发展,解决城乡发展不平衡问题。城市与乡村是一个相互依存的空间共同体;城市与乡村如车之两轮、鸟之两翼,共同推动实现中华民族伟大复兴的宏伟目标。由于历史和现实的原因,在快速城镇化进程中,我国存在着城市和农村发展不平衡问题,发达的城市和破败的乡村共处于城乡空间,形成了空间极化现象。为解决不平衡问题,党和政府强调坚持协同发展理念,一起推动城市工作与“三农”工作,促进我国城镇化同农业现代化同步发展。一方面,以政府为主导摆脱城乡二元体制的束缚,消除城市对于农村的“虹吸效应”,积极引导资本、人口、技术等生产要素在城乡之间合理流动,促进产业发展融合化、城乡居民收入均衡化、城乡公共服务均等化、城乡基础设施联通化、城乡居民基本权益平等化。另一方面,利用市场机制实现城乡之间取长补短、互通有无、优势互补,推动城乡要素公平交换,形成工农互惠、城乡融合的新型城乡关系,打造城市繁荣的活力空间,夯实乡村振兴的动力基础。城乡协同发展是解决我国城乡发展不平衡的重要举措,反映了城乡社会发展的整体性和协调性特征,体现了城乡共担发展责任的伦理要求。

要通过倡导优先发展,解决农村发展不充分问题。农业是国民经济的命脉。推动新时代城乡融合发展,解决好“三农”问题具有基础性意义。改革开放以来,虽然我国农业农村经济社会得到快速发展,农民生活得到极大改善,但相对于经济社会发展全局,农业、农村、农民发展不充分问题仍然突出。为解决这一问题,十九大报告提出坚持农业农村优先发展战略,“按照产业兴旺、生态宜居、乡风文明、治理有效、生活富裕”的总要求,建立健全城乡融合发展体制机制和政策体系,加快推进农业农村现代化。一方面,牢固树立共同体思维,科学理解城市与乡村、工业与农业、工人与农民的关系,积极探索“三农”优先发展的政策导向,激活农村的内生发展动能,加快推进农业产业化、农村城镇化、农民非农化。另一方面,推动城乡融合发展的体制机制创新,有效促进城市基础设施向农村延伸、城市公共服务向农村覆盖、城市现代文明向农村辐射,持续推进农业全面升级、农村全面进步、农民全面发展,提升农村的“内在气质”和“外在颜值”,强健农村发展的“骨骼”和“血肉”。农村优先发展是缩小城乡差距、维护社会公平正义的制度安排,是解决我国农村发展不充分的重要举措,体现了城乡共享发展成果的伦理要求。

主要参考书目

1.《马克思恩格斯选集》(1—4卷),人民出版社1995年版。

2. 摩尔根:《古代社会》,杨东莼等译,商务印书馆1977年版。

3. 柏拉图:《理想国》,吴献书译,商务印书馆1961年版。

4. 亚里士多德:《政治学》,吴寿彭译,商务印书馆1965年版。

5. 苗力田主编:《亚里士多德全集》第8卷,中国人民大学出版社1992年版。

6. 康德:《法的形而上学原理》,沈叔平译,商务印书馆1991年版。

7. 约翰·密尔:《论自由》,程崇华译,商务印书馆1959年版。

8. 菲利克斯·格罗斯:《公民与国家——民族、部族和族属身份》,王建娥、魏强译,新华出版社2003年版。

9. 威廉·冯·洪堡:《论国家的作用》,林荣远、冯兴元译,中国社会科学出版社1998年版。

10. 黑格尔:《历史哲学》,王造时译,上海书店1999年版。

11. 黑格尔:《法哲学原理》,范扬、张企泰译,商务印书馆1961年版。

12. 托马斯·莫尔:《乌托邦》,戴镏龄译,商务印书馆1982年版。

13. 伯格森:《时间与自由意志》,吴士栋译,商务印书馆1958年版。

14. 皮埃尔·勒鲁:《论平等》,王允道译,商务印书馆1988年版。

15. 阿瑟·奥肯:《平等与效率》,王奔洲等译,华夏出版社1999年版。

16. 米尔恩:《人的权利与人的多样性》,夏勇、张志铭译,中国大百科全书出版社1995年版。

17. 罗尔斯:《正义论》,何怀宏译,中国社会科学出版社1988年版。

18. 哈贝马斯:《公共领域的结构转型》,曹卫东等译,学林出版社1999年版。

19. 海德格尔:《存在与时间》,陈嘉映等译,生活 · 读书 · 新知三联书店 2004 年版。

20. 海德格尔:《演讲与论文集》,孙周兴译,生活 · 读书 · 新知三联书店 2005 年版。

21. 德沃金等:《认真对待人权》,朱伟一等译,广西师范大学出版社 2003 年版。

22. 迈克尔 · 沃尔泽:《正义诸领域》,褚松燕译,译林出版社 2002 年版。

23. J.C.亚历山大、邓正来编:《国家与市民社会》,中央编译出版社 1999 年版。

24. 托马斯 · 雅诺斯基:《公民与文明社会》,柯雄译,辽宁教育出版社 2000 年版。

25. 查尔斯 · 霍顿 · 库利:《人类本性与社会秩序》,包凡一、王源译,华夏出版社 1989 年版。

26. 罗伯 D.帕特南:《使民主运转起来》,王列、赖海榕译,江西人民出版社 2001 年版。

27. 彼得 · 科斯洛夫斯基:《伦理经济学原理》,孙瑜译,中国社会科学出版社 1997 年版。

28. 凯文 · 林奇:《城市意象》,方益萍、何晓军译,华夏出版社 2001 年版。

29. 罗伯特 · 戴维 · 萨克:《社会思想中的空间观:一种地理学的视角》,黄春芳译,北京师范大学出版社 2010 年版。

30. 尼尔 · 弗格森:《文明》,曾贤明、唐颖华译,中信出版社 2012 年版。

31. 莫里斯 · 梅洛—庞蒂:《知觉现象学》,姜志辉译,商务印书馆 2001 年版。

32. 让 · 皮亚杰:《发生认识论》,范祖珠译,商务印书馆 1990 年版。

33. 凯 · 安德森等主编:《文化地理学手册》,李蕾蕾、张景秋译,商务印书馆 2009 年版。

34. 盖奥尔格 · 西美尔:《社会学:关于社会化形式的研究》,林荣远译,华夏出版社 2002 年版。

35. 刘易斯 · 芒福德:《城市发展史——起源、演变和前景》,宋俊岭、倪文彦译,中国建筑工业出版社 2005 年版。

36. 刘易斯 · 芒福德:《城市文化》,宋俊岭等译,中国建筑工业出版社 2009 年版。

37. 彼得 · 克拉克:《欧洲城镇史:400—2000 年》,宋一然等译,商务印书馆 2015 年版。

38. 戴维 · B.泰亚克:《一种最佳体制:美国城市教育史》,赵立玮译,上海人民出版社 2010 年版。

39. A. E. J. 莫里斯:《城市形态史——工业革命以前》,成一农等译,商务印书馆

2011 年版。

40. 约翰·伦尼·肖特:《城市秩序:城市、文化与权力导论》,郑娟、梁捷译,上海人民出版社 2011 年版。

41. 布莱恩·贝利:《比较城市化》,顾朝林等译,商务印书馆 2010 年版。

42. 阿瑟·奥沙利文:《城市经济学》,周京奎译,北京大学出版社 2008 年版。

43. 乔万尼·波特若:《论城市伟大至尊之因由》,刘晨光译,华东师范大学出版社 2006 年版。

44. G.齐美尔:《桥与门》,涯鸿、宇声等译,生活·读书·新知三联书店 1991 年版。

45. 克里斯蒂安·诺伯格—舒尔茨:《存在·空间·建筑》,尹培桐译,中国建筑工业出版社 1990 年版。

46. 雅克·德里达:《书写与差异》,张宁译,生活·读书·新知三联书店 2001 年版。

47. 爱德华·W.索亚:《第三空间:去往洛杉矶和其他真实和想象地方的旅程》,陆扬译,上海教育出版社 2005 年版。

48. 爱德华·W.苏贾:《后大都市:城市和区域的批判性研究》,李钧译,上海教育出版社 2006 年版

49. 爱德华·W.苏贾:《后现代地理学——重申批判社会理论中的空间》,王文斌译,商务印书馆 2004 年版。

50. 爱德华·W.苏贾:《寻求空间正义》,高春花等译,中国社会科学出版社 2014 年版。

51. 勒·柯布西耶:《明日之城市》,李浩译,中国建筑工业出版社 2009 年版。

52. 费尔南·布罗代尔:《资本主义的动力》,杨起译,生活·读书·新知三联书店 1997 年版。

53. 威尔·金里卡:《多元文化公民权》,杨立峰译,上海译文出版社 2009 年版。

54. 奥斯瓦尔德·斯宾格勒:《西方的没落》,齐世荣等译,商务印书馆 1963 年版。

55. 亨利·勒菲弗:《空间与政治》,李春译,上海人民出版社 2008 年版。

56. 包亚明主编:《现代性与空间的生产》,上海教育出版社 2003 年版。

57. 亚历山大·R.卡斯伯特编著:《设计城市——城市设计的批判性导读》,韩冬青等译,中国建筑工业出版社 2011 年版。

58. 罗兹·墨菲:《东亚史》,林震译,世界图书出版公司 2012 年版。

59. 戴维·哈维:《后现代的状况——对文化变迁之缘起的探究》,阎嘉译,商务印书馆 2003 年版。

60. 大卫·哈维:《资本之谜:人人需要知道的资本主义真相》,陈静译,电子工业出版社 2011 年版。

61. 戴维·哈维:《正义、自然和差异地理学》,胡大平译,上海人民出版社 2010 年版。

62. 大卫·哈维:《希望的空间》,胡大平译,南京大学出版社 2006 年版。

63. 约翰·M.利维:《现代城市规划》,张景秋等译,中国人民大学出版社 2003 年版。

64. 诺伯舒兹:《场所精神:迈向建筑现象学》,施植明译,华中科技大学出版社 2010 年版。

65. 阿兰·德波顿:《幸福的建筑》,冯涛译,上海译文出版社 2007 年版。

66. 卡尔·曼海姆:《意识形态和乌托邦》,黎鸣、李书崇译,华夏出版社 2001 年版。

67. 乌尔里希·贝克:《世界风险社会》,吴英姿、孙淑敏译,南京大学出版社 2004 年版。

68. 让·鲍德里亚:《物体系》,林志明译,台湾时报出版社 1997 年版。

69. 马歇尔·伯曼:《城市景观:纽约时代广场百年》,杨哲译,首都师范大学出版社 2018 年版。

70. 芦原义信:《街道的美学》,尹培桐译,百花文艺出版社 2006 年版。

71. 理查德·罗杰斯、菲利普·古姆齐德简:《小小地球上的城市》,仲德崑译,中国建筑工业出版社 2004 年版。

72. 理查德·瑞吉斯特:《生态城市:重建与自然平衡的城市》,王如松、于占杰译,社会科学文献出版社 2010 年版。

73. 费孝通:《乡土中国与乡土重建》,台北风云时代出版公司 1993 年版。

74. 王铭铭:《中国圈:"彝藏走廊"与人类学的再构思》,社会科学文献出版社 2008 年版。

75. 刘泽华、张荣明:《公私观念与中国社会》,中国人民大学出版社 2003 年版。

76. 仲大军:《国民待遇不平等审视》,中国工人出版社 2002 年版。

77. 汪晖、陈燕谷主编:《文化与公共性》,生活·读书·新知三联书店 1998 年版。

78. 席恒:《公与私:公共事业运行机制研究》,商务印书馆 2003 年版。

79. 马长山:《国家、市民社会与法治》,商务印书馆 2002 年版。

80. 韦政通:《儒家与现代中国》,上海人民出版社 1990 年版。

81. 方孝博:《墨经中的数学和物理学》,中国社会科学出版社 1983 年版。

82. 梁启超:《新民说》,中州古籍出版社 1998 年版。

83. 侯仁之:《北京城的生命印记》,生活·读书·新知三联书店 2009 年版。

84. 葛兆光:《中国思想史》第二卷,复旦大学出版社 2001 年版。

85. 葛兆光:《古代中国文化讲义》,复旦大学出版社 2006 年版。

86. 赵汀阳:《天下的当代性——世界秩序的实践与想象》,中信出版社 2016 年版。

87. 朱文一:《空间·符号·城市——一种城市设计理论》,中国建筑工业出版社 2010 年版。

88. 罗尚贤:《老子通解》,广东高等教育出版社 1989 年版。

89. 周其仁:《城乡中国》,中信出版社 2013 年版。

90. 詹世友:《公义与公器:正义论视域中的公共伦理学》,人民出版社 2006 年版。

91. John Rawls:The Law of People,Harvard University,1999.

92. John Rawls:Justice as Fairness:A Restatement,edited by Erin Kelly,The Belknap Press of Harvard University,2001.

93. John Rawls: Collected Papers, edited by Samuel Freeman, Harvard University Press,1999.

94. Donald F. kettl, The Global Public Management Revolution, Washington DC: Brooking Institution,1998.

95. Nagel Thomas, Concealment and Other Essays: Oxford & New York: Oxford University Press,2002.

96. Guess Raymond,Public Goods and Private Goods:New Jersey:Princeton University Press,2001.

97. Lefebvre. The Urban Revolution. Minneapolis and London: University of Minnesoda Press,2003.

98. Kant,Political Writings,ed,By H.S.Reiss,Cambridge University Press,2001.

后　　记

十年磨一剑，磨出的一定是利剑。十年著一书，写出的未必是好书。承蒙人民出版社厚爱，拙作《诗意栖居：城市空间伦理研究》即将付梓出版，上海财经大学人文学院院长陈忠教授、清华大学城市规划系主任武廷海教授为之作序，总算可以将这十年的成果拿出手。

本著是我 2007 年任职北京建筑大学以来完成的第三部学术著（译）作，前两部分别是《当代西方社会思潮述评》（2013 年，人民日报出版社）、《寻求空间正义》（译）（2016 年，社会科学文献出版社）。在一定意义上，本著和其他两部一起，构成了我近十多年学术研究的三部曲，勾勒了我和学界同仁以哲学的方式推进空间和城市研究整体化、综合化、非学科化的行走轨迹，记录了对什么是好的城市、如何营建好的城市的哲学思考。

我是作为马克思主义理论学科带头人进入北京建筑大学工作的。以我的理解，马克思主义理论要增强自己的学科生命力，一方面要融入主流，另一方面要彰显特色。前者需要把握党和国家对马克思主义理论学科建设的要求，精耕细作；后者需要结合学校的学科专业特点，独辟蹊径。为了打造学科特色，经过短期的学术考察和准备，建筑、城市、空间等概念逐渐进入我和我的研究团队的视野。2010 年至 2012 年，我在整理出版《马克思主义与当代西方社会思潮》书稿时，特别关注了西方马克思主义思潮中的空间批判理论，以亨利·列斐伏尔的空间政治学批判、大卫·哈维的空间伦理学批判为样本,进行了中国语境下的解读和诠释。

列斐伏尔和哈维都谈到,空间是理解社会生活的基本语境,事件在哪里发生,对于我们理解它为何发生、如何发生至关重要,资本主义的每一波发展都伴随着空间关系的变化,以至于资本与空间关系的矛盾运动嵌入都市化、全球化等全过程和各方面。这一见解在中国的城市化进程中得到验证。可以说,《当代西方社会思潮述评》一书对空间批判理论的评介,是我从事空间哲学、空间伦理学研究的第一站。

实践是理论之源。西方发达国家比中国率先步入城镇化社会,也必然提前遭遇城市化问题,他们对城市空间问题、城市社会问题的反思成果,对于建构和完善当代中国的空间观、城市观无疑具有重要启发。为了获取西方城市研究的知识论、方法论等理论素材和思想镜鉴,无论是哲学社会科学界,还是建筑学、规划学、地理学界,在译介阐释上都付出了巨大努力,翻译介绍了西方马克思主义、后现代主义、都市马克思主义的系列著作。我和强乃社研究员翻译的爱德华·苏贾的《寻求空间正义》是其中之一。

人是空间的存在物。苏贾书写的全部意义就在于从理论上界定它,从实践上推动它。他以一个轰动于美国洛杉矶的诉讼法案为切入点,记录了美国草根阶层对城市建设的种种失望和不满,诠释了公正的空间权利何以重要,介绍了拒绝空间隔离、反对空间资源不公平分配的行动方案。

2013年,关于城市空间研究的课题获批国家哲学社会科学基金资助项目。从此,该领域研究就由兴趣变为任务,由自发走向自觉,并最终形成了空间研究的第三部曲——《诗意栖居:城市空间伦理研究》。该著认为,中国的城市化日益呈现出复杂性,也日益遭际前所未有的城市问题。要解决这些问题,需要以马克思主义为根本遵循,以西方城市批判理论为思想借鉴,对中国城镇化这一“自在历史”进行自觉反思,为实现美好生活建构一系列知识体系和实践精神。

期间,《光明日报》《道德与文明》《探索与争鸣》《伦理学研究》《华中科技大学学报》《思想教育研究》等报刊杂志,为阶段性成果的发表提供了平台和机会,在此深表谢意。

感谢学校科学技术发展研究院副院长霍丽霞博士,她在我课题申报、中期检查、成果结项过程中给予了无私帮助,许多填写表格、上传材料等工作都由她帮助完成,体现了一个管理干部的人格魅力和工作境界。

感谢人民出版社朱云河编辑,我和他未曾谋面,但每次微信交流,他的周到、谦逊、细致、严谨都给我留下深刻的印象,彰显了一个出版学人的工匠精神和治学风范。

笛卡尔说,我思故我在。思考是人的一种存在方式。伦理学研究是我写学士论文时就开始的一项事业,至今已有 37 年。有人说,伦理学是关于好生活的学问,但我发现,人为道德立法的能力常常在人的自然本性面前颜面扫地,以至于要过上好生活,单凭道德是不够的。人生的后半段,我的思考或许也应做一个转向。

——法律如何?

高春花

2023 年 3 月

责任编辑：朱云河
封面设计：石笑梦
版式设计：胡欣欣
责任校对：刘　青

图书在版编目(CIP)数据

诗意栖居:城市空间伦理研究/高春花 著. —北京:人民出版社,2023.4
ISBN 978-7-01-025015-1

Ⅰ.①诗… Ⅱ.①高… Ⅲ.①城市空间-关系-伦理学-研究
Ⅳ.①TU984.11-05

中国版本图书馆 CIP 数据核字(2022)第 153317 号

诗意栖居:城市空间伦理研究
SHIYI QIJU CHENGSHI KONGJIAN LUNLI YANJIU

高春花　著

人民出版社 出版发行
(100706　北京市东城区隆福寺街 99 号)

环球东方(北京)印务有限公司印刷　新华书店经销

2023 年 4 月第 1 版　2023 年 4 月北京第 1 次印刷
开本:710 毫米×1000 毫米 1/16　印张:23
字数:311 千字

ISBN 978-7-01-025015-1　定价:128.00 元

邮购地址 100706　北京市东城区隆福寺街 99 号
人民东方图书销售中心　电话 (010)65250042　65289539